U0596119

跨学科社会科学译丛

启真馆 出品

跨学科社会科学译丛

Unto Others:

The Evolution and Psychology of Unselfish Behavior

[美]
埃利奥特·索伯
(Elliott Sober)
戴维·斯隆·威尔逊 著
(David Sloan Wilson)
张子夏 译

奉献

无私行为的进化和心理

致全世界的利他主义者

尤其是那些

无法确定自己真正动机之人

致谢

或许在撰写一部有关利他主义的专著时理所当然会获得为数众多的帮助。我们希望对以下诸位表示感谢，他们来自不同的学科，以不同的方式提供了帮助：理查德·亚历山大（Richard Alexander）、安德烈·亚里乌（André Ariew）、马丁·巴雷特（Martin Barrett）、丹尼尔·巴特森（Daniel Batson）、约翰·比蒂（John Beatty）、伦恩·伯科威茨（Len Berkowitz）、霍华德·布鲁姆（Howard Bloom）、克里斯·勃姆（Chris Bohm）、汤姆·邦特里（Tom Bontly）、德里克·波恩茨（Deric Bownds）、罗伯特·博伊德（Robert Boyd）、罗伯特·布兰顿（Robert Brandon）、菲利克斯·布雷登（Felix Breden）、唐·坎贝尔（Don Campbell）、诺埃尔·卡罗尔（Noël Carroll）、安妮·克拉克（Anne Clark）、罗伯特·科威尔（Robert Colwell）、里奇·戴维森（Richie Davidson）、杰夫·迪恩（Jeff Dean）、李·杜盖金（Lee Dugatkin）、南希·艾森伯格（Nancy Eisenberg）、贝伦特·恩齐（Berent Enç）、莫维特·恩齐（Murvet Enç）、泰德·埃弗雷特（Ted Everett）、罗伯特·弗兰克（Robert Frank）、史蒂夫·弗兰克（Steve Frank）、彼得·戈弗雷－史密斯（Peter Godfrey-Smith）（感谢提供书名）、查尔斯·古德奈特（Charles Goodnight）、莱斯利·格雷夫斯（Leslie Graves）、吉姆·格瑞西莫（Jim Griesemer）、戴维·古伯尼克（David Gubernick）、威廉·汉密尔顿（William Hamilton）、亨利·哈彭丁（Henry Harpending）、丹·豪斯曼（Dan Hausman）、杰克·赫什莱佛（Jack Hirschleifer）、

哈蒙·霍尔科姆三世（Harmon Holcomb Ⅲ）、托德·休斯（Todd Hughes）、罗伯特·热内（Robert Jeanne）、约翰·凯利（John Kelly）、布鲁斯·克瑙夫特（Bruce Knauft）、休·拉福莱特（Hugh Lafollette）、安德鲁·莱文（Andrew Levine）、约翰·梅纳德·史密斯（John Maynard Smith）、里克·米库德（Rick Michod）、唐·莫斯科维茨（Don Moskowitz）、格里高利·摩根（Gregory Mougin）、史蒂芬·奥扎克（Steven Orzack）、斯图亚特·佩克（Stuart Peck）、简·皮里亚文（Jane Piliavin）、格雷格·波洛克（Greg Pollock）、威尔·普罗文（Will Provine）、威廉·普卡（William Puka）、戴维·奎勒（David Queller）、H. 克恩·里夫（H. Kern Reeve）、彼得·里克森（Peter Richerson）、史蒂夫·里辛（Steve Rissing）、汤姆·西利（Tom Seeley）、拉里·夏皮罗（Larry Shapiro）、艾伦·西德尔（Alan Sidelle）、芭芭拉·斯马茨（Barbara Smuts）、丹尼斯·施坦佩（Dennis Stampe）、克里斯·史蒂芬斯（Chris Stephens）、金·斯特尼（Kim Sterelny）、威廉·塔尔伯特（William Talbott）、彼得·泰勒（Peter Taylor）、弗兰斯·德·瓦尔（Frans de Waal）、迈克·韦德（Mike Wade）、丹尼斯·沃尔什（Denis Walsh）、多丽丝·威廉姆斯（Doris Williams）、乔治·威廉姆斯（George Williams）、爱德华·威尔逊（Edward Wilson）、韦恩－爱德华兹（Wynne-Edwards）。

我们还必须对一些单位表示感谢，这种感谢方式的确应该出现在一本涉及多层选择理论的图书当中。感谢宾汉顿大学、美国国家科学基金会、威斯康星大学麦迪逊分校的支持。最后，我们要感谢两个最亲近群体的帮助和鼓励——感谢我们的家庭。

埃利奥特·索伯

戴维·斯隆·威尔逊

中文版序

2018 年是《奉献：无私行为的进化和心理》一书在美国诞生以来的第二十个年头。虽然不太有作品能在如此悠久的岁月中保持长盛不衰，但我们敢说，就这本书所建立的科学范式而言，它在今时今日仍是切合时宜的。

该范式说明了功能性有机体——例如昆虫这样的单个有机体或手表这样的人工器具——如何才能在多层单位等级系统的任意层面得到进化。这些等级系统包括从基因到生态系统的生物学系统，以及从个体到全球治理的人类社会系统。当然，这类功能性有机体也可能无法得到进化，这就会导致它在其中某个层面出现混乱和功能失调的现象。所有的一切都取决于由多层选择理论提供的详细说明。

多层选择理论最早是由查尔斯·达尔文提出来的，其目的是解决自然选择理论碰到的一个难题。起初，达尔文认为我们可以用三个要素来解释作为创造者的大自然所进行的“设计”：变异（有机体几乎会在任何可观测的性状上出现差异）、选择（这些性状上的差异往往会导致生存和繁衍上的差异），以及遗传性（子女通常会与父母相似）。以上要素确实足以解释**个体**层面的适应器，比如老虎锋利的牙齿、北极熊厚实的皮毛，又或是老鹰敏锐的视觉。然而，它们并不足以解释**社会**适应器，比如利他主义、勇敢、诚实。我们几乎仅凭定义就能知道，推己及人的行为会提升群体本身或群体内其他成员的生存、繁衍状况，这就等于让在选择上处于劣势的高尚公民与同一群体中那些不劳而获、自私自利的成员相互竞争。达尔文认为，如果不对该理论进行完善，那么它就只能解释自私性，而无法解释利他性。

达尔文的解决方案是增加一个自然选择的层面。既然自然选择能对每个群体中的个体产生作用，那么它也能对多群体种群中的各个群体施加影响。在其所处群体的内部，利他主义者或许确实会在选择上处于劣势，但由互惠互助的利他主义者组成的群体必定会在竞争中胜过由彼此敌视的自私个体组成的群体。

在加入群体层面的选择过程之后，达尔文的理论就能解释社会适应器的进化了。但这最多只是个不完全的解决方案。我们不但要保证群体间选择确实存在，还必须保证其威力强到足以盖过群体内选择的力量。否则，个体自私性依然会占据上风。此外，当群体间选择果真大行其道之时，它只会进化出一种狭隘的利他主义——践行这种利他主义的群体成员可能会联合起来迫害其他群体。群体选择会提升群体内的善，但同样也会增加群体间的恶。群体层面的选择过程并不会**消除**竞争——它只是将竞争**抬升**到了群体层面——在这里发生的竞争比之前的竞争更具破坏力。要进化出较为包容的利他主义，就得让选择力量在其他一些层面也发挥作用，比如诱发几个群体与另几个群体之间的竞争。如此一来，双层选择也就变成了多层选择。

正如我们在这篇序言中所说，多层选择理论始于达尔文，而且非常便于理解。这似乎能使它在整个进化思想史中占据重要地位，但事实并非如此。不是所有人都像达尔文那样独具慧眼，能够洞察社会适应器要在特定条件下才能得到进化的事实。有些人觉得适应器在多层等级系统的所有层面都能得到进化——只要是为了种群、物种、生态系统的利益，它们就能在不受特定条件约束的情况下得到进化。还有一些人承认高层选择的重要性，但他们假定高层选择在强度上足以压倒低层选择。这些被称作“朴素群体选择主义”的观点在20世纪60年代受到了审判，最终的裁定结果是：尽管从原则上说，高层选择是可能存在的，但从实际情况看，其强度几乎总是弱于低层选择。这就意味着自然界中的所有适应器，包括那些看似具有利他性或“为群体利益”而出现的适应器，其实都应在个体层面上被理解为自私的。这种观点被称为个体选择理论。随后，G. C. 威廉姆斯和理查德·道金斯在此基础上又迈进了一步，主张所有适应器都应在基因层面被看作自私性的表现形式。

事实证明，这种还原论本身就是错误的。《奉献：无私行为的进化和心理》用整本书的篇幅说明了为什么达尔文多层选择理论的基本逻辑是正确的。时至今日，多层选择理论已被广泛接受，并被用来解释各种各样的现象，包括生命起源、癌症、生态系统的人工选择，以及不同规模的人类治理行为。这次复兴不是由我们完成的，但我们确实通过描写错综复杂的社会史和思想史为此提供了一种全面的概述。与刚出版时相比，这本书的作用丝毫不减当年。

这本书分为两部分。第一部分讨论的是被界定为**行动**的利他主义，即我们在前文所说的利他主义；第二部分涉及被界定为**思想和情感**的利他主义——它会进一步引发行动。“心理上的利他主义是否存在”的问题，抑或“所有思想和情感是否都应被看作某种享乐主义或利他主义心理”的问题，在哲学和其他社会科学思想中都有其自身的悠久历史。通过另一组带有进化论思想的论证，我们得出了以下结论：人类心理不但包含利己主义和享乐主义动机，还包含真正的利他主义动机。如果我们将思想和情感看作由进化得到的、驱动行为的直接机制，那么为了让人采取指向他人的行动，最高效、无误的方式就是使其产生指向他人的思想和情感。从原则上说，为群体利益而行动的纯粹利己主义者是有可能存在的，但它们多半会在达尔文式的竞争中败给那些具有利他主义动机的个体。

当然，在过去二十年间科学取得了长足的进步，但《奉献：无私行为的进化和心理》所提供的这些坚实可靠的历史和概念基础依旧能帮助人们理解当前文献和未来进展。我们对此书中文版的问世表示祝贺。

埃利奥特·索伯

戴维·斯隆·威尔逊

目　录

第二部分　心理上的利他主义

导论：边沁的遗体

杰里米·边沁的干尸被摆放在伦敦大学学院一个公用电话亭大 1
小的展橱内。不久前，这具尸体的头部因腐烂而被替换成蜡制品，原本的部分被小心置放于其两脚间的盒子里。边沁在遗言中嘱托后人妥善保存他的遗体，并使其列席学校董事会会议（Runes, 1959, p.250）。边沁认为他坚定的神情能激励后人遵循他和约翰·斯图亚特·密尔在道德、政治理论中拥护的标准。边沁和密尔一起创立了**功利主义**哲学——一种认为人们应当促成最大多数人的最大幸福的理论。边沁希望他的干尸能在会场中督促董事会做出正确的表决。

没人知道在边沁死后的岁月里，其遗体究竟对伦敦大学学院产生了多大作用。但毋庸置疑的是，他所捍卫的理念确实已经对许多文化造成了深远的影响。边沁认为所有人类活动都应致力于争取最大化快乐和最小化痛苦。边沁这个关于“人们**应当**怎样做”的主张是以“人类心智**事实上**如何工作”的图像为基础的。根据边沁（Bentham, 1789）的说法：“自然已使人类服从于两个至高主宰——
痛苦与快乐——的管治。”在这里，边沁所支持的是**心理上的享乐主** 2
义——该理论认为趋乐避苦是人们唯一的终极目标。除此之外，我们所希求的任何事物都只是作为达到上述目的的手段而存在的。

享乐主义是**心理上的利己主义**的一个具体版本。后者是一个更一般的理论：它宣称每个个体的最终目标都只在于使他或她自己获利。利己主义坚持认为，我们对他人的关怀只是用以增加自身福祉的手段——它否认人们具有任何利他主义的终极动机。利己主义也没有说我们是否应当为人类心智的这个特征感到庆幸或绝望。它只是主张如实描述事情的真相。[1] 在所有社会交互活动中，我们都受这样一个问题的驱策："这样做能让我获得什么好处？"

我们甚至无须夸大享乐主义和利己主义自其诞生之日起对人们思想的广泛影响。对许多人而言，利己主义似乎是显而易见的常识。人们往往不会对那些冷酷无情的自私行动感到讶异，却会在有人牺牲自我以造福他人时觉得吃惊。如果有人说人类的本性是自私的，人们通常会将这种见解看作由现实主义出发得到的清晰洞见；可是如果有人说人类的本性是仁慈的，人们多半会露出宽容的微笑，认为此类主张反映了一种过分乐观的倾向。

为何心理上的利己主义在人们的自我观念中如此根深蒂固？我们的日常体验是否为此提供了确凿的证据？心理学是否已经表明利己主义是正确的？还是说哲学已经完成了这项工作？我们将论证，所有这些问题的答案都是否定的。并没有那么多对其有利的证据能让心理上的利己主义产生如此重大的影响。

当利己主义被呈现为过分简单的公式化表述时，它很容易就会被推翻。比如说，如果利己主义者认为，人们唯一的终极目标是最大化他们对日常消费品的享有权，那么我们不难列出几个能够说明该命题为假的行为。可一旦利己主义者宣称人类谋求的是内在的、心理上的收益，我们就很难证明这个提议是错误的了。当人们牺牲自身利益帮助其他人时，利己主义者坚持认为那些人行动的理由只

---

[1] 考虑到边沁和密尔是将心理学上的利己主义作为描述性论题进行辩护的，人们或许会对他们也能支持作为规范性主张的功利主义感到不解。如果每个个体最终只关心他或她自己的幸福，那么在何种意义上人们才有义务推进最大多数人的最大幸福呢？"应当"蕴含"能够"的原则（The ought-implies-can principle）似乎就会带来问题。根据该原则，如果你应当执行一项行动，那么你必须有可能那样做。它蕴含了这样一件事：如果人们是心理学上的利己主义者，那么"他们应当将关心他人福祉作为目的自身"这个命题就为假。尽管如此，密尔不仅坚持认为心理学上的利己主义和功利主义相一致（consistent），他还勇敢地在《功利主义》一文中尝试从前者中推导出后者。

是为了获得良好的自我感觉，并避免让自己感到愧疚。利己主义是 3
一座带有许多房间的大厦，我们有望在这套理论中找到足够的空间来解释帮助行为以及与他人福祉相关的欲望的存在——二者都可以被解释为用以提升自身利益的工具。[1] 如此一来，利他主义这个概念的地位依旧岌岌可危（Campbell, 1994）。

尽管心理上的利己主义难以被推翻，但它也同样很难得到证明。即使我们能完全用自私性来解释帮助他人的行动，这也并不意味着利己主义就是正确的。毕竟人类行为也切合与之对立的假说，即我们的某些终极目标是利他的。心理学家已在这个问题上纠结了数十载，哲学家更是为此苦恼了几个世纪。我们认为其结果只是一个僵局——关于心理上的利己主义和利他主义的问题仍然没有得到妥善解决，研究者们需要一条新的思路。我们将从进化论出发，为此提供一个崭新的视角。

边沁死于1832年，比达尔文出版《物种起源》的1859年早了二十余载。约翰·斯图亚特·密尔活过了这个分水岭，但他从未承认过以自然选择为手段的进化论。[2] 达尔文的理论引发了一个与有机体行为相关的根本性难题。自然选择的基本观念是：生物之所以进化出某些特征，是因为这些特征能帮助个体更好地生存、繁衍。比如说，一群斑马的奔跑速度会逐渐提高是因为跑得快

[1] 我们对利己主义之弹性的阐释源自对简·曼斯布里奇（Jane Mansbridge）1990年的文集《超越自身利益》（*Beyond Self-Interest*）的思考。该书中文章的作者是来自不同学科的社会科学家。他们认为人们的部分动机超越了对日常消费品、地位、权力的利己欲望，而且人们会受到团结一致、关爱他人等情感的影响。值得注意的是，利己主义者完全可以承认这个主张——他们只要宣称这些指向他人的冲动只不过是用于获得快乐、避免痛苦的工具即可。

[2] 在《逻辑学体系》（*A System of Logic*）的一个脚注中，密尔的确将达尔文“出色的推测”认可为“合法的假说”（Mill, 1874, p.328）。然而，他随后便声称，达尔文没有为其假说提供任何“证明”（proof）。此处密尔想说的是，达尔文没能给出任何真实的证据。

的斑马能更轻易地避开捕猎者的追击。跑得越快的斑马**适应度越高**（fitter）——它们具备更好的生存能力；并且从统计的趋势上看，它们比跑得慢的斑马拥有更多后代。如果后代与它们的父母相似，那么跑得快的斑马出现的频率——也就是畜群中“奔跑能手”的比例——就会增加。请注意，跑得快的斑马只会让它自身获益，而不会让其他斑马，或是狮子，又或是整个生态系统获益。在这个例子中，自然选择偏爱那些“自助者”。于是事情似乎就变成了这样：“以**自己**的生存、繁衍机会为代价来帮助**其他**个体更好地生存、繁衍”这件事，正是自然选择所要消灭的对象。简言之，自然选择看起来像是一个弘扬自私精神、扼杀利他主义的过程。

达尔文也曾意识到，自然界中的一些有机体会以看上去利他的
4 方式采取行动。比如说，当一只蜜蜂用它的倒刺攻击闯入蜂巢的入侵者时，它就是在为群体牺牲自己的生命。许多最值得赞许的人类品质——诚实、仁爱、可信、英雄主义——似乎也都是舍己为人的。达尔文对这些特点的解释是：自然选择有时会发生在**群体**层面——就像它平常发生在**个体**层面时那样。尽管在群体内部，利他主义个体的后代数量可能不及非利他主义个体，然而以群体为单位时，利他主义群体会比非利他主义群体拥有更多的后代。在《人类的由来》一个著名的段落中，达尔文曾援引群体选择的原则来说明人类道德的进化：

> 我们不应忘记的是，虽然相比于部落中的其他人，坚持较高道德标准的个体及其子女几乎没有什么优势，但是天资聪颖之人的增多以及道德标准的进步定然能让该部落远远优于其他部落。毫无疑问，一个部落的成员会因其具有高度的爱国精神、忠贞度、服从力、勇气、同情心而总是乐于助人，并随时准备为共同利益牺牲自己——这样的部落能够在与大多数其他部落比拼时获胜，这就是自然选择。世界各地的部落随时都在吞并其他部落。由于道德是它们获得成功的重要因素，道德

> 标准和天资聪颖之人的数量在任何地方都会得到提升和增加。（Darwin, 1871, p.166）

尽管达尔文从未就“群体选择在生命的历史中扮演了多重要的角色”这个问题展开讨论，但从其实践可以看出，他只有在很少情况下才会求助于这种选择过程。相比之下，达尔文的后继者们则要没节制得多——他们总是广泛且通常不加批判地“调用”群体选择过程。根据阿利（Allee, 1951）的说法，支配等级的存在能使群体内的冲突最小化，并因此让整个群体更富生产力。根据韦恩－爱德华兹（Wynne-Edwards, 1962）的说法，生物个体在食物消耗和繁殖后代等方面的节制保证了种群不会因“僧多粥少”而走向灭绝。此外，根据杜布赞斯基（Dobzhansky, 1937）的说法，整个物种会通过保持基因变异来应对新环境带来的挑战——就像老练的投资人一样，他们会因为未来的不确定性而进行分散投资。许多生物学家都乐于引用上面这些或其他一些群体层面的解释，同时又将拟态、抗病性 5
等性状的进化解释为个体层面的适应器（adaptations）。这些生物学家往往只是在更符合直觉的层面进行解释——他们可以在周一、周三、周五谈论个体适应器，在周二、周四、周六探讨群体适应器。当时对这个问题的理论化没有什么条条框框，与之相关的适应主义解释同样不受太多限制。

这一切都在 20 世纪 60 年代被改变了。当时有不少生物学家都加入了抨击群体选择理论的行列。其中最彻底、最具毁灭性的批评来自 G. C. 威廉姆斯（G. C. Williams）1966 年的专著《适应器与自然选择》（*Adaptation and Natural Selection*）。威廉姆斯切中了问题的要害。他对“为提升群体收益而存在的适应器”的反驳很快就传遍了进化生物学家的科学共同体。接下来的十年间，在讨论严肃的进化论思想时，群体选择理论不但被看作谬误，更被视为禁区。在那时，群体适应器最多被当作一种理论上的可能性——而且是约等于零的可能性——只要有可替代的解释方案存在，那么该理论就会遭到抛弃。从下面这段话中（Ghiselin, 1974, p.247）我们就能看出当时人们多么热衷于拒斥利他主义和群体层面的解释，却青睐那些诉诸自私性的理论：

> 自然的经济学从头至尾都是竞争性的……动物牺牲自己以帮助同类的终极理由都是让自己获得相对于第三方的优势……任何有机体都会在它自己能够获利的情况下去帮助同伴——这件事合情合理……当一个人完全有机会获取私利时，也只有另一些私利能防止他残忍地对待、伤害、谋杀自己的兄弟、配偶、父母。撕开“利他主义者”的外衣，我们就会看到一个“伪君子”正在流血。

类似地，生物学家对人类行为的诠释也发生了转变。在《道德体系的生物学》（*The Biology of Moral Systems*）中，亚历山大（Alexander, 1987, p.3）展现了生物学家抛弃“真正的自我牺牲行为是进化留给我们的遗产之一”这种观念的程度：

> 我猜几乎所有人都相信，“在意识到利他行为的实际净支
> 出能为自身带来多少收益的情况下偶尔帮助他人”一直以来都
> 6 是所有人具备的一种正常机能。20 世纪最伟大的思想革命（即
> 进化生物学中的个体主义视角）告诉我们，撇开我们的直觉不
> 谈，没有一丝一毫的证据能支持这种仁慈的观点；反倒是有一
> 大票颇具说服力的理论指出，任何这样的观点最终都会被判定
> 为假。

在进化生物学中得以确立的自私性概念与心理学中的利己主义概念相似——它们都像是带有许多房间的大厦。自私性概念宣称自己能解释像蜜蜂的倒刺、人类的道德这样表面上的利他主义性状（apparently altruistic traits）。诸如此类的特点仅仅被说成是表面上利

他的——这可能是因为帮助他人的个体会获得回报，也可能是因为帮助其他那些体内带有自己基因复制体的同类会使“基因的自身利益”得到提升。在 20 世纪六七十年代，很少有人会在进化生物学中提到通过群体选择进化的、名副其实的利他主义性状——这与真正心理上的利他主义在社会科学中长期衰败的情形一模一样。

心理上的利己主义和利他主义概念与人们行动时所具有的动机相关。除非行动者将他人的福祉作为终极目标，否则帮助他人的行为就不能被算作（心理上）的利他行为。相比之下，进化上的概念所关心的仅仅是行为对于生存和繁衍的影响。只要个体以自身适应度为代价增加他人的适应度，那么他就是（进化上）利他的——无论他对自己的行动有怎样的考虑和感受；甚至说，无论他能否做出关乎那些行动的思考和感受。许多研究者都小心区分了心理上和进化上的概念。然而，他们往往认为生物学和社会科学中的自私性概念是兼容、互补的。如果进化上的利他主义在自然中缺席，那么人性中为何还会出现心理上的利他主义呢?

我们将在本书中彻底探究进化生物学、心理学、哲学中的利他主义和自私性概念。与先前勾勒的观点相反，我们的论证将为生物学和心理学上的利他主义提供强有力的支持。不过这两个利他主义概念之间的关系并不简单。用于支持进化上的利他主义的案例必须
说明，群体选择一直以来都是进化过程中十分重要的力量。用于支 7
持心理上的利他主义的案例则必须说明，对他人福祉的终极关怀是由进化得到的、可用于激发适应性行为的心理机制之一。尽管这两个论证都与进化相关，但它们之间的差别如此巨大，以至于我们决定将这本书的内容一分为二。

之前我们提到，群体选择理论曾被认作彻头彻尾的误解，并被完全拒之门外。然而，如果读者因此觉得我们是在荒野中呼告的两个异端，那就大错特错了。在 20 世纪 70 年代，能抵制先前批评的、健全的群体选择理论出现了。自认为对该话题耳熟能详的读者或许

会惊讶于这样的事实：甚至连个体选择运动的代表人物 G. C. 威廉姆斯都已承认，群体选择是对某些重要生物适应器的最佳解释——例如雌性占优势的性别比例、病原体毒性的减小。简言之，与其说我们在拥护一个新生的异端理论，不如说是在报告并扩展一次已然全面展开的进化论思想转型。

读者可能会问，如果群体选择已经重获新生，那么这个消息为何不曾传开呢？其中一个理由在于，十几二十年对于科学转变来说并不是很长的时间，尤其对于像利他主义和自私性这种感性的话题。20 世纪 60 年代对群体选择的拒斥是以当时对理论、证据的评估为基础的。不幸的是，这些结论背后的理由并未像结论本身那样准确地得到传播。许多进化生物学家在其研究生训练期间只学会了这样一条关于群体选择的箴言——“别去碰它！”他们之所以想要回避这个理论假说，一方面是因为它的名声不好，另一方面可能是因为他们觉得自己没有衡量相关论证的资格。结果，现代群体选择理论一直在相对孤立的状况下发展——即便在进化生物学领域内部也是如此。在那些顶级的期刊上，认为群体选择理论毫无争议的论文与继续视之为洪水猛兽的文章会一同出现。本书的既定目标之一就是仔细介绍那些用于支持、反对群体选择的论证，供读者（不管是生物学家还是非生物学家）自行评判。

尽管现代群体选择理论已经得到充分发展，并在经验上获得了
8 支持，但是有关利他主义终极动机的心理学问题依然具有开放性。一部分心理学家认为现存的实验证据足以支持他们的结论；可是其他许多心理学家并不这样想。有些人提出，我们无法用心理学实验来区分利他主义和利己主义的终极动机。我们力求能在本书中勾画出一种能够解决这一问题的心理动机进化论。由于与心理学上利他主义相关的问题相对较新，我们为它提供的论据与为进化上的利他主义所提供的那些相比，只能算是阶段性的主张。

“人类行为完全受自身利益驱使”和“利他主义终极动机不存在”的观念从未得到过任何一套融贯理论或任何一组明确观察的支

持。一直以来，贯穿这场争论的都是这样一种知识界的尊卑秩序：在对某一行为进行解释时，无论利己主义解释多不自然，它都会在与利他主义解释的比拼中胜出——即便在缺乏用于区分这两种解释的经验证据时也是如此。有趣的是，在 20 世纪 60 年代，人们在讨论进化上的利他主义时也出现了类似情况。其结果是，用于反对群体选择理论的说辞被赋予了言过其实的强度。知识界的尊卑秩序有时也是正当的，比方说，当其中一套方案只能获得微弱的理论支持时，上述尊卑秩序就具有正当性。不过，与群体选择相关的争论早在 20 世纪 70 年代便跨越了这个阶段。时至今日，它已经能与个体选择理论平起平坐。这两种理论地位相同，而且都能做出可被经验检验的预测。以此类推，心理学上的利他主义也只有在经历相同的转型之后才能取得真正的进展。我们对心理学上的利他主义的分析，能为与之相关的争论创造类似的公平竞争的环境。如果从某种程度上说，心理机制是自然选择为激发适应性行为而设计出来的，那么我们有足够的理由相信，这些心理机制不会让所有行为都成为终极动机的产物。

冒着让自己看起来处于守势的风险，我们决定讨论一个通常被用于针对那些支持心理学中的利他主义和生物学中的群体选择理论之人的批评。这类批评者往往会说，人们之所以赞成上述假说，是因为他们**希望**世界是一个充满善意的处所。持此意见的利己主义及个体主义拥护者们会以此自夸——他们会认为只有自己是在直面现 9
实。在他们看来，利他主义和群体选择理论的支持者只是在白日做梦，唯有利己主义和个体主义才是客观的。

该批评出现得如此频繁，以至于人们往往会以同样的方式进行回应——他们会对利己主义和个体主义的捍卫者们因相信自己所偏爱的理论而获得的心理收益进行猜测。然而，对促使某人去维护某理论动机的猜测根本无关大局——因为它只涉及个人偏好——问题的关键点在于揭示究竟哪个理论为真。为此，我们应当把注意力放在用于支持理论的证据上，而不是放在**理论家**的心理怪癖上。

总之，我们希望这本书的目标不是绘制一幅充满仁爱的瑰丽图景。诚然，根据群体选择理论的设定，指向自己群体成员的帮助行为能得以进化；但从另一方面看，它也预示着这样一件事：侵害其他群体成员利益的行为将获得选择上的优势。群体选择所青睐的是群体内的善**和**群体间的恶。因此，群体选择理论并没有消除位于自然选择理论核心的竞争机制；毋宁说，该理论为竞争的出现提供了新的舞台：不但同一群体中的诸个体会相互竞争，一个群体与另一个群体之间也存在竞争关系。[1]

在讨论心理上的利他主义时也是一样——我们不会说每个人都有一颗纯净的、圣人般的助人为乐之心——我并不认为人们总会将他人福祉看作目的本身，把自身利益抛诸脑后。不如说，我们的目的在于表明这样一件事：对他人的关怀**有时**是人们所具有的终极动机**之一**。由此可见，即便事情都如我们所说，相应的观点也会给“个体在很多时候都自私自利”的假说留下足够的空间。

本书涉及四个学科——进化生物学、社会心理学、人类学、哲学。在讨论来自以上各个学科的材料时，我们都会尽可能地从基础讲起。因为我们宣讲的对象不是早已通晓这四个领域的少数精英，而是那些只了解其中某个领域，甚至完全外行的人。另外，我们还
10 觉得，当人们从头开始进行理解时，会不自觉地重新思考某些基本问题。这让我们在思考有关利他主义的问题时获益良多，但愿我们

---

[1] 在《物种起源》中，达尔文指出，他是在“宏大且具有暗喻性质的意义上使用‘为生存斗争’这个术语的……我们或许会说，两只处于饥饿状态的犬科动物会相互斗争以获取赖以生存的食物。可是另一方面，在说到荒漠边缘的植物时，我们会说它们是在为了生存而与干旱做斗争”(Darwin, 1859, p.328)。两条狗之间会相互竞争，两株植物也会就其抵抗恶劣环境的能力进行竞争。竞争可以是直接的战争，也可以是生物体之间关于谁在下一代中拥有更多后裔的“较量”。我们在谈到群体选择这个层面时也要进行同样的区分。群体间可以直接开战，也可以开展更广义的竞争，即比较谁能在繁衍后代这件事上取得更大的成功。

的读者也能有所借鉴。

一本书的意义是在其内容与读者的不同概念框架的互动中产生的。我们预计这本书的读者至少会有三种截然不同的概念背景，它们是**个体层面的功能主义**、**群体层面的功能主义**、**反功能主义**。为避免不必要的争端，我们将说明自己的论证是如何与这三个观点相联系的。

我们已在前文对个体层面的功能主义进行过描述，即个体是首要的功能性单元（primary functional units）。群体行为“只不过是”个体之间互动的产物——群体本身并没有功能上的自主性。正如 G. C. 威廉姆斯（G. C. Williams, 1966）所说，飞奔的鹿群只不过是一群飞奔的鹿——该群体之所以跑得快，并不是由于“跑得快”这个性状能为群体带来好处，而是因为它能让每一个个体获得收益。进化论中的个体主义传统和人文科学中方法论上的个体主义都属于个体层面的功能主义。在这种背景下，本书想传达的重要信息是：群体同样也能被看作功能性单元——个体有时看上去更像是器官而不是有机体。

尽管我们所反对的个体层面的功能主义是占支配地位的思想传统，但群体层面的功能主义也是一种由来已久的观点——它包含了与个体层面的功能主义相反的信念，即群体才是首要的功能性单元：鹿群之所以具有“跑得快”等一系列特征，正是因为那些性状会为畜群带来收益。在科学之外、许多文化之中，“个体为服务于群体而存在”的观念比“社会只不过是自私个体的集合”的观念要普遍得多。同时，群体层面的功能主义在社会学、人类学、心理学的奠基人那里也颇为流行，他们通常会将文化和社会看作遵循自身高阶法则的有机整体。如今，这种观念已经不再大受追捧，但它依然作为少数派的观点存在；甚至于在生物学和人文科学的某些学科中，其统治地位从未受到过动摇。对群体层面的选择理论而言，我们这本书所带来的既有好消息也有坏消息。好消息是我们能提供第一个支持群体层面功能主义的健全理论；坏消息是该理论并不像许多群体 11

层面功能主义的拥护者所设想的那样宏大。我们不能简单地假设，文明、社会、生态系统这样的高层单元必定是完善的有机整体。高层功能组织需要满足一些特殊条件。此外，这样的组织也很容易从内部被颠覆。对于那些倾向于接纳群体层面功能主义的读者来说，十分重要的一件事是：如果想要在发展这个理论时做现实主义的考量，那么他们就应该在接受上述好消息的同时也接受那些坏消息。

自然选择是一种能为功能组织提供解释的进化过程。此外，我们还必须认识到自然选择不是唯一的进化力量，有机体也没有完美地适应环境。因此，功能主义永远无法为任何实体提供完备的解释——不管这个实体是个体还是群体。进化生物学家在谈及生命的历史时，依然会在适应器和自然选择之重要性的问题上产生重大分歧（例如，参阅 Gould and Lewontin, 1979）。当进化观念被用到人类身上时，上述争议就更为激烈了。反功能主义者认为，人们在讨论进化力量时过于强调自然选择的重要性了——事实上，许多性状就像月球的存在或天空的颜色那样，没有任何功能。持该论点的读者或许会认为，我们将达尔文的自然选择理论用到人类身上的做法实际上是在鼓吹某种粗俗的生物学“帝国主义”。但对我们来说，这类读者是我们尤其希望挽留的，因为我们的理论框架和他们的观点之间的关系会比他们起初所想的要和谐。为此，我们必须说明这样一件事：如何能在不将自然选择看作促成进化或人类行为的唯一力量的情况下，自由运用适应主义思想。

人们有时会将适应主义理解为一种关于自然的主张，即生命体都很好地（甚至完美地）与环境相适应。但在另一些情况下，人们会认为适应主义是用于探索自然的一种方法。这即是说，当我们对有机体进行研究时，可以通过回答这样的问题来推动其进展：“如果这个有机体完全适应其所处的环境，那么它会是什么样子的呢？”该问题的提出者没必要承诺他所研究的有机体**确实**适应其所处的环境。或许他所研究的种群刚刚移居到一个全新的环境，它还不曾有
12 时间进行适应。或许大多数适应性行为不是由基因突变引发的；或

许适应不良的行为通过随机遗传漂变（random genetic drift）得到了传播；又或许整个物种已被对生物适应度缺乏敏感性的文化进化过程接管。上面任意一种情况的出现都会使适应主义思想无法成功描述有机体的实际情况。即便如此，这类失败也有很大的指导意义。因为它能让我们发现、诠释实际情况与最佳表现型之间的偏差（Sober, 1993b; Orzack and Sober, 1994）。因此，即便承认除自然选择外还有其他进化力量存在（人性也还会受到除进化力量外的其他力量的影响），思考“生命体在完全适应其所处环境时会变得如何”依然不失为一种有用的研究方法。

我们将在讨论进化上和心理上的利他主义时运用这种适应主义的方法论。为解决与进化相关的难题，我们不但得思考与有机体相关的问题，还得思考与群体相关的问题。如果一个**群体**完全适应其所处的环境，那么它会是什么样子的呢？这个有关群体问题的答案常常与有关个体问题的答案相冲突。此外，在一些颇为有趣的案例中，所获**证据**与上述两个问题的答案都有冲突。一些有机体所显现的性状似乎是在纯个体适应器、纯群体适应器，以及其他因素间**妥协**的结果。适应主义模型的失败也能像其成功时那样具有指导意义。

说到心理学上的利他主义，我们认为自然选择不太可能会赋予我们纯粹利己主义的动机。但即使我们说对了，这也不代表我们已经**证明**心理学上的利己主义必然为假——因为它无法排除某些非选择过程阻碍或颠倒自然选择效应的可能性。尽管如此，我们依然认为我们对该问题的分析为心理上的利他主义的实在性提供了证据。我们在此处运用适应主义方法论的目标不是解释某种已知的将会出现的性状，而是预测利他主义终极动机是否存在——这个问题一直无法通过直接观测得到解答。我们不想为了解释某些显而易见的事情而编造充满臆测的故事。

进化上的利他主义问题和心理上的利他主义问题都在好几个层
面上令人着迷。它关系到存在于我们每个人身上的生命体验，即我 13

们对他人的感觉和他人对我们的感觉。“利他主义存在与否”是大家都会关心的问题——而且不仅仅出于理论上的原因。尽管这个与动机相关的问题在私人层面上与我们密切相关，但大多数人在经过反思后都会发现，这并不是一个能够轻易解答的问题。即便在短期目标相当清楚的情形下，关涉他人的终极动机也往往是模糊的。而当我们扪心自问时，许多人都会意识到，我们的终极动机对于我们自己来说都难以窥测。或许我们最初只是出于私人原因而关心利他主义的问题，但若是真想获得答案，我们就会在好奇心的驱使下转向与之相关的理论研究。

一旦我们打开生物学和心理学的大门，这个问题就显得更具魅力了。这并不是因为上述科学已经快速解决了这个问题，以至于我们唯一的任务就是记叙研究者们如何简洁利落地运用相关科学方法取得傲人的成果。恰恰相反，这项科学研究工作之所以充满乐趣，正是因为它所研究的问题如此难以捉摸、令人困惑、复杂艰涩。科学笔直地朝真理迈进自然不失为一件好事，但在曲折中进步的科学则更为有趣。要理解科学的变化过程，我们所要关心的不仅是旅程的终点，还有那些错误的起点以及走过的弯路。

第 一 部 分

进化上的利他主义

第一章　作为生物学概念的利他主义

日常语言中的利他主义概念似乎应当同时包含行动和动机这两个 17
要素。人们几乎不会把那些从不实施帮助行为的人称作利他主义者。再者，即便对于那些实施帮助行为的人，我们也只有在知道他们行动的原因后才能确定是否能称之为利他主义者。就算是圣人，只要他们把自己的牺牲行为看作通往天堂的门票，那他们也是自私的。

不管在传统的利他主义定义中动机显得多么重要，在进化生物学家那里，利他主义完全是通过生存和繁衍得到界定的。当一个行为增加他人的利益并减少行动者的利益时，这个行为就是利他的。进化生物学家所面临的挑战是，说明这种自我牺牲的行为是如何进化出来的——在此过程中，我们不用管个体在实施行动时有何感想，或者是否有感想。

生物学上的利他主义概念在去除“动机”这一至关重要的元素后却依然符合直觉，这一点实在太奇怪了。事实上，与之相反的做法也会呈现这种怪异性。哲学和心理学对于利他主义的讨论往往把重心过多地放在动机上，以至于忽视了实际的帮助行为。我们在本书中将会对行动和动机予以同等的关注，但在刚开始时，我们必须先把它们分割开来。我们的第一个任务是说明那些舍己为人的行为
如何才能得到进化；我们的第二个任务则是理解为激发这些适应性 18
行为而进化出来的心理机制。

为了说明进化论者为何会如此热衷于探讨利他主义，我们来看一下关于一种吸虫类寄生虫——枪状肝吸虫（Dicrocoelium dendriticum）

的案例。其生命周期的成虫期是在牛羊的肝脏中度过的（Wickler, 1976）。它们的虫卵会随哺乳类宿主的粪便排出，并被陆生蜗牛吃掉。这些陆生蜗牛就成了它们生命周期中无性期的宿主。在蜗牛体内经过两代后，该寄生虫会进入尾蚴期，存在于包裹蜗牛的那层黏液中，并被蚂蚁摄食。每只蚂蚁每餐会摄入约 50 只尾蚴。一旦这些寄生虫进入蚂蚁体内，它们就会刺破蚂蚁的胃壁，并让其中一只尾蚴进入蚂蚁脑内（食道下神经节），形成被称为“脑虫”的薄壁包囊。其余尾蚴则形成厚壁包囊。脑虫会改变蚂蚁的行为，让它在草叶尖端停留大量时间，以增加其被家畜食入的机会。如此一来，这类寄生虫就能继续它们的生命周期。这是寄生虫通过操纵宿主行为使其自身受益的精彩案例之一。对我们来说，这个案例之所以显得有趣，是因为负责把蚂蚁送入家畜腹中的脑虫会失去感染哺乳类宿主的能力。它用自我牺牲的方式帮助群体内**其他**寄生虫完成它们的生命周期。即使寄生虫对其命运没有任何感想，我们也会倾向于将这类行为称作利他行为。[1]

如何研究进化中的演变

利他行为的一个模型

“利他主义是否能够得到进化”和“利他主义如何才能得到进化”的问题吸引了许多进化生物学家的眼球。E. O. 威尔逊（E. O. Wilson, 1975, p.3）甚至称之为“社会生物学的核心问题”。进化论者之所以被利他行为吸引，不单因为它们在自然界中显得十分重要，还由于研究者们难以用达尔文式的观点来对其进行解释。别忘了，自然选择会使那些能让个体比其竞争者拥有**更多**后代，而非更少后

[1] 这个案例中的利他主义所牵涉的是脑虫对同一宿主内其他同种寄生虫造成的效果，而不是指脑虫对宿主造成的那些明显有害的效果。

代的性状得到进化。这样看来，自私性是具有选择优势的——就像 19
坚固的牙齿和敏锐的视觉具有选择优势那样。

框 1.1 所呈现的是由进化生物学家开发的利他行为标准模型。引入代数是为了提高精确性，其实模型的基本观念很容易就能用文字描述出来。假设有一个由利他主义者（A）和非利他主义者（S）组成的种群，当群体中不存在利他主义者时，所有个体都会有一定数量的后代（这是用于衡量适应性的尺度）。在此基础上，每个利他主义者的行动都会减少自己的后代数量，增加种群中每个受惠者的后代数量。尽管利他主义者能从它所处群体的其余利他主义者那里获得收益，但它们的自我牺牲行为也会带来一定损失。相比之下，自私的个体不但没有遭受任何损失，而且还能从群体中所有利他主义者那里获得利益。由此可见，利他主义者在两方面都处于劣势：首先，实施利他行为会直接增加成本；其次，它们只能从**其余**利他主义者那里获得馈赠，利己的个体却能从**所有**利他主义者那里获得馈赠。显然，利己主义者会比利他主义者拥有更多后代，因而更受自然选择青睐。这个模型很好地捕捉到了我们之前所述观点的精髓之处，即利他主义站在“适者生存”的对立面。

框 1.1　利他行为的一个数学模型

个体的适应度包括它的生存能力和繁衍能力。在这个模型中，利他行为只影响到繁衍，因此后代数量就充当了用于衡量适应度的标准。现在，假设有一个包含 n 个个体的种群，种群中有两类由基因编码的性状：利他性（A）和利己性（S），它们出现的频次分别是 p 和（$1-p$）。那么这个群体中就含有 np 个利他主义者和 n（$1-p$）个非利他主义者。再设当利他行为不存在时，所有个体都会拥有相同数量的后代——平均值（X）。每个利他行为都会导致行为者减少 c 个后代，并为群体中每个成员增加 b 个后代。那么下列方程式所代表的就是利他主义者的适应度（W_A）
和非利他主义者的适应度（W_S）： 20

$$W_A = X - c + [b(np-1)/(n-1)] \tag{1.1}$$

$$W_S = X + [bnp/(n-1)] \tag{1.2}$$

每个利他主义者都会因其利他行为而遭受数量为（$-c$）的损失，但它也会从该群体其余（$np-1$）个利他主义者那里获得收益。因为其余利他主义者会在（$n-1$）个个体间分发福利，所以每个利他主义者预计能获得数量为 $b(np-1)/(n-1)$ 的收益。非利他主义者非但不像利他主义者那样有所损失，而且还会从 np 个利他主义者那里获得收益。由此可见，利他主义者不但蒙受了数量为（$-c$）的直接损失，而且与利己主义者相比，它们只能从更少的利他主义者那里受惠（对比 $np-1$ 和 np）。显然，W_A 的值总是比 W_S 要小，因此在该种群内部，利他主义者始终是选择力量所抵制的对象。

假设上述模型中的参数被这样赋值：

种群大小（n）	100
利他主义者出现的频次（p）	0.5
基准适应度（X）	10
受惠者所获收益（b）	5
利他主义者的损失（c）	1

利他主义者会以其自身损失的 $c=1$ 个单位为代价，为群体内每个受惠者增加 $b=5$ 个单位的收益。每个利他主义者能从它所在群体内其余 49 个利他主义者那里获得数量为 b 的利益，而每个利己主义者能从所有 50 个利他主义者那里受惠。通过这些数字，我们可以计算出利他主义者和非利他主义者的适应度：

利他主义者的适应度：$W_A = 10 - 1 + 5 \times 49/99 = 11.47$

非利他主义者的适应度：$W_S = 10 + 5 \times 50/99 = 12.53$

其中每个成员的适应度都会随着利他主义者的出现而增加，但自 21
私的 S 型个体会比利他的 A 型个体获得更多收益。根据这些数据，我们可以计算出后代的种群规模 n' 和其中利他主义者出现的频次 p'。

后代总数：$n' = n\,[\,pW_A + (1-p)\,W_S\,] = 1200$

后代中利他主义者出现的频次：$p' = npW_A/n' = 0.478$

种群规模不可能无限扩大。因此我们假设利己型个体和利他型个体的死亡率相同，种群规模会维持原先的大小 $n = 100$。此时，上面这个代表利他主义者出现频次的数字不会发生变化（$p' = 0.478$）。长此以往，每个世代中利他主义者出现的频次都会不断下降，直到最后完全消失。

在框 1.1 带有数值的案例中（来自 Wilson, 1989），我们假设最初的种群规模是 100 个个体，其中利他主义者和非利他主义者各占一半。当利他主义不存在时，每一个个体会拥有 10 个后代。每个利他主义者会以损失 1 个自己的后代为代价，为每个受惠者额外增加 5 个后代。根据框 1.1 中的方程式，我们可以算出，平均每个 A 型个体会生产出 11.47 个后代，每个 S 型个体会生产出 12.53 个后代。为简便起见，让我们假设这些个体都是进行无性繁殖的，且后代会与父母完全相似。那么这个种群会生产出共计 1200 个后代，其中利他主义者所占的比例是 0.478，比起父辈的 0.5 有所下降。因为种群规模不可能无限扩大，所以我们假设 A 型和 S 型的死亡率相同，并把后代种群规模控制在 100 这个数量上。此时，预计 48 个 A 型和

52 个 S 型会存活下来。只要自然选择力量在多个世代中起作用，上述过程就会多次重复。其结果是，A 型出现的频次会持续减小，直至最终灭绝。

在继续讨论之前，请容我们指出这样一件事：该模型中的一些假设是不现实的。比方说，既然大多数物种都是有性的，那么我们为什么要假设无性繁殖的情形呢？答案是这样假设会让模型变得更简单，
22 而模型的简单性又是十分重要的。如果有性繁殖会导致相同的基本结论，那么为了方便说明，我们就可以忽略有性繁殖的情况。另一个不现实的假设与基因和行为之间的一一对应关系有关。进化生物学家马上就会说，对大多数物种而言，这类基因决定论并不适用。行为是由与环境相互作用的复杂内部机制引起的。这些机制或许会受到遗传作用影响，但承认这一点绝不等于说，某一个体自私或利他的特征都是由其基因决定的。然而进化论者往往会用他们假设无性繁殖的理由来为基因决定论辩护，即（他们希望）这个简单化假设不会影响模型的基本结论。我们确实没有用于决定“在手碰到火时赶快收回来”这一性状的基因，但我们复杂的心理机制引发的行为看起来就像是由在那些环境下我们可能进化出的基因所决定的一样。

简单化假设既是数学模型的灵魂，又是它的软肋。在探索某个主题（比如利他主义的进化）时让模型尽可能保持简单，的确是一件至关重要的事。然而在很多时候，忽略某些东西的简单化假设确实会导致结果上的变化；一旦出现这种情况，我们就应把被忽略的东西重新塞回模型，以便更好地理解问题。只有具备精湛的技术，我们才能知道哪些东西应当被纳入模型，哪些东西可以被合理地忽略——也正是这类技术让理论生物学像其他科学那样具有艺术性。我们会在后面的章节中指出：基因决定论并不像它看上去那样无辜（或许有些读者已经认定它有罪了！），因为它掩蔽了对利他主义之进化而言十分重要的可能性。尽管如此，由于假设基因决定论是展现基本问题的最简单方式，我们在为基因和行为之间建立起更复杂、更合理的联系之前依然会沿用这个假设。

回到对模型的讨论上来。现在假设我们对方程式进行了修改，
让 A 型为自己额外增加 1 个后代，同时为种群中其他人额外增加
2 个后代。[1] 尽管在此剧本中，A 型确实提高了它们自身的适应度，
但这类模型依然无法改变它们走向灭亡的命运——因为它们为其余
个体增加了更多的适应度。小红母鸡（the little red hen）的寓言故事
能很好地说明这一结论。小红母鸡包揽了所有制作面包的工作，而
她的同伴们则整天游手好闲。如果我们改变故事的结局，让她的同 23
伴成功吃到免费的午餐，那么所有角色都会聚在餐桌旁分享小红母
鸡制作的面包。虽然小红母鸡会得到一些面包——甚至有可能是足
以回报其辛勤劳动的分量——但她的净收益永远都赶不上那些不劳
而获的同伴。如果把这类相互作用放进我们的进化模型，那么毫无
疑问的是，只要小红母鸡一直为了别人的利益而降低自己的适应
度，那么她的后代就会比同伴少，她的族类最后就会消亡。总而言
之，进化上的成功取决于**相对**适应度（G.C. Williams, 1966）。后代
的绝对数量并不关键，重要的是，你得比别人更善于开枝散叶。

利他主义如何才能得到进化

或许我们的模型会引出这样的结论：利他主义永远都无法得到进化——进化过程会按其本性来推动自私性的发展。但实际情况恰恰与之相反：当我们考虑多个群体时，很容易就能看出利他性如何能够得到进化了。图 1.1 给出了一个最简单的例子，图中的种群被划分为两个群体。A 型和 S 型的适应度都是用框 1.1 中的方程式计算出来的。并且就像在我们第一个数据化的案例中假设的那样，种群内利他主义者和非利他主义者的总体数量相等。不同的是，在这个案例中，利他主义者在其中一个群体内所占的比例是 20%，在另

---

[1] 在这种情况下，用于计算平均适应性的方程式应该是 $W_A = X + 1 + 2(np - 1)$，以及 $W_S = X + 2np$。

一个群体内所占的比例是 80%。当我们分别考察这两个群体时就会得到与之前一样的结论，即利己型会比利他型拥有更多后代。但如果我们把这两个群体的后代数目相加，那么答案就会反过来——利他型会比利己型拥有更多后代。[1] 面对如此古怪的结论，我们希望读者能好好对数据做一番检查（见框 1.2）。这不是魔术，也不是什么神秘的东西。利他主义者出现的频次在每个群体中有所减少，但在整个种群中呈上升趋势，这是因为两个群体的利他主义个体数量在整个种群中所占的比重不同。

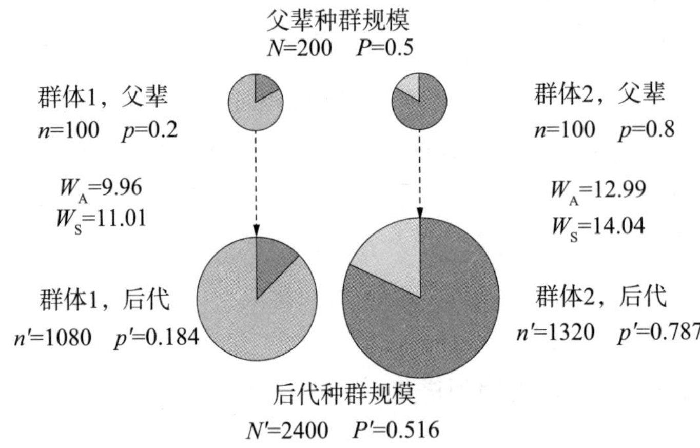

24 **图 1.1 多群体模型中利他型的进化**

注：利他型和利己型被放在两个规模 $n = 100$（较小的饼状图）的无性种群中进化。利他型（深色）在群体 1 中占 20%，在群体 2 中占 80%。在子女那一代中，每个群体内部利他主义者出现的频次都呈下降趋势（深色的部分变得更小了）；但是含有较多利他主义者的群体（规模大小为 1320）变得比含有较少利他主义者的群体（规模大小为 1080）更加壮大了。其结果是，就整体规模大小为 2400 的后代种群来说，利他主义者出现的频次增加了。从生物学上看，当这两个群体周期性地融合、重组或者需要与其他新群体竞争时，把它们的后代数量加起来的做法就是正当的。

---

[1] 如果缩小案例中两个群体之间的差别，那么利己型就会得到进化——但其速度会比在单个群体的案例中更慢。值得注意的是，利己型的进化并不意味着群体选择的缺席；毋宁说，此时群体选择是比个体选择更弱的进化力量。同样，如果利他主义得以进化，那么这并不意味着那些偏爱自私性的个体选择力量消失了——它只是比那些青睐利他性的群体选择力量更弱罢了。

图 1.1 中利他主义的胜利是一个著名的统计现象，它被称作“辛普森悖论”（Simpson’s paradox）（Simpson, 1951; Sober, 1984, 1993b 就此问题展开过讨论）。或许我们可以用一个生物学以外的案例来展现其反直觉的一面。在 20 世纪 70 年代，加州大学伯克利分校的研究生招生政策似乎有歧视女性的嫌疑（Cartwright, 1978）。女性申请者被录取的比例比男性申请者要低，而且这个差异已经大到了无法用巧合来解释的程度。学校对各系进行了调查，结果发现每个系女性被录取的频次都不比男性低。显然，从总体上看，女性的录取情况比男性要差，但对于任何一个系来说情况都并非如此。

框 1.2　双群体模型的参数 25

	群体 1	群体 2
n	100	100
p	0.2	0.8
W_A	$10-1+5\times19/99=9.96$	$10-1+5\times79/99=12.99$
W_S	$10+5\times20/99=11.01$	$10+5\times80/99=14.04$
n'	1080	1320
p'	0.184	0.787
	总体规模	
N	$100+100=200$	
P	$(0.2\times100+0.8\times100)/200=0.5$	
N'	$1080+1320=2400$	
P'	$(0.184\times1080)+0.787\times1320)/2400=0.516$	

当注意到女性倾向于申请那些录取率较低的系时，我们就不难理解上述悖论了。为说明此事，让我们试想一下这样的情形：90 名女性和 10 名男性同时申请一个录取率为 30% 的系，这个系没有性别歧视——它将接纳 27 名女性和 3 名男性。与此同时，10 名女性和 90

名男性申报另一个录取率为 60% 的系，这个系也没有性别歧视——它会接纳 6 名女性和 54 名男性。可是如果把两个系放到一起，那么共计 100 名男性及 100 名女性申请者中就只有 33 名女性被录取，而男性录取者却有 60 名之多。尽管两个系都不存在性别偏向，但把它们合起来考虑时，这种偏向就出现了。这是因为每个系为录取总数所贡献的比率是不均等的。利他主义者出现的频次也能以同样的方式在两个群体的合集中增加——尽管在每个群体内部，他们出现的频次都会减少——这是因为每个群体为后代总数所贡献的比率是不均等的。

现在回到利他主义之进化的话题上来，我们必须强调一点：如
果将两个群体的后代叠加起来的做法不能获得生物学上的正当性，
那么它就只是统计学上的小伎俩而已。如果两个群体之间老死不相
往来，那么就像我们之前所预测的那样，每个群体中的利他主义者
都会被自然选择力量抹除。如此一来，图 1.1 中利他主义者出现频
26 次的增加就只是几乎没有理论价值的短暂现象。然而，假如两个离
散群体的后代会在形成各自的群体之前聚拢起来，那么我们所做的
叠加就是恰当的——图 1.1 中增加了的利他主义者出现频次将成为
它们在下一代当中出现的平均频次。假使该过程在好几代中重复出
现，那么利他主义者将会逐渐取代利己主义者的位置——就像在单
个群体的案例中利己主义者取代利他主义者的位置那样。当然，我
们还必须解释在世代更迭后，利他主义者何以总是与利他主义者生
活在一起，利己主义者何以倾向于跟其他利己主义者结交。我们将
在后文中给出一些生物学中的例子，并对上述问题进行说明。现在
我们所要做的是巩固当前获得的结论：**当不同群体中的利他主义者
和非利他主义者被放到一起时，利他主义就能得到进化。**

群体选择

如图 1.1 所示，即使利他主义者在每个群体中出现的局部频次减少，就整体而言，其全局频次依旧会增加。那么这种有趣的（并且对

于许多人来说是反直觉的）结果出现的条件是什么呢？第一，群体数量必须大于一个。换言之，必须有**一组群体**（a population of groups）存在。第二，利他主义者在每个群体中所占的比例必须**存在变化**。第三，利他主义者在群体中的比例必须与该群体的“产量”间存在直接关联，含有利他主义者的群体必须比不含利他主义者的群体**适应度更高**（能生产更多后代）。第四，尽管从定义上看，这些群体之间是相互分隔的（群体 1 的 S 型不会从群体 2 的 A 型那里获得收益），但从某种意义上说，它们必须是**非**孤立的（两个群体的后代必须混在一起，或者以其他方式在新形成的群体中竞争）。这些就是利他主义在多群体模型中得以进化的必要条件。此外还有一个充分条件：群体间的适应度差异（偏爱利他主义者的力量）必须强到能够盖过群体内诸个体间的适应度差异（偏爱利己主义者的力量）。

这些条件与达尔文自然选择理论标准阐释中所规定的条件相似——必须有**一组个体**在可遗传特征上**存在变化**，其中一些变体比另一些**适应度更高**。上述类比也能延伸至第四个条件——虽然个体
是孤立的单元，但它们都为创造新个体而相互竞争。因此，正如我 27
们在导论中引用的那个达尔文在讨论人类道德时所坚持的观点：自然选择能在一个以上的生物学层面发生作用。个体选择青睐于那些能最大化单个群体内相对适应度的性状；群体选择则偏向于那些能最大化群体相对适应度的性状。从个体选择的角度看，利他主义是适应不良的现象；而从群体选择的角度看，它却是具有适应性的。只要群体选择的力量足够强大，利他主义就能得到进化。

在继续这个话题之前，我们先用群体选择的概念对脑虫利他行为的进化进行说明。假设这个寄生虫群体由两类个体构成：一类倾向于变成脑虫（A），另一类则不然（S）。此外，假设“脑虫类”个体仅由单次基因突变产生。[1] 变异的虫卵会与其他虫卵一道被蜗牛

[1] 假设性状仅通过一次变异就能完全形成是进化模型中经常使用的又一简单化设定。许多性状会以更持续的方式变化，它们的出现更具渐进性。这一点对于我们将在第四章中探求的利他主义之进化具有十分重要的意义。

摄食。为便于对该案例进行说明，我们将假定每个蜗牛平均摄入 5 个虫卵——变异虫卵会和其他 4 个未变异的虫卵一起（在蜗牛体内）形成一个微型种群。当寄生虫位于蜗牛体内时，脑虫的性状不会表现出来。因此这个微型种群的规模将通过无性繁殖不断扩大，其中变异类型存在的频次依旧是 1/5＝0.2。这个种群存在于包裹蜗牛周身的黏液囊中，它会被蚂蚁摄入体内。为简便起见，我们假设每只蚂蚁都会被单个黏液囊中的 50 个寄生虫感染。

在生命周期的这个阶段，我们可以认为该寄生虫种群被分割成了大量群体（也就是寄生于许多蚂蚁体内），群体大小为 50。这些群体的绝大部分完全由 S 型个体构成，但是每个群体都包含 40 个 S 型和 10 个 A 型（$p=0.2$）。现在，A 型和 S 型将展现它们的不同之处。1 个 A 型个体会钻入食道下神经节并变为脑虫，其余所有 A 型个体与 S 型个体都将形成厚壁包囊。依照该特殊性状的性质，群体中只有 1 个个体能采取利他主义行动。因为脑虫之死已成定局，所以种群规模被削减为 49，其中有 9 个 A 型和 40 个 S 型。此时 A 型出现频次为 $p'=0.183$，比起先前 0.2 的值有所减小。A 型在群体内的相对适应度显然较低——正因为这个原因，从直觉上看，它们似乎是利他的。然而有趣的是，它们牺牲的**程度**远比我们想象的要低。这是因为脑虫那种极端的牺牲被其他**无须**变成脑虫的 A 型个体
28 之存活“稀释”了。无论如何，我们还是有把握做出这样的推断：从群体内部看，带有利他主义性状的 A 型正是选择力量所要剔除的对象。用较为常见的情形来说，那就是：假设你身处于一个 50 人的群体中，其中有 1 人必须从事一项危险活动。你们当中有 10 人通过抽签来决定由谁来承担这个风险，其余 40 人则在一旁若无其事地说：“我们觉得吧，在你们 10 个人中进行抽签实在是**太棒了**！加油！”显然，那 10 个需要冒险的个体是利他主义者，另外 40 个个体则是搭便车者（freeloaders）。

接下来，我们有必要计算一下群体层面的适应度。有些蚂蚁即使没有爬到草叶尖端也会被家畜吃掉，因此对于这类寄生虫生命周

期的完成来说，脑虫并不是不可或缺的。有鉴于此，我们假设脑虫通过增加蚂蚁被家畜吃掉的机会而将群体的适应度从 E_1 增加到了 E_2，其中 $E_2 > E_1$。所有被家畜摄入体内的寄生虫（脑虫除外）都会拥有相同数量的后代。可见，该特殊性状是通过改变生存能力而非繁衍能力来影响适应度的。

现在，我们已经得知群体内和群体间的相对适应度，接下来就可以把它们放在一起比较，看看究竟哪个选择层面更占上风了。一方面，对 A 型来说，好消息是它们被家畜摄入的概率总是更高一些（E_2）；坏消息是它们都必须加入一个随机抽取一人送死的赌局。因此，在整个种群当中，平均水平的 A 型适应度（此处等于不变成脑虫并被家畜摄入的概率）为 $W_A = 0.9\ (E_2)$。另一方面，对 S 型来说，好消息是它们有时会幸运地发现自己所处的群体中有 A 型个体，因而可能无须付出任何代价就能享受到由利他行为带来的福利；坏消息是它们有时会处于没有 A 型个体的群体中。如果我们设 q 为处于混合群体中的 S 型所占的比例，那么在整个种群中，平均水平 S 型的适应度为 $W_S = q\,(E_2) - (1-q)(E_1)$。[1] 当 A 型只能通过单次突变产生时，S 型在带有 A 型群体中所占的比重就会小到几近消失（q 趋向于 0）；此时 S 型等于听到了所有坏消息，却没有获得任何好消息。[2] 尽管 A 型出现的频次会在单个群体内递减，但当（0.9）$E_2 > E_1$ 29
或 $E_2/E_1 > 1.11$ 时，该频次就会在整个种群中递增。因此，即便只是被家畜摄食机会（群体层面的收益）的略微增加也能盖过脑虫自杀行为所带来的损失（个体层面的成本）。其实，只要我们认识到“自然选择在群体层面和个体层面都会发挥作用”这件事，一些表面上看来

[1] 译者注：让我们这样来理解，首先，将群体根据“是否带有 A 型”这一标准归为两类：G_1 和 G_2。其中 G_1 有 A 型个体，G_2 没有。实际上这里的 q 指的是 G_1 在整个种群中所占的比重；$(1-q)$ 也就是 G_2 在整个种群中所占的比重。在后文中，当 A 型只能通过单次突变产生时，A 型个体几乎没有可能产生——这就是说几乎不可能存在 G_1，因此 q 的值接近于 0。

[2] 当 A 型只由非常罕见的突变引起时，q 的值会无限接近于 0；因此我们在计算 S 型的平均适应度时通常会忽略方程式中的第一项（qE_2）。

无法在进化论视角下得到解释的行为也就变得易于说明了。

通过这个例子，我们可以看出这种在抽象层面看起来不太可能实现的“双群体模型”如何能在生物学中显得合情合理。该模型要求利他型和利己型被置入不同群体。在生物学中，这一点借由蜗牛体内的繁衍过程得到了实现——将变异为利他主义者的后代聚集于单个群体中。此外，该模型还要求这些群体在我们考察利他主义的收益时彼此孤立，而在形成新群体时相互竞争。这两个条件会从寄生虫的种群结构中很自然地浮现出来。脑虫只会让它所处群体中的其余个体获益，而在生命周期的下一个阶段，拥有脑虫的群体会在竞争中胜过那些没有脑虫的群体。图 1.1 中诸群体在数学上的加法运算，在生物学上体现为来自众多群体的寄生虫在牛羊肝脏中的再度会合。

至此我们已经说明，脑虫可以在其出现频次较低的种群中获得进化；但我们还没有说明，它是否能导致利己型个体的灭绝。假设一个种群完全由 A 型构成。随后，我们在其中加入一个 S 型的变种。在生命周期的“蚂蚁阶段”中，群体的绝大部分由 A 型构成——一个群体包含 40 个 A 型和 10 个 S 型（$p=0.8$）。在群体内部，A 型依然是选择力量所要剔除的对象——尽管现在每个 A 型变成脑虫的机会是 1/40 而不是之前的 1/10。群体之间也依然存在基因变异，但这种变异不会使群体层面的适应度发生任何改变。因为所有群体都至少有 1 个 A 型。其后果是：群体选择将不复存在，而 S 型出现频次将在整个种群中递增。无论 A 型还是 S 型都能在出现频次很低的情况下“侵入一个种群”。换言之，当 A 型所占比例接近于 100% 时，S 型出现的频次就会增加；反之，当 S 型所占比例接近于 100% 时，A 型出
30 现的频次也会增加。这就能使两种性状都在种群中被保留下来——或者换种说法，该种群进化出了**稳定多态性**（stable polymorphism）。当群体内搭便车的好处恰好被群体中缺少利他主义者所带来的坏处制衡时，A 型和 S 型的出现频次就会达到平衡状态。

那么枪状肝吸虫是否真的由利他主义者和非利他主义者构成呢？我们是否能证明，某些带有这类寄生虫的蚂蚁之所以没有出

现在草叶上，正是因为它体内所有的寄生虫都是搭便车者呢？很可惜，进化生物学不像物理学那样，有一群渴望检验理论假说的经验科学家。维克勒（Wickler, 1976）呼吁研究者们注意将脑虫作为利他主义的案例来看待，威尔逊（Wilson, 1977a）预测了多态性的可能性，但自此之后并未出现任何相关研究。没有人估算过模型中的基本参数，比如说被蜗牛摄入的虫卵数量以及被蚂蚁摄入的黏液数量。在自然史领域中，脑虫一直都被看作一个妙趣横生的利他主义案例，但其中与概念相关的细节还都只是猜测的结果。

利他主义只是群体层面适应器中的一种

根据我们的说明，利他主义能通过群体选择得到进化。但读者必须意识到，群体选择会偏爱**任何**能增加群体相对适应度的行为。利他主义符合这一定义，但它还有一个附加的特征，即减少群体内个体的相对适应度。换言之，进化上的利他主义是一个**既**“为他者带来收益”**又**“让自己付出成本”的二维概念。显然，群体选择也可能让既增加群体适应度又不减少群体内相对适应度的性状得到进化——然而这种性状无法符合我们对利他主义的定义。我们甚至能构想出一些在群体内和群体间都受到青睐的性状。总之，利他主义只构成了“有利于群体之性状”的一个子集。

利他主义不单单是受群体选择青睐之性状的子集——它还是一个尤为低等的子集。让我们回到脑虫的例子中来，假设有一只新变异的寄生虫能够在操纵蚂蚁行为的同时让自己免于死亡。这样，它就能在无须付出个人代价的情况下为群体带来收益。显然，这种新类型会取代更具利他性的 A 型。为群体利益自我牺牲当然**能**因群 31
体选择而得到进化，但从本质上说，它从来都不是一件很占便宜的事。这一点非常重要——因为它说明亟待解释的极端利他主义或许很少会在自然界中出现。这是由两个截然不同的原因引起的：一是群体选择很少强到能进化出这类行为；二是自然界通常会有一种无须极端的自我牺牲就能让群体获益的方法存在。

本书第一部分开始处的精彩漫画很好地表现了利他主义和群体层面适应器之间的区别。一群小鱼通过让自己组成一条大鱼的形状来驱赶潜在捕食者的做法对鱼群来说显然是具有适应性的。这类行为不太可能只是因为巧合，或作为用于最大化群体内的个体相对适应度的行为之副产品而得以进化的。它多半是通过某种选择过程进化出来的。鱼群会因习性不同而组成不同的形状，其中那些像大鱼的形状会使鱼群拥有更多后代。但我们无法确定利他主义对它而言是不是必要的。利他主义出现与否取决于组成鱼形的成本和收益如何在群体成员间分布。或许某几条鱼自愿处于鱼群中最危险的位置——在这种情形下，我们就会谈到利他主义。然而，也可能每个位置都一样危险，或者这些鱼的位置只是以某种随机的方式决定的，又或者某几条鱼在其他成员强迫下才来到最危险的位置。不论利他主义是否牵涉其中，我们都能认为鱼群在群体层面是具备良好适应性的。

平均化谬误

根据前面的阐述，我们似乎能轻而易举地为利他主义之进化给出说明。同时，“社会生物学的核心理论困难”看起来也已得到解决。可事情恰恰相反：任何熟悉进化论文献的人都知道，利他主义依然是一个充满争议的话题。我们建议用来解释利他主义之进化的机制——群体选择——通常也不会被认作重要的进化力量。以自身利益为代价使他人受益的行为通常只被认作“表面上的”利他主义行为，这就让自然界中“真正的”利他主义依旧显得难以捉摸。

32 为理解这些争论的本质，我们先来回顾一下图 1.1 的双群体模型。如该图所示，虽然利他主义出现的频次在每个群体内逐渐下降，但是因为利他群体比非利他群体适应度更高，所以利他主义还是得到了进化。另一种用以展示利他主义之进化的方法是跨群体计算个体的适应度。这样一来，群体 1 中的 20 个 A 型都会拥有 9.96

个后代，群体 2 中的 80 个 A 型都会拥有 12.99 个后代，平均下来是 12.38 个后代；另外，群体 1 中的 80 个 S 型都会拥有 11.01 个后代，群体 2 中的 20 个 S 型都会拥有 14.04 个后代，平均下来是 11.62 个后代。因此从整个种群看，平均水平的 A 型比平均水平的 S 型拥有更多后代——这就导致 A 型的进化。

这个计算方式没有改变模型中的任何事实，但其简单性却蕴含着一些新的诉求。事实上，我们很容易觉得 A 型是通过“个体选择”进化出来的——它其实是自私的。其原因在于平均水平的 A 型比平均水平的 S 型适应度更高。简言之，比较适应度的不同方式（在群体内进行比较或在经过跨群体的平均计算后进行比较）可能会让同一个性状**时而**像是利他的，**时而**又像是利己的。

为什么不用跨群体的平均适应度来定义个体选择呢？其中一个问题在于，这种定义会无视选择过程的类型，涵盖一切得到进化的事物。比如我们会说，在单群体模型（框 1.1）中，平均水平的 S 型适应度更高，所以它是由个体选择进化出来的；在双群体模型（图 1.1）中，平均水平的 A 型适应度更高，所以它也是由个体选择进化出来的；如果我们对双群体模型稍作修改，减少群体间差异，那么平均水平的 S 型将再度成为适应度更高的性状，所以它还是由个体选择进化出来的。这种平均化的方式使“个体选择”变成了“自然选择”的同义词。多个群体的存在以及群体间的适应度差异都被一股脑塞进了个体选择的定义之中，这样做就等于是在定义上抹消了群体选择的存在。群体选择将不再是一种具有理论可能性的选择过程，它在自然界中是否存在的问题也将以先天的方式被决定。群体选择根本无法在这样的语义框架中立足。

拒绝平均化方式的另一个理由在于，它无法将那些对进化结果造成影响的因果力量区分开来。利他主义进化时通常有两个选择在起作用：偏向于利他主义之进化的群体间选择和偏向于利己主义之 33
进化的群体内选择。这两个彼此对立。如果利他主义想要得到进化，那么群体选择就得强到足以压倒与之相反的力量。当种群中同时出现两个层面的选择过程时，我们可以通过恰当的因果分析来描述事态的发展。而像“得到进化的性状具有更高的平均适应度”这样的总结陈词根本无法展现任何细节——它在“哪个过程或哪些过程会对结果造成影响”这个问题上是中立的。如果一个性状比另一个性状的适应度更高，那么造成这种状况的原因可能是纯粹的个体选择、纯粹的群体选择，或二者兼而有之。对效果的描述并不能向我们揭示其产生的原因。

自然选择并不是该问题的唯一受害者——任何科学都可能落入它的陷阱。假设山姆将一个桌球往东推，而亚伦则将其往西推。如果亚伦推得更用力，那么球体就会朝西面移动。这里只有一个最终结果，但却有两个向量作为原因。如果用矢量来表征这个牛顿力学问题，你就会画出一个指向东边的箭头和一个更长的指向西边的箭头。这些箭头代表了分力。随后，你把两个矢量叠加在一起，得出一个指向西边的箭头，这个箭头代表了作为最终结果的合力。如果你只想预测这个球体的运动轨迹，那么只要知道最终结果就足够了。但如果你想要了解其中所有的作用过程，那么仅仅知道最终结果是不够的。辛普森悖论说明了只关心最终结果而不去侦测其中因果要素的做法会引发多大的混淆。当有人用单个的量来表达群体内和群体间不同的选择效用时，上述混淆就会被带入进化生物学领域。[1]

[1] 我们并不是首次提出必须在进化论中区分构成原因和净效用的人。在一个与识别选择单位无关的语境中，丹尼斯通（Denniston, 1978）在批判一个被提议用来界定性状适应度的定义时提出了基本类似的理论。假设一个性状的适应度是通过其增加的比率（或者由此产生的数学期望值）来定义的，那么该定义的问题在于，它无法区分导致性状出现频次递增的不同原因。这种递增效果可能源自自然选择作用，但也可能是变异、迁徙产生的效果。事实上，上述三个过程还可能同时发生。一个有关适应度的恰当定义，应当能够区分出由自然选择导致的那部分使性状增加的原因。相比之下，更好的做法是用带有某一性状的个体所能获得后代的平均数量，来定义该性状的适应度。关于“在没有重新为每一代计算平均值的情况下，平均化何以会掩盖因果事实并导致错误预想”的哲学讨论，可参阅温萨特（Wimsatt, 1980）、索伯和勒文廷（Sober and Lewontin, 1982）、索伯（Sober, 1984）、罗伊德（Lloyd, 1988）、布兰顿（Brandon, 1990）的相关著作。关于为平均化辩护的文献，参阅斯特尼和基切（Sterelny and Kitcher, 1988）的著作。

由于上述问题的存在，我们大可以把那种用平均化方案来定义进化模型中的利他性和利己性的做法，称为“平均化谬误”（Sober, 1984）。那么事实上是否有人真的犯下平均化谬误，用定义来消除群体选择的存在呢？从某种意义上说，这个问题的答案是否定的。每个探讨这一话题的大思想家都将群体选择看作“从原则上说可能出现的过程”，并将研究重心放在“该过程实际上能发挥多强效用”的问题上（e.g., G. C. Williams, 1966, 1992; Dawkins, 1976, 1982, 1989; Maynard Smith, 1964, 1976; Alexander and Borgia, 1978; Alexander, 1987）。没人会坚持“群体选择完全不可能出现”的观点。 34

但从另一种意义上说，答案是肯定的——这是一种意义深远、数量巨大，又令人困惑的肯定。尽管没人拥护平均化谬误的一般形式，但它频繁地出现在各种特殊案例中。事实上，我们甚至敢大胆地宣称：生物学中与群体选择和利他主义相关的争议，大多可以通过避免平均化谬误的方式得到解决。在这种谬误被排除之后，我们就会看到利他主义之进化能轻易地获得解释，真正的利他主义在自然中存在，“社会生物学的核心理论困难”也已得到解决。

或许我们的宣言看起来有些离谱，但当人们意识到平均化方案诱人的简单性以及各个群体在时空尺度上的巨大差异时，这些就会显得合情合理了。有些群体在物理上被分隔成许多代；另一些群体尽管也在物理上被分隔，但这种分隔仅持续于生命周期的一部分——正如脑虫的案例所示。还有一些群体是因其社会性而获得定义的，比如说行猎兽群（hunting pack）。我们将在第二章更详细地考察群体的性质。现在我们只需说明这样一件事：生物学家在研究一种群体时没有犯下平均化谬误，不代表他在研究另一种群体时也不会犯此谬误。

现在我们开始明白，为什么围绕着利他主义和群体选择进行争论不仅仅涉及单一理论背景下对经验事实的直接检验。它还关系到看待互不兼容的进化过程的不同方式——如果你愿意的话，可以称之为范式。同时理解两个范式，并将其中一个范式转译为另一个范式并不是什么难事。然而，如果我们用通过一个范式定义的“个体选择”，来攻击通过另一个范式定义的“群体选择”，那么就只会产生混淆和无意义的争论。

我们将通过观察两个案例来证明以下主张：利他主义在自然界中存在，只要避免出现平均化谬误，我们就能轻而易举地看到它。与脑虫的例子不同，这些案例都已经得到足够细致的研究。它们能为“自然选择是一个多层过程（multilevel process）”这一论点提供强有力的证据。然而，这些案例作为群体选择与利他主义之证据的
35 意义被平均化谬误和范式上的混淆掩盖了。即便在上述证据被科学通行标准承认了几十年之久的今天，许多进化生物学家依然将群体选择看作未经证明的理论。因此，为完整阐释我们的观点，我们不但要思考与之相关的生物学事实，还得兼顾描述这些事实的科学论述史。

案例 1：性别比例的进化

群体选择理论简史

20 世纪 60 年代之前，“群体选择”和“利他主义”都是没有得到清楚描述的概念。达尔文最初提出的明晰思想以及他在解释某些性状进化时使用群体选择理论的保守方式，都渐渐被遗忘了。我们在导论中提到的两个理论传统——个体层面的功能主义和群体层面的功能主义——在生物学和其他学科中都享有盛名。有些生物学家倾向于将社会和生态系统比作单个有机体；另一些人则倾向于认为它们不过是个体相互作用的副产品而已。这两个阵营都认为达尔文的理论能为自己的观念辩护。但他们的论证几乎没有给出任何能被经验检验的清晰假说。

最清楚的群体选择观念是在 20 世纪三四十年代得到发展的。其推动者是三位种群遗传学之父——罗纳德·费舍尔（Ronald Fisher）、J. B. S. 霍尔丹（J. B. S. Haldane），以及休沃尔·赖特（Sewall

Wright）——他们为整个进化论数学基础的建立做出了巨大贡献。但他们三人在对群体选择理论问题进行思考后，都只是简要地为此提供了大致的模型，而非完善的解决方案。从某种意义上说，20 世纪 50 年代前都**不曾**出现群体选择理论，上面这些都只是萌发理论的种子。此外，就像他们那些缺乏理论天赋的同事一样，这三位种群遗传学之父也无法在群体选择重要性的问题上达成一致。赖特认为群体选择或许是自然界中最重要的选择力量，费舍尔和霍尔丹则认为它几乎毫无意义。

随之而来的是乔治·威廉姆斯，一个缺乏幽默感的高个子男人。他粗犷的面庞不禁让人联想到林肯总统或是复活节岛上那些诡异的石雕。威廉姆斯于 20 世纪 50 年代到芝加哥大学从事博士后工作。当时芝加哥是群体层面功能主义的大本营。有一次，威廉姆斯出 36
席了由从事白蚁研究工作的生物学家阿尔弗雷德·爱默生（Alfred Emerson）举办的讲座。爱默生在讲座中诠释了白蚁群模型的全部特征。威廉姆斯后来是这样对我们中的一员（戴维·斯隆·威尔逊）评述当时的感受的："如果这就是进化生物学，那我宁可从事一些别的工作——比如卖汽车保险什么的。"于是，威廉姆斯开始撰写一本用以说明进化生物学中适应主义之使用和误用的专著。当这本《适应器与自然选择》于 1966 年出版后，它马上就成为现代经典读物。

在威廉姆斯写作之时，另一部作为其完美陪衬的读物也出版了。V. C. 韦恩－爱德华兹（V. C. Wynne-Edwards）是一名研究赤松鸡（Lagopus lagopus scoticus）的苏格兰生物学家。赤松鸡是一种居住在高沼地表的鸟类。每年，赤松鸡群体中都有一部分会抢占最好的领地来养育后代；剩下的那些成员则会被驱赶到边缘区域——它们往往会因此死去。韦恩－爱德华兹对该社会系统做出的诠释是：这是一个在进化过程中形成的用于防止赤松鸡种群过度消耗食物供给的适应器。此外，他认为自然界中的大部分物种都面临同样的问题。在《与社会行为相关的动物分布》（*Animal Dispersion in Relation to Social Behavior*）一书中，韦恩－爱德华兹将一大批社会行为都解释为用于调整种群规模的适应器。比如说，鸟类在清晨歌唱、浮游生物在夜间浮出水面，都是为了对它们的密度做出评估，并据此调整繁衍策略。韦恩－爱德华兹的作品充满那种自认为发现了进化的主要原则而散发出的光彩。

韦恩－爱德华兹很清楚，这类社会行为具有潜在的利他性，因此它们在个体层面也许会被利用。他也明白，要说明这种行为的进化，引入群体选择过程是十分必要的。然而，他只用了短短几页内容来讨论群体选择，并且主要是在引用休沃尔·赖特的成果。在韦恩－爱德华兹的笔下，赖特简直像早已解决了群体选择问题似的；而实际上，赖特只是触碰到了问题的表面。我们从下面这段引自他书中的文字可以看出韦恩－爱德华兹对群体选择理论的依赖程度：

> 在该层面发生的进化因此都可以被归于我们称作“群体选择”的东西——这依然是一个种内（intraspecific）过程。此外，任何与种群动态相关的事物都比个体层面的选择过程重要得
> 37 多……当两者发生冲突时——比如个体为获取短期利益而逐渐危及种族的安全时——群体选择势必会取得最终胜利。否则该种族会遭受苦难并逐渐衰落，最终被另一个能更严格地抑制个体反社会利益的种族所取代。当然，在我们的生活中，我们会将这类冲突看作道德问题，不过在所有社会性动物中也必然存在类似的情形。（G.C. Wynne-Edwards, 1962, p.20）

韦恩－爱德华兹的作品引来了进化生物学家的狂轰滥炸，他们知道群体选择问题并没有被解决——事实上，它甚至几乎从未得到过清晰的阐述。威廉姆斯绝对不是唯一的批评者，但他整本书都将适应器作为一种必须谨慎对待的概念来进行讨论的做法是极其有效的。他对于群体选择的拒斥就如韦恩－爱德华兹对它的接受一样彻底：

> 那些曾经严肃对待该问题的人都会承认……与群体相关的

> 适应器必须归因于对个体组成的不同群体的自然选择，对种群之中等位基因的自然选择并不适用于这样的发展过程。我完全同意用以支持该结论的推理。只有通过引入群体间选择，我们才能为与群体相关的适应器做出科学解释。但我将对该推理所依赖的前提之一提出质疑。第五章到第八章主要捍卫的是这样一个论点：与群体相关的适应器其实并不存在。该讨论中所说的**群体**应被理解为不同于家庭的存在，它无须由关系亲密的个体构成。（G. C. Williams, 1966, pp.92-93）

我们将在第二章中讨论威廉姆斯这种彻底主张对家庭群体的排斥。尽管威廉姆斯和韦恩－爱德华兹在关于群体选择重要性的问题上存在诸多分歧，但值得强调的是，**他们在“群体选择是什么”这个问题上意见一致**——他们都认为群体选择是以群体适应度差异为基础的自然选择。

威廉姆斯用于反对群体选择的案例大多依赖于对较大行为范畴的讨论，例如鸟鸣、领土权、支配权。威廉姆斯认为，我们在诠释这些行为时应当调用“简明原则”（principle of parsimony）。他坚持
认为，由于个体层面的解释更加简单，它在与群体层面的解释相对 38
比时就会更受欢迎。我们将在第三章中更详细地探讨这个有关简明性的议题。现在我们只需要知道，尽管基于简明性的论证有时确实是正当的，但是它们通常无法为科学问题提供决定性的答案——它们显然无法取代为得出互异互斥预测的假说而进行的决定性测试（critical test）。

威廉姆斯不但以简明性为基础提出了富有洞见的概念分析和论证，还为群体选择理论设计了一种决定性测试方案。该测试所依赖的是一系列能被检验数据确证或否定的清晰预测。其测试的内容是出生婴儿的男女性别比例。

性别比例与多层选择

对于有性繁殖的物种而言，种群规模的最大增速取决于其中的性别比例。假设一个种群中所有雌性都有 10 个后代，其中有一半是女儿。那么由一个已受精雌性“启动”的种群在第一代会有 5 个雌性和 5 个雄性（$n=10$），第二代会有 25 个雌性和 25 个雄性（$n=50$），第三代会有 125 个雌性和 125 个雄性（$n=250$），以此类推。现在假设种群当中每有 1 个儿子就会有 9 个女儿。那么由一个已受精雌性“启动”的种群在第一代会有 9 个雌性和 1 个雄性（$n=10$），第二代会有 81 个雌性和 9 个雄性（$n=90$），第三代会有 729 个雌性和 81 个雄性（$n=810$），以此类推（我们假设雄性能让所有雌性受精）。带有雌性偏向（female-biased）的种群能更快地增长，这是因为限制种群规模扩大的是卵子的数量，而非精子的数量。种群之间的差异很快就会变得显著——因为这个增长率是呈指数级递增的。

尽管带有雌性偏向的性别比例会让群体获益，但这并不会提高群体内个体的相对适应度。为说明这一点，我们假设一个群体中最初有两个受精的雌性——S 和 A，她们后代的性别比例分别是 1∶1 和 9∶1。在第一代中，雌性 S 有 5 个女儿、5 个儿子，雌
39 性 A 有 9 个女儿、1 个儿子，合计 14 个女儿、6 个儿子。当这些个体交配、繁衍时，每个雌性会有 10 个后代，而平均水平的男性会有 140/6 ≈ 23 个后代。雄性的适应度比雌性更高，因为一个平均水平的雄性会比两个雌性拥有更多后代。如果通过计算外孙子女的数量来评价 S 和 A 这两个雌性的适应度，那么就会发现，S 会有 $5 \times 10 + 5 \times 23 = 165$ 个孙辈，而 A 仅有 $9 \times 10 + 1 \times 23 = 113$ 个孙辈。在这个种群中，雄性只占少数，所以他们比雌性拥有更多后代；生儿子多的雌性也就要比生（占多数的）女儿多的雌性适应度更高。因此，大量生女儿是一种利他行为——它在使群体获益的同时降低了母亲的适应度。概言之，除 1∶1 之外的任何出生性别比例，都会

导致占少数的性别在群体内获得更高的相对适应度；此时，让性别比例回归 1：1 的基因会受到偏爱。罗纳德·费舍尔在 20 世纪 30 年代第一个推导出了这项基本预测。

威廉姆斯认识到，如果群体尽量最大化它们的生产能力，那么群体选择就应进化出非常偏向于雌性的性别比，而个体选择则会进化出均衡的性别比。然而如果真像韦恩－爱德华兹所说，种群规模的迅速扩大会带来资源过度开发的问题，那么这对于群体来说也不一定就是好事。威廉姆斯的推论是，如果性别比例是用于调整种群规模的适应器，那么它就应该根据种群规模高于或低于最佳值的情形进化出兼性的（facultatively）偏向——有时偏向雄性，有时偏向雌性。[1] 无论如何，性别比不应该像个体选择理论预测的那样，一直都是均衡的。

最后，我们还得提起一些可用经验数据检验的相对清楚的预测。威廉姆斯（G. C. Williams, 1966, p.151）通过评估他在科学文献中找到的那些有关性别比例的资料而得到了以下结论：

> 尽管我们很难得到准确、可靠的数据，但总体上的答案已经被揭示出来了。对所有得到很好研究的专性（obligate）有性动物，比如人类、果蝇、农畜来说，接近于 1 的性别比发生在大多数种群发展的大多数阶段。数据应与理论相一致——没有令人信服的证据表明性别比是作为生物的适应器发挥作用的（即通过群体选择进化出来）。

威廉姆斯对他的经验测试如此满意，以至于他在该书结尾处的 40
段落中（G. C. Williams, 1966, pp.151-272）写道：“我认为性别比例问

[1] 译者注：生物学中的“兼性”指的是能在多于一组条件下存在。它在概念上与下文的“专性”相对。

题已经得到了解决。”[1]

在《适应器与自然选择》出版后，大多数进化生物学家都认为群体选择理论只有死路一条。尽管它死了，但它并没有被世人遗忘。恰恰相反，对群体选择的拒斥被看作能与对拉马克主义的拒斥相提并论的一大科学进步——它让生物学家们坚信唯一一种可能性，并将注意力投向别处。有关群体选择的记忆因被看作“我们不应如何思考”的案例而留存于世。期刊论文的作者似乎必须向读者保证，他们的论文当中没有援引任何群体选择理论。一整代研究生都曾学着避开群体选择理论——它简直就像是十诫中的一条禁令。我们真希望自己只是在夸大其词，但对于许多从事进化论研究的同事来说，史蒂芬·杰伊·古尔德（Stephen Jay Gould, 1982, p.xv）所描述的“20 世纪 60 年代末和 70 年代的大半段，人们在倒彩声中摒弃韦恩－爱德华兹和任何形式的群体选择理论”这件事依然历历在目。即使在 20 世纪 80 年代，我们有一个热衷于群体选择理论的同事还从一位非常杰出的进化生物学家那里得到这样的建议：“有三种观念是你不能在生物学中提到的——拉马克主义、燃素说，还有群体选择。”

---

[1] 在将性别比看作适应器之前，人们首先要说明它是一个可进化的性状。在膜翅目（蚂蚁、蜜蜂、黄蜂）和许多其他种节肢动物那里，性别是由一种叫“单倍二倍体”（haplo-diploidy）的机制决定的。它会让受精卵变成女儿、未受精的卵子变成儿子（从卵子和精子那里都获得染色体的女儿具有二倍染色体；仅从一处获得染色体的儿子则只有单倍染色体）。雌性通常会储存一些精子，并在它们产卵时控制精子的释放量。这样做能让它们更精准地控制后代性别。因此，至少在具有单倍二倍性的物种当中，性别比例显然是可以受到自然选择影响的可进化性状。当性别由基因多态性决定时（比如人类性别由继承两条 X 染色体或一条 X、一条 Y 染色体决定），随机减数分裂可能会自动带来性别比例的均衡。尽管控制后代的性别比例可能是具有适应性的，但我们不知道父母要怎样才能做到这一点。有一种可能性是：如果一些受精卵的生存状况是带有性别偏向的，那么就会导致出生时的性别比也带有偏向。尽管我们对相关机制所知甚少，但具有适应性的性别比偏向确实已经在许多由基因多态性决定性别的物种当中出现了（Clark, 1978; van Schaik and Hrdy, 1991; Holekamp and Smale, 1995）。

平均化谬误掩盖下的那些支持群体选择的证据

在威廉姆斯的专著出版一年后，《科学》期刊上出现了一篇由 W. D. 汉密尔顿（W. D. Hamilton, 1967）撰写的题为《非比寻常的性别比例》的论文。汉密尔顿当时已经因为他提出的内含适应性理论（theory of inclusive fitness）而声名大噪（我们将在第二章中介绍该理论）。在这篇同样具有里程碑意义的论文中，汉密尔顿从科学文献中抽取了许多带有雌性偏向的性别比的案例，并开发出一种用以解释其进化过程的理论。他用一种寻找宿主的寄生虫来建构其理论框架。假设每个宿主都被一定数量的雌性寄生，这些雌性的后代会在分散出去搜寻新宿主前随机交配。在雌性继续散布之前，所有交配活动都在群体内部进行。

即使没有详细描述汉密尔顿的模型，读者也能清楚地发现，它与我们的双群体模型以及脑虫生命周期的案例相似。其中的种群被 41
细分为数量庞大且在性别比发挥效用时彼此孤立的群体（宿主）。在其继续散布前，扩大种群规模的是导致雌性偏向性别比产生的基因，但每个群体内获得更大收益的却是导致均衡性别比产生的基因。这些群体不是永远孤立的，因为它们的后代会周期性地分散，并为寻找新宿主而在种群范围内展开竞争。汉密尔顿的模型是一个群体选择模型，它是威廉姆斯性别比例假说的数学版本。此外，汉密尔顿在研读科学文献的过程中发现了许多可作为群体选择在自然界中存在之证据的雌性偏向性别比案例。就像人们所期待的那样，汉密尔顿的案例尤为频繁地涉及那些在进行更广泛的散布前，在临时宿主中寄生数个世代的小型无脊椎动物。有如此多的无脊椎动物符合这样的描述，以至于带有雌性偏向性别比的物种数量很可能有数十万，甚至数百万之多。

可惜的是，尽管汉密尔顿的理论因其强有力的证据而被人接受，但其中带有雌性偏向的性别比例并未被看作群体选择的证据。

汉密尔顿在介绍他的模型时采用了一种对整个种群的所有群体内不同类型个体的适应度进行平均化处理的方式，而没有把注意力放在其群体内和群体间的相对适应度上。他把具有最高平均适应度的类型叫作“无敌对策”（unbeatable strategy）。这是一个恰如其分的术语——因为它指称的是性别比例的进化方式。然而，聚焦于最终结果的做法会掩盖“无敌对策（比如说，有 60% 是女儿）其实是不同方向的分力共同作用的结果”这一事实——群体内选择青睐于均衡的性别比，群体间选择则青睐于“能被少数雄性受精的雌性占比最大化”的情形。

事实上，所有读过汉密尔顿论文的进化生物学家都将“无敌对策”看作一种由个体选择进化出来的适应器。似乎没有人试着将汉密尔顿的论文与威廉姆斯一年前用性别比例对群体选择理论做决定性测试的事联系起来。自此之后，对雌性偏向性别比例的研究变成
42 了一个热门话题：其理论得到了详细阐释，不少新案例也被记录下来。在群体选择理论陷入黑暗的年代，那些**本应被用来证明**群体选择理论的经验证据反被认作个体选择理论胜利的象征！

但实际上，其中有一个明显的例外就是汉密尔顿本人。尽管他的分析以跨群体的平均适应度为基础，但在论文第 43 个脚注中，他还是提到了群体选择和个体选择所扮演的相反角色：

> “0，0”的组合[1]会为群体带来最高收益……因此该“解决方案”会受到“群体选择理论家”的青睐。从前面的叙述中还可以看出，“1/2，1/2”的“解决方案”[2]……应会受到那些对生物学上“所有人对所有人的战争状态”（bellum omnium contra omnes）深信不疑之人的喜爱。最后，我很高兴能找到该

[1] 一个群体中有两个个体，它们都会产生具有最大雌性偏向的性别比例。

[2] 一个群体中有两个个体，它们都会产生均衡的性别比例。

> 问题真正的解决方案，即“1/4, 1/4”[1]。它正好站在前两个“解决方案”之间的中点——这既是位置的中点也是收益的中点。（Hamilton, 1967, p.487）

换言之，“无敌对策”是一个温和的雌性偏向性别比例——它体现了个体选择喜爱的均衡性别比例和群体选择喜爱的雌性偏向性别比例之间的平衡。汉密尔顿在后续的论文中也一再认可群体选择在雌性偏向性别比例的进化过程中所扮演的角色（e.g., Hamilton, 1975, 1979）。奇怪的是，他这些观点几乎没有对进化生物学家造成任何冲击。直到当时在加州大学伯克利分校的罗伯特·科威尔（Robert Colwell）在《自然》上发表了一篇题为《雌性偏向性别比例的进化蕴含了群体选择》的论文，汉密尔顿的性别比例理论与威廉姆斯最初的测试之间的关联才引起人们的注意（Colwell, 1981；同时参阅 Wilson and Colwell, 1981）。一些研究性别比例的权威人士立刻接受了科威尔的诠释（e.g., Charnov, 1982）；另一些人则无法相信像雌性偏向性别比例这样得到充分研究的适应器竟然是群体选择这种异端邪说的证据。直到现在，这场战争的硝烟也仍未散尽。无论如 43
何，令人振奋的是，最初提出该测试的威廉姆斯本人接受了“雌性偏向性别比例是群体选择的经验证据”的说法（G. C. Williams, 1992, p.49），“我认为在思考符合干草垛模型（haystack model）描述的有机体时，我们应当意识到这样一点：在带有雌性偏向的孟德尔式种群中发生的选择过程会偏爱雄性，只有在这些群体之间所进行的选择才会青睐于雌性偏好”。威廉姆斯所说的干草垛模型是梅纳德·史密斯（Maynard Smith, 1964）提出的群体选择模型，它与汉密尔顿的性别比例模型相似。我们将在第二章中对它进行评述。

总而言之，带有雌性偏向的性别比例为“利他主义通过群体选择进化”的理论提供了充分证据。然而，平均化谬误会让许多生物

[1] 一个群体中有两个会生下 1/4 儿子的个体。

学家将带有雌性偏向的性别比例看作个体层面的适应器。好在威廉姆斯和汉密尔顿都成功避开了这一谬误。

案例 2：毒性的进化

我们第二个利他主义案例涉及寄生虫产生的影响以及它们在宿主身上引发的疾病。[1] 讨论该问题的早期文献充斥着威廉姆斯所批判的那种朴素适应主义，其中宿主和疾病会朝着和谐关系不断进化。毒性被看作一种进化上的错误——因为它在杀死宿主的同时也会杀死那些引发疾病的种群。恶性疾病被看作共同进化的早期阶段，它最终会发展成一种共栖关系。这些早已被进化生物学家抛弃的观念依然流行于与健康相关，却与进化生物学几乎无关的学科之中。比如，刘易斯·托马斯（Lewis Thomas, 1972, p.553）写道："疾病通常代表着为达到共生关系而进行的非决定性的协商……以及生物学版本的边境冲突。"

如果这是真的就好了。可惜的是，即使宿主体内的病原体种群能作为单个适应性单元不断进化，它也不一定能进化出与宿主之间的和谐关系。[2] 我们已经看到进化如何让脑虫带领蚂蚁走向死亡，
44 使之成为寄生虫走向生命周期下一阶段的通道。疾病也可能纯粹因为繁衍后代的需要而通过对其宿主产生负面影响的方式进化。在许多情况下，致病有机体越多地进行自我复制，其宿主就会病得越厉

[1] 寄生虫和其他致病有机体，比如细菌和病毒，主要是根据有机体大小进行区分的。这一点与我们所要探讨的概念问题无关。我们对"疾病"（disease）一词的使用兼指上面这两种情况。

[2] 毒性被定义为疾病在其宿主身上引发的负面效果——从成长速度的轻微减缓到痛苦的死亡。它有很多成因，其中只有一部分能从适应器和自然选择的角度去理解。埃沃德（Ewald, 1993）、布尔（Bull, 1994），以及弗兰克（Frank, 1996a）对该话题进行了总体评论。尤其当疾病出现在新宿主身上时，我们不太可能用适应性来解释毒性的形式。有些致病有机体能根据宿主的状态兼性地调整其毒性，我们将在第三章中对兼性行为和多层选择进行一般性探讨。

害。[1] 如果致病有机体的繁衍导致其种群在当前宿主中的寿命缩短，那么我们就应该在这一成本与到达新宿主那里的后代所获得的收益之间进行权衡。只要我们所关注的对象是致病种群的进化，那么我们就应当期待毒性水平对疾病来说最优，而非对宿主最优（具有最低的致病性）。

埃沃德和其他一些人已经运用这种成本－收益论证来预测多种疾病毒性的最佳水平了。假设你感染了一种空气传染病，如果致病有机体让你病得太严重，那么你就会卧床休息，并会因此停止与他人会面。从疾病的角度看，让你闭门不出和杀了你没什么两样——因为你的行为大大降低了它们进入新宿主的机会。对致病有机体而言更"聪明"的做法是繁衍较少的后代。这样一来，你就会感觉舒服一些，它们也就更有机会与潜在的宿主接触。换个角度说，假设你感染了一种会引发痢疾并通过粪便传播的疾病，即使这种疾病让你难受到卧床不起，你的粪便也会像你身体健康时那样，好好地从你的房间进入外界。那么对这种疾病来说较为"聪明"的做法就是尽可能多地繁衍后代——即使这样做会导致你死亡——只要在这个过程中，你释放出去的致病有机体的后代有机会感染新的宿主就行。情况也确实如此：肠道疾病比空气传染病要致命得多（Ewald, 1993）。

然而这种成本－收益分析并不能说明所有问题，因为它假定宿主内致病有机体的群体会像适应环境的单个单元那样行动，并为使其传播到新宿主身上的机会最大化而调整毒性。但在现实当中，一个宿主内致病有机体的群体本身就是一个具有基因多样性的种群，其中也会出现自然选择过程。之所以会产生基因多样性，要么因为

---

[1] 我们在思考毒性和致病有机体的繁衍能力时，必须注意不要对不同种有机体进行比较。比如说，大多数大肠杆菌菌株都是无毒的，它们比有毒的结核杆菌繁衍得更快。然而，这些物种寄居在不同器官内，彼此之间不存在直接的竞争关系。我们应该问的是，同一个宿主内的（比如说）结核杆菌是否会产生基因变异？其中繁衍速度更快的菌株是否比繁衍速度更慢的菌株毒性更强？当然，就"有机体的整个多物种群落会对同一个宿主产生影响"这一点而言，它们确实"同在一条船上"。这就涉及群落层面的选择过程，我们将在第三章中讨论这个问题。

不止一个菌株的致病有机体侵入了宿主体内，要么因为就地发生的基因突变和基因重组引发了多样性，单个宿主中具有最高相对适应
45 度的基因型也可能会使整个群体的行为变得适应不良。假设疾病能进化出最佳程度的毒性，就等于是在假设致病有机体是完全通过群体选择进化出来的。与那种认为疾病和宿主之间会进化出和谐关系的幼稚想法相比，上面这种观点也好不到哪里去。

为了更好地理解致病有机体各层选择过程之间的冲突，我们继续通过之前的例子来设想空气传染病达到最佳毒性的情况。这个有机体——比如说病毒——会繁衍出足够多的后代，以至于你一个喷嚏就会将数百万病毒散播到空气当中，但其数量也不会多到让你卧床不起。现在假设有一个变异的菌株，其繁衍速度比毒性最佳的菌株要快上两倍。这个变异的菌株让你难受得卧床不起，并让数十亿后代在进入新宿主前随着喷嚏被散播在空气当中。尽管如此，在你这样一个单一宿主中，与毒性最佳的菌株相比，高毒性菌株依然具有选择优势。如果每次更新换代只需要一小时或更短的时间，那么几周之后，你体内的高毒性菌株就会完全取代毒性最佳的菌株。

这种高毒性菌株看起来可能非常“愚蠢”——它简直应该在自然选择的过程中绝迹。然而威廉姆斯整本书的重点就在于说明，我们必须小心地根据相对适应度来定义生物学上的适应器。从人类的视角看，这些适应器不一定会显得十分“聪明”。由于高毒性菌株在每一代中都会比温和的菌株产生更多后代，因此它总能分到那块最大的蛋糕（由宿主提供的环境），并最终在所有携带这两类菌株的宿主中取代那些毒性最佳的菌株。只有群体选择才能使毒性较低的菌株群体在竞争中战胜毒性较高的菌株群体，从而扭转上述趋势。

哈佛大学的理查德·勒文廷是第一个意识到我们能通过考察毒性的进化来检验群体选择理论的人。对于那些会因繁衍后代而对宿主造成负面影响的致病有机体而言，群体选择会青睐一种性状（最佳毒性），个体选择会青睐另一种性状（高于群体视角下最佳值的毒性）；我们可以通过调查生物学上的事实来解决“怎样的性状会得

以进化”的问题。在澳洲开展的一项大规模实验就提供了一次检验的机会，政府引入了一种名为“黏液瘤”（myxoma）的病毒来控制当地的兔子数量。起初，这个病毒极其高效，但不久之后，它的毒 46
性就变弱了。对此，勒文廷是这样认为的（Richard Lewontin, 1970, pp.14-15）：

> 当用来自野外的兔子和来自实验室的病毒菌株进行测试时，人们会发现兔子已经有了一定的抵抗力——这完全符合简单个体选择理论的预期。然而，当用来自野外的病毒和来自实验室的兔子进行测试时，人们会发现病毒的毒性已经减弱了——这一点无法用个体选择理论进行解释。

让黏液瘤病毒毒性减弱的进化过程得到了异常详细的记录，因为它是生物防治规划的一部分。无论如何，勒文廷觉得，“尽管无毒性在混交群体（deme＝宿主）内完全没有选择优势”，但我们还是可以认为该案例阐发了一种会在许多致病有机体那里运作的、更具一般性的过程。

替代性解释——抑或平均化谬误的回潮

黏液瘤病毒以及另外一些毒性下降的案例（e.g., Herre, 1993）似乎为群体选择理论提供了强有力的证据。但事情并没有那么一帆风顺，人们可以通过质疑某些生物学上的事实来反对群体选择理论。比如，他们可以就“毒性的下降是否可能受到群体内选择的青睐”这件事提出疑问。大多数用于反对将毒性的下降作为群体选择之证据的论证会接受这些生物学上的事实，但它们多半建立在平均化谬误的基础之上。

以下是亚历山大和博尔吉亚（Alexander and Borgia, 1978, p.453）对黏液瘤病毒的诠释：

> 勒文廷认为，病毒中“毒性”的减小“无法用个体选择理论进行解释”……即使毒性真的等于繁衍上的增幅，也不一定会出现通常意义上的混交群体间选择。勒文廷将每只兔子都看作“病毒的混交群体”。但病毒是无性繁殖的，因此每只被单个的病毒体或一些相同病毒体感染的兔子（在没有基因突变发生的情况下）都会携带基因相同的病毒克隆体。勒文廷的群体
> 47 选择模型实际上要求在同一只兔子体内混有低毒性和高毒性病毒……如果兔子的种群大部分由被纯粹高毒性和纯粹低毒性病毒菌株（即克隆群体）感染的个体构成，那么或许更为恰当的说法是：相关选择过程在个体层面发生。因此，如果该病毒长期在纯粹的克隆群体中获得进化，那么把这些含有相同病毒的克隆群体看作多细胞生物当中的大量细胞，比把它们看作群体或混交群体要适恰得多。因为对这个克隆群体中的每个成员来说，为自己牺牲和为克隆体牺牲没什么差别。我们平时不太会去讨论这种由克隆造成的极端利他主义情形，这主要是因为脊椎动物和一些我们熟知的有机体几乎都不会有克隆体。

为更好地理解上述论证，首先需要注意的是：群体间的基因变异是群体选择的一个必要条件。如果所有群体完全相似，那么群体选择压根就不会发生。各群体在适应度上的差异越大，群体选择力量就会越强。当群体变异发展到极致时，利他主义者与非利他主义者就会被完全隔离开来。此时，自私型个体无法从来自同一群体的利他主义者那里获得收益，群体内选择也就会因此消失。亚历山大和博尔吉亚似乎基本同意上述推论——除了最后一步。他们认为存在着两种不会出现的群体选择的情况：一是群体根本没有变异；二是群体变异达到最大程度。亚历山大和博尔吉亚并不是在主张“无毒有机体在群体内具有选择优势”，而是在通过重新定义群体选择来排除群体间变异最大化的情形。

亚历山大和博尔吉亚这段话中蕴藏的核心真理是：当群体具有基因上的纯粹性时，群体当中的个体会进化出极端的利他性。当内在利益冲突消失时，群体就会变成“超个体”（superorganisms）。当然，如果群体选择是作用于物种的唯一力量，那么我们确实应当期待这样的结果。在这种单元组织得如此好的情况下，我们或许会想为它重新贴上个体的标签，而不是将其看作群体（就像我们能把个体视为极度利他的细胞群体一样）；但无可否认的是，选择力量还是会在那个单元的层面发挥效用。在将群体称作个体，并说它通过个体选择得到进化时，亚历山大和博尔吉亚实际上在以两种截然不同的方式使用“个体选择”这个术语：一是指称混合型群体内部发生的选择过程；二是指称完全独立的群体间发生的选 48
择过程。

这段话中还有两个要点。第一，亚历山大和博尔吉亚没有任何证据能说明黏液瘤病毒和其他疾病在每个宿主中都表现出基因的统一性。对于许多进化生物学家来说，“无毒性可以在不提及群体选择的情况下得到解释”这一看法本身就足以解决问题了，不知怎的，经验证据等已经不需要了。第二，亚历山大和博尔吉亚继续把无毒性说成是利他的，尽管他们认为这是由个体选择进化而来的。在一些别的文献中，亚历山大（Alexander, 1974, 1979, 1987, 1992）对由群体选择进化而来的“基因型利他主义”和由个体选择进化而来，并因而“在基因型上自私”的那种“表现型利他主义”进行了区分。亚历山大会说，无毒性是在表现型上利他，却在基因型上自私的，因为这些个体实际上只是在帮助与自己基因相同的克隆体。总之，亚历山大很乐于接受表现型利他主义能得以进化的观点，他攻击的对象是基因型利他主义的存在。进化生物学家们往往乐于区分由群体选择进化而来的“真正的利他主义”和由个体选择进化而来的，因而“实质上是自私的”那种“表面的利他主义”。上述情形只是该一般化趋势的一种表现。但这种区分对于无毒性来说其实是毫无必要的——即使菌株被最大限度地分入不同群体中，无毒性依然只能通过群体选择得到进化。

其他一些作者也对群体选择在无毒性进化过程中所扮演的角色表示过怀疑。大多数情况下，他们都会在简要提及群体选择理论后，将其当作来自过去的幽灵随意驱散。这样一来，个体选择就承担了反映群体内相对适应度和群体间生产力差异的双重任务。布雷默曼和皮克林就是很好的例子：

> “个体通过限制自身行动、延长宿主寿命来为宿主内与之竞争的个体带来收益”的模型根本就不用提到群体选择。在这个模型中，当个体自我抑制的行为使其繁殖体总数得以增加时，这种行为就会在选择过程中获得青睐。该个体宿主内与之竞争的个体相对适应度和绝对适应度的同时提高，可以被看作上述个体选择过程带来的后果。（Bremermann and Pickering, 1983, p.411）

49 值得注意的是，被布雷默曼和皮克林称作“个体选择”的东西会被亚历山大和博尔吉亚归为“群体选择”——因为它涉及同一宿主中有毒型和无毒型之间的竞争。要说这两种分析有什么共同点的话，那恐怕就只有“其中不存在群体选择”的主张了。

近年来，研究毒性进化的生物学家终于重新回到了勒文廷那里（e.g., Bull, 1994; Ewald, 1993; Frank, 1996a）。布尔（Bull, 1994, p.1425）认为：“在可能被认作经典群体选择层级系统的东西当中（群体即是宿主体内的寄生虫种群），选择过程在两个层面都会发生……为理解这种双层进化过程的复杂性，最简单的方式就是区分发生在宿主间还是宿主内，并在将二者结合起来思考前分别进行研究。”人们在黏液瘤病毒研究的基础上开展了更多的经验研究（e.g., Herre, 1993）。群体选择理论具有很重要的实践意义——我们可以通过重新设计医院流程和公共卫生实践来改变致病有机体的种群结构，使低毒性菌株的进化更受青睐（Ewald, 1993）。就连威廉姆斯都将该主题作为他最近努力推进的达尔文式医药论的一部分（Williams and Nesse, 1991;

Nesse and Williams, 1994）。现在我们就让这位最著名的群体选择理论批评者来为关于毒性进化的问题做总结陈词：

> 细菌病原体在它位于人类宿主体内的一生中可能会完成上百万次分裂，也许一个人体内的病原体数量比整个地球的人口数量还多。即使只在一个宿主内，病原体也能多次发生小概率变异，并因微弱的选择力量而发生显著的进化……早在多年前我们就已经认识到，细菌会迅速获得很高程度的抗药性……只需几周时间，有抗药性的菌株就会在局部取代那些易受药物影响的菌株。我们在这里要重点强调的是一种不太被关注的现象——毒性的进化……现在请想象一个关于宿主体内毒性选择的极端案例：两个病原体的克隆体在同一个宿主中相互竞争。其中一个使用的是能在宿主一生中让最大数量的繁殖体得以散布的最佳开发方式；另一个使用的是以尽可能大的比率将宿主的资源转化为繁
> 殖体的最大化（致命的）开发方式。这种方式会更多地散布那些 50
> 致命型个体而不是自制型个体。对这两组竞争者来说，宿主死亡所产生的代价是相同的，但毒性更强的类型会因其更高的传播率而获得更大收益……高毒性霍乱和痢疾繁殖体的传播率比低毒性繁殖体高出百倍不止。当然，有两类菌株寄生的宿主的最终输出量，可能会比那些只有低毒性菌株寄生的宿主的长期输出量要低。进化的结果将取决于病原体进化过程中宿主内和宿主间竞争的相对强度。这显然是一个关于利他主义的案例，其中存在着群体选择和个体（克隆体）选择之间的对抗——为此人们已经提出了许多形式化的模型。（Williams and Nesse, 1991, p.8）

来到争议的中心

我们详细考察性别比例和疾病毒性这两个案例的理由如下。第一，它们都说明群体选择并不仅仅是存在于理论层面的东西——与

其他进化生物学理论一样，群体选择也得到了相关证据的支持。第二，它们是进化生物学家就群体选择和利他主义问题展开的三十年论战的缩影。让我们来看看理查德·道金斯在 1982 年为群体选择理论撰写的墓志铭：

> 就群体选择本身而言，我的意见是：它吸收了太多理论上的奇思妙想，其程度甚至超出了生物学上许可的范围。一个顶级数学期刊的编辑曾向我抱怨，他总会收到一些妄图解决不可解决之事的论文。被证明为不可能的事情对于某些半吊子的知识分子来说反而是充满诱惑的挑战。对业余发明者而言，永动机也具有同样的魅力。不过群体选择理论很难与之形成类比：它从未被证明是不可能的，也永远无法被证明为不可能。然而，我希望大家能原谅我这样想：人们对群体选择的某些浪漫诉求是否与自韦恩－爱德华兹（Wynne-Edwards, 1962）将其带入公众视野起，各路权威对该理论的不断攻击有关呢？（Richard Dawkins, 1982, p.115）

51 这样的说法就像在中小学“美国史”的课上说：“我们的政府不可能做错任何事。”道金斯会让读者觉得，群体选择理论早在 20 世纪 60 年代就已通过科学程序被直截了当地否决了，自那以后没有发生过任何会威胁到这一结论的事件。但关于该争议的真正历史并非如此——它比这要有趣得多。[1]

在《科学革命的结构》中，托马斯·库恩（Thomas Kuhn, 1970）用“常规科学”这一术语来描述科学家共享同一个一般理论框架，

[1] 至今还不曾有人为进化生物学这个令人着迷的时代编写过详细的历史。我们在本书中关于性别比例和亲选择的讨论，在众多出版物中已经是对该时代最细致的描述了。威尔逊（Wilson, 1983）和韦德（Wade, 1978）对更早些时候与群体选择相关的历史进行了评述。芝加哥学派在两次世界大战之间进行的研究工作可以参阅密特曼的著作（Mitman, 1992）。还没有人从社会学的视角仔细记录、研究自 20 世纪 60 年代至今的争议。我们希望科学史家能将群体选择之争作为与科学变革相关的一个案例进行研究。

并能以此为基础，通过检验理论预测的方式来评价竞争性假说的情形。科学家会利用收集到的数据来确定哪个假说为真。我们已经指出，群体选择之争涉及常规科学的一个重要元素。群体内选择和群体间选择是能对由自然选择得到的进化产物做出不同预测的替代性假说。威廉姆斯和勒文廷分别为性别比问题和毒性问题设计了检验方法，由此得到的证据都表明群体选择确实存在——它不是其中**唯一**的进化力量，却是一股**显著**的进化力量。

常规科学能很好地完成其本职工作，但有时它无法产生正确的影响。将带有雌性偏向的性别比和被减弱的毒素作为群体选择的证据接受，这件事数十年来一直都走在曲折的道路上，至今仍是尚未完成的事业。更糟的是，这些以及其他一些经验证据都没能促使人们重新对群体选择理论进行评估。许多进化生物学家还在继续演奏名为《群体选择已死》的 20 世纪 60 年代的曲目——他们对这件事的热情或许不亚于他们追捧披头士时表现出来的狂热。那么其他学科中对进化论感兴趣的学者自然就几乎无法听到任何与这些科学进展相关的消息了。

为了对群体选择之争的各个方面进行说明，我们不能只让视线停留在常规科学的一般作品上。为了理解某些会使科学活动复杂化的因素，库恩引入了“竞争范式”（competing paradigms）的概念。当对立理论中基础概念的差异大到无法用其中一种来表达另一种时，这两个理论就代表了“相互之间不可通约的范式”。因为这两个理论在概念上的差别过大，所以常规科学的检验程序也无法解决它们之间的纠纷。一种范式取代另一种范式的过程是由不同的规则决定的，这种替代过程的发生也就标示着科学革命的降临。

在库恩之后，科学那种“朝真理笔直迈进”的形象被彻底改变 52
了。可惜的是，他的范式概念充斥着其他哲学家至今未能消除的歧义。把群体选择称作一个新范式或者把它看作科学革命的一个例子，并不能加深我们对它的理解。我们必须更仔细地去探究这个案例中阻止常规科学自然发展的特殊因素——这些因素并不一定是群体选择之争所特有的。

群体选择与个体选择之间的冲突无法作为常规科学问题解决的一个原因在于，其中存在着一个通过对跨群体的个体适应度进行平均化而形成的视角。这个视角不会改变任何与进化过程相关的事实——它只是以不同的方式去看待那些事实。其间出现的群体相同时，实际起作用的进化力量也相同。尽管我们随时都能查明群体内和群体间的相对适应度，但群体选择却只关心进化的最终产物。如果我们将这个最终产物称作“无敌对策”，并把它和“个体选择”联系起来，那么我们就能通过定义来消除群体选择的存在了。当我们只想预测进化的产物时，群体选择理论和平均化方案是完全兼容的，而且我们很容易就能把其中一个理论转译为另一个理论。然而，当我们用平均化方案所定义的“个体选择”来反对群体选择理论所定义的“群体选择”时，一切都会变得徒劳无功。随之而来的只有永无止境的争论。

以不同方式看同一主题的两个视角或许很接近于库恩所说的范式，但我们还需要通过进一步的思考来解释群体选择之争为何会持续这么久。毕竟没人赞同过一般形式下的平均化谬误，甚至连道金斯都在他的墓志铭中说，群体选择“从未被证明是不可能的，也永远无法被证明为不可能”。只要一个人足够警惕，他就能在有关性别比和毒性的案例中避免由平均化谬误带来的错误；他只需要确认群体的存在，并看清某个性状是因为群体内的适应度优势还是群体间的适应度优势而得到进化的就行了。在我们的评述中，威廉姆斯、汉密尔顿、科威尔、勒文廷等人都是成功回避了平均化谬误的案例，那么为什么没有出现所有进化生物学家马上照做的情况呢？
53 这或许是因为在汉密尔顿和勒文廷的论文问世时，群体选择已然遭到排斥。与之相关的争论已经终结，人们只需避开“群体选择思想”这个恶名昭彰的错误即可。接下来的任务便是发展个体选择这个获胜的范式。在这样的背景下，平均化谬误很容易让人在所谓的个体选择模型中忽略群体所扮演的角色。

我们怀疑辛普森悖论——或者不如说是对该现象的忽视——是导致个体主义范式变得如此强大的另一个原因。如果我们根据定义就能知道同一群体内的利他主义者比不上那些自私的个体，那么利他主义似乎根本不可能得到进化。我们在这样的语境下讨论群体选择似乎是徒劳的——它被否定是一件不可避免的事。即使群体之间存在相互“竞争”，每个群体也还是会从内部崩坏。这样的推论完全经不起推敲。然而从表面上看，它还是挺令人信服的。由此带来的后果是：早期关于“什么对群体有益”的非正式讨论都显得非常幼稚，但关于“什么对个体有益”的讨论，尽管同样是非正式的，看上去却要清晰明白得多。

将性别比例和疾病毒性作为群体选择证据的案例向我们揭示的真理是：历史知识并不只是无用的消遣，它能帮助我们理解群体选择之争的本质，并在其中找出常规科学的核心部分。此外，我们对该争议的论述也能作为一个案例研究来帮助史学家、哲学家、科学家理解，那些让现实生活中的科学比**唯一**（the）科学方法的某些模型所展现出来的科学显得更为复杂的要素。群体选择理论和平均化方案有点像库恩等人构想的范式，但它们之间也存在一些重要的差异。这两个范式在某些方面会产生冲突（利他主义的诠释），在其他一些方面则不然（预测进化的最终产物）。只要人们正确理解这两个范式之间的差别，就能轻松完成它们之间的相互转译。库恩关于不可通约性的说法在这个案例中不完全成立。如果这两个范式因其能从不同视角切入同一主题而让我们产生不同的洞见，那么它们甚至应当共存。多元论——主张用不同方式“看”同一个世界的多个视角共存的观点——理应在科学中占据一席之地，但它只有在这些视角之间能建立起恰当的关联时才会成立（Dugatkin and Reeve, 1994）。一个多元论科学家应能清楚地表明他使用的是哪个视角，以及该视角如何能被转化为其他视角。在群体选择的案例中，多元论科学家 54
应能做出这样的说明：“由于我正在使用平均化方案，所以无法回答与群体选择、利他主义相关的问题。如果要谈论这些话题，那我就必须去检验群体间和群体内适应度的差异。”由于未能如此对范式进行区分，人们在研究利他主义在自然界中的呈现方式和群体选择这一进化力量的重要性时浪费了大量精力，并造成了严重混淆。

还有许多这样的群体选择和利他主义案例——它们在常规科学中被揭示出来，却在平均化谬误和其他因素的影响下变得含糊不清。与仅仅存在于外行心中的永动机不同，群体选择和利他主义已经通过了科学的检验，我们有理由说它们在自然界中存在。不过为了完全理解群体选择的重要性，我们还必须在个案分析的基础上再做一些工作。我们必须对过去三十年进化生物学概念框架的发展情况进行考察。

第二章　关于社会行为的统一进化论

伴随着群体选择理论在 20 世纪 60 年代的衰落，其他一些成为 55
社会行为进化研究之基础的理论反而日益兴盛。其一是汉密尔顿（Hamilton, 1963, 1964a-b）的内含适应性理论，后来梅纳德·史密斯（Maynard Smith, 1964）将其重新命名为亲选择理论（kin selection）；其二是互惠利他理论（Trivers, 1971），它在之后被并入进化博弈论（Maynard Smith, 1982; Axelrod and Hamilton, 1981）；其三是自私基因论（Dawkins, 1976, 1982），它甚至将个体性都消融于那些只对自我复制感兴趣的基因之中。

所有这些理论都是为了在不诉诸群体选择的情况下解释表面的利他主义之进化而发展起来的。下面两段话是对群体选择理论以及作为替代选项的亲选择理论的典型描述[1]：

> 群体选择模型受到那些认为人类真的具有利他性的生物学家和其他研究者的青睐。然而许多生物学家对这种否定了“选择在个体层面发生”这一达尔文主义核心假说的模型表示怀疑。（R. H. Frank, 1988, p.37）

---

[1] 罗伯特·弗兰克是一名对人类行为之进化颇感兴趣的经济学家。我们引用的那段话是社会科学文献对群体选择和亲选择理论的标准刻画。最近，弗兰克（R. H. Frank, 1994）已建构性地将自己的观点与多层选择的理论框架相结合。

> 根据汉密尔顿的看法，个体往往能通过牺牲自身利益去帮
> 助那些携带其基因复制体的同胞的方式，改善其遗传上的前
> 56 景……亲选择模型很容易就能在达尔文式的框架中找到舒适的
> 位置，其预测能力也已清楚地得到了彰显……从某种角度说，
> 亲选择理论所解释的行为并非真是自我牺牲行为。当个体帮助
> 其亲属时，它只是在帮助其亲属基因中与它自身相同的那部分
> 罢了。（R. H. Frank, 1988, p.39）

从历史上看，弗兰克关于达尔文式框架的评述是不准确的，因为达尔文是第一个认为利他主义是由群体选择进化而来的人。然而弗兰克的评述在修辞上的要点却是显而易见的，对现代达尔文主义者而言，拒斥某个观点的终极方案便是称其为“非达尔文式的”！同时我们也应注意到，由群体选择进化出来的利他主义被认为是名副其实的，而由亲选择进化出来的利他主义就只不过是自利的一种形式而已。

同样，我们来看看自私基因论的典型阐释（Parker, 1996）：

> （自私的基因）被设计出来的目的是驱逐与进化相关的那些令人愤慨且广为流传的错误观念。根据这些错误观念，达尔文式的选择是在群体层面或物种层面发生的，它与自然的平衡之间存在某种关联。难道人们还能用其他方式理解，比如说，表面的“利他主义”在自然界中的进化吗？……一旦人们认识到进化是在基因层面发生的——作为确保基因生存的过程，（如道金斯所说）它在基因所占据的躯体内发生，并最终将其抛弃——那么有关利他主义的问题就会开始消失。

内含适应性、博弈论、自私的基因——所有这些思想都将我们引向了伟大的洞见。我们并不否认，过去三十年间我们在对社会行为的理解上取得了长足的进步。然而，当人们试图将这些理论联系

起来时，恼人的模糊性（vagueness）就会出现。自私基因论是用来反对将群体作为适应性单元的假说，但它却允许个体从很多方面被诠释为适应性单元。亲选择理论会让我们觉得帮助行为只应在近亲当中出现，但进化博弈机制可以让毫无血缘关系的个体也变得能与他人和睦相处。任何由进化产生的东西都是个体自身利益的一种表 57
现形式——还是说，其中所指的是基因的自身利益呢?

我们将在这一章中说明，过去三十年对社会行为的进化论研究呈现出两方面的混淆。一方面，它混淆了调用不同过程的替代性理论；另一方面，它还混淆了以不同方式看待同一个过程的替代性视角。这些混淆并没有完全掩盖从单个视角中浮现出来的洞见，因此我们才能说，人们在对社会行为的理解上取得了真正的进展。可是这些混淆也将其他许多洞见拒之门外，并滋生了一些错误观念，尤其是在理解利他主义的问题上。若非如此，科学在过去和未来都能以更快的速度前进。关键在于，我们要构造一种正当的多元论来区分“不同的过程”和“看待同一过程的不同方式”。

我们坚信正当多元论形成的可能性，并认为它最终会将我们导向一种关于社会行为的统一进化论。那些作为群体选择的替代项而备受欢迎的理论都无法做到这一点，它们只是看待多群体种群中进化现象的不同方式。大多数案例出现所谓“表面上利他”的行为就意味着个体在群体内的相对适应度较低，这类行为之所以能得到进化，是因为它们增加了某些群体相对于其他群体的适应度。这些不同的构想会让人在“自然选择进化出了什么”这一问题上产生全新的洞见——这是多视角的优势——但我们不能以此为由反对群体选择**过程**。一旦我们把过程和视角区分开来，一种能预测真正的利他主义以及其他有利于群体的行为之频繁进化的统一理论就会浮出水面。

在这一章中，我们将说明群体选择如何被放进那些作为群体选择理论的替代项的主要理论中。与此同时，我们还将处理“如何定义群体”这一核心问题。越来越多的进化生物学家已经建构出了正当的多元论（e.g., Boyd and Richerson, 1980; Bourke and Franks,

1995; Breden and Wade, 1989; Dugatkin and Reeve, 1994; Frank, 1986, 1994, 1995a-b, 1996a-c, 1997; Goodnight, Schwartz, and Stevens, 1992;
58 Griffing, 1977; Hamilton, 1975; Heisler and Damuth, 1987; J. K. Kelly, 1992; Michod, 1982, 1996, 1997a-b; Peck, 1992; Pollock, 1983; Price, 1970, 1972; Queller, 1991, 1992a-b; Taylor, 1988, 1992; Uyenoyama and Feldman, 1980; Wade, 1985）。然而现在还没有出现一种得到人们认可的统一理论。"群体选择理论早在几十年前就为权威所拒斥，如今唯有异端分子才对其深信不疑"的观念没那么容易偃旗息鼓。对于许多读者，包括许多生物学家来说，这一章当中的材料会与他们先前所学的内容形成强烈反差。

如果科学只是一种形成假说并对其进行检验的活动，那么我们对它的描述就无须涉及历史。但很显然，有关利他主义的科学研究比库恩所说的"常规科学"要复杂得多。我们在谈论性别比例和疾病毒性这两个话题时展现出来的东西，在接下来对总体理论发展的评述中将发挥更大作用。群体选择理论在数十年前就已经能被接受了，可它至今依然充满争议。为理解这一现象，我们除了研究相关概念，还必须关注镶嵌着这些概念的科学论述史。

亲选择

W. D. 汉密尔顿（Hamilton, 1963, 1964a-b）通常被看作现代亲选择理论之父。然而早在六年之前，G. C. 威廉姆斯和 D. C. 威廉姆斯就在《进化》上发表了一篇题为《对亲属间那些损害个体利益的社会适应器的自然选择——以社会性昆虫为特例》的论文（G. C. Williams and D. C. Williams, 1957）。[1] 他们分析的出发点是休沃尔·赖特（Sewal Wright, 1945）的群体选择模型。

---

[1] D. C. 威廉姆斯是 G. C. 威廉姆斯的妻子。当被问及她在这个模型开发过程中所扮演的角色时，她说自己"在数学问题上帮了些忙"。因为与其丈夫相比，她接受过更多正规的数学训练（与本书作者之一戴维·斯隆·威尔逊的私下交流）。

赖特的模型值得我们细细研究（框 2.1），因为它强调了赖特赋予**相对**适应度的重要性。赖特设想了一种能使整个群体获益的性状——表达性状的个体本身也能获益。可是，该性状需要个体付出的代价是不可共享的。这类利他主义就像小红母鸡的故事所展示的那样：小红母鸡也能分享其劳动的果实，但只有它自己付出了代价。赖特通过框 2.1 中的方程式使这个观念获得了数学上的精确性。其中 g 代表群体收益，s 代表个体成本。我们很容易就能看出，搭便车的基因型（aa）总是具有最高的相对适应度——这与我们从框 60
1.1 的模型中得出的结论相同。在那个案例中，利他主义者不是其利他行为的受体。而在赖特的模型中，利他主义者在使群体内其他成员获益的同时也会让自己获益，但这并不能改变它们进化上的命运。群体内的自然选择对 g 项完全不敏感——因为它不会影响到**相对**适应度。从数学上说，当我们对适应度进行对比时，g 项会被约去，只留下 s 项作为唯一相关的因子。由此可知，一种能为其表达者大量提高**绝对**适应度的性状（当 g 很大而 s 很小时），依然会因其降低了**相对**适应度（当 $s>0$ 时）而无法得到进化。群体内的自然选择只会看到每块蛋糕的相对大小，而不是整个蛋糕的绝对大小。

框 2.1　休沃尔·赖特的利他主义模型 59*

赖特（Wright, 1945）将利他主义设想为一种以行动者的个体利益为代价，使整个群体获益的行为。他通过下面这个对单个基因座的基因进行自然选择的模型来从数学上描述这个观念。以下 W 分别代表同一个群体内三种基因型的不同适应度。

$$W_{aa}=(1+pg) \tag{2.1}$$

$$W_{Aa}=(1+pg)(1-s) \tag{2.2}$$

$$W_{AA}=(1+pg)(1-2s) \tag{2.3}$$

---

* 因排版调整，页边码顺序有变动。——编者注

等位基因 A 和 a 分别为利他行为和自私行为指定遗传编码。利他主义在群体层面的收益由（$1+pg$）这项得到反应——它随着群体中利他主义者比重（p）的增加而增大。含有一份利他主义等位基因的杂合子（Aa）个体成本为（$1-s$）。而那些含有两份利他主义等位基因的纯合子（AA）个体成本为（$1-2s$）。群体层面的收益为群体内每个成员所共享，因此当适应度被放到一起比较时，它就会在方程式中被约去。此时，g 值的大小根本无关紧要——只要 s 大于 0，A 基因就会被自然选择抛弃。A 只有在群体选择的作用下才能得到进化。但赖特只是对群体选择过程进行了猜测，没有为此提供一个明晰的模型。

我们应当将赖特的利他主义模型和他更具一般性的“动态平衡”（shifting balance）进化理论区分开来。赖特认为自然选择在单个的大种群中无法很好地运作，因为复杂的基因交互作用会妨碍最佳基因组合的进化。就像动物饲养者和植物栽培者在开发新品种时会在自交系中进行选择那样，赖特认为，自然选择过程在那些被拆分为孤立群体的种群中能够更好地发挥作用。首先，不同的基因组合会在每个群体中被选择；其次，最好的那些群体会取代其他群体。赖特曾通过发展这个理论来为像豚鼠毛色这样的个体性状，而非像利他主义这样的社会性状提供进化上的解释。我们必须在群体的语境下思考个体的性状。这是因为它们都有复杂的基因基础，组件基因（component gene）的适应度取决于该群体内还存在着哪些共同基因。与在任何群体内都不会被选择的利他主义不同，在赖特的动态平衡理论中，那些进化出来的基因组合在它们各自的群体内都具有稳定性。我们将在第四章中讨论一个与赖特用于解释个体性状的动态平衡理论类似的、关于多个稳定社会系统的群体选择模型。对动态平衡理论的现代评价，请参阅普罗文（Provine, 1986）和科因、巴顿、杜雷利的著作（Coyne, Barton, and Turelli, 1997）。

赖特的方程式准确刻画了利他主义在群体内的劣势，但它们并没有描述青睐于利他主义的群体选择过程。相对应地，赖特只是对群体选择可能的运作方式进行了推测。如图 2.1 所示，他所设想的群体是在空间上孤立的种群——只有一小股一小股的散布者（dispersers）能将它们联结起来。赖特当然知道，除自然选择外，进化还会受到许多随机力量的影响。如果两个性状的适应度相同，那么直到其中一个性状消失，它们出现的频次都不会呈现出任何特殊的变化模式——这个过程被称作遗传漂变。同样，尽管当一个性状的适应度比另一个更高时，它就**更有可能**得到进化；但在某些情形下，它也有可能因遗传漂变的作用而绝迹。因此赖特推论说，尽管利他主义在选择过程中处于劣势，但它或许会因遗传漂变的作用而在一些群体中被建立起来。随后，这些利他的群体会胜过自私的群体——它们能持续存在更长的时间，并生产出更多有能力建立新群体的散布者。

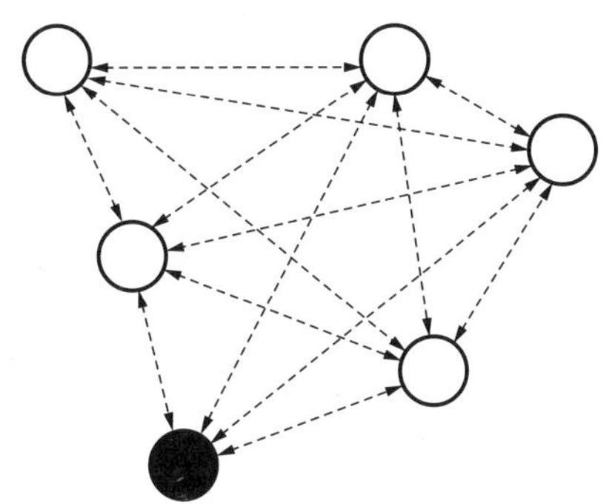

图 2.1　休沃尔・赖特对种群结构的诠释 61

注：其中各个群体在地理上是孤立的，它们之间只有一小股散播者作为联系的纽带。利他主义会因某个群体中发生的遗传漂变作用而稳固下来（图中由黑色圆圈代表），并因其能更持久地存在、生产出更多散播者而在竞争中胜出。

后续的研究者们在对赖特的方案进行建模时，对他所构想的过程的有效性提出了质疑（Wade, 1978; Wilson, 1983 对此进行了评述）。除非这些群体被分隔得非常彻底，否则来自自私群体的迁徙者就会侵入利他型群体并取而代之。然而，如果群体的孤立程度真有**那么**高，我们就很难说明利他型群体何以能占据更多领地了。即使我们能通过细微调整使该模型成功运作，它也无法成功地描述自然界中大多数群体的状况。赖特自己可能对其所设情境的有效性并没有什么自信，因为他当时用这样一句缺乏热情的话结束了自己的讨论：“我们的确很难看出，假如没有群体间选择的存在，那些对社会有利却对个体不利的基因突变如何能变得稳固。”（Wright, 1945,
62 p.417）他似乎想说，即使这个特殊的版本缺乏说服力，也必然有**某种**与之类似的**东西**在起作用。

威廉姆斯夫妇（G. C. Williams and D. C. Williams, 1957）沿用了赖特的适应度方程式，但他们设想了一种全然不同的种群结构。他们思考的是一个单一、庞大、随机交配的种群。其中每个雌性都会生产一批后代，这些后代在其生命周期的某个阶段只会在彼此之间进行互动。雏鸟在鸟巢中的互动就是一个很好的例子。威廉姆斯夫妇意识到，当我们关注同胞之间表达的行为时，这些亲缘群体（sibling groups）完全是彼此孤立的。具有利他性的筑巢行为只会为一个鸟巢中的鸟儿们带来利益，而不会对其余鸟巢中的鸟儿产生影响。这个单一、随机交配的种群并不单单是一个由个体构成的种群，它还是一个由孤立的亲缘群体构成的种群——这些群体在每一代中都会重新形成、瓦解。此外，当群体由同胞构成时，在图 1.1 模型中作为利他主义进化的必要条件，而在赖特构想的情境中需要由遗传漂变触发的群体间变异，自然而然就会出现了。最简单的理解方式就是设想一个除了一名利他型突变（Aa）外，完全由自私型（aa）构成的种群。如果突变者 Aa 活到成年期，那么它就会和一个自私的 aa 型交配，并生出一窝大约由 50% 的利他主义者（Aa）和 50% 的搭便车者（aa）组成的后代。此时，利他主义者集中于那个 50% 是利他主义者的群体中，而绝大多数自私的基因型则分布在没有利他主义者的群体中。根据赖特的假设，如果利他主义要在群体内变得普遍，那么遗传漂变的作用是必需的。威廉姆斯夫妇则意识到，在有关亲缘群体的案例中，我们根本没必要做出这种脆弱的假设。

我们已在第一章指出，除非群体周期性地融合或者以其他方式在新群体形成过程中竞争，否则利他主义者出现频次在整体上的递增就只是瞬间即逝的现象。利他型群体必须想办法将自己的成员输送到整个种群的其他地方；否则，与利他主义对立的自然选择终将在每个群体中完成自己的本职工作。我们不知道赖特的方案要怎样解决这个问题，因为其中为使漂变机制能成功固化利他主义而设定的群体孤立性同样会阻止利他型群体成功地向外输送生产力。相比之下，我们很容易就能看出亲缘群体如何在新群体的形成过程中竞争。事情仅仅是这样而已：个体逐渐长大，它所在的亲缘群体成员 63
也变成了能够自己生产出亲缘群体的成年个体。正如图 1.1 的双群体模型所示，拥有更多利他主义者的群体会对种群整体规模做出更大比例的贡献。因此，当群体由同胞构成时，群体选择是一股不可忽视的进化力量。

图 2.2 以图表的方式展示了威廉姆斯夫妇的整个模型——其中包含了赖特的方程式以及偏爱利他主义的群体选择过程。一个由个体构成的庞大种群首先在成年成员中随机形成配偶组合，并由此产生了孤立的亲缘群体。其中包括从纯粹的利他主义者（AA × AA 交配形成的后代）到混合群体（Aa × AA，Aa × Aa 等的后代），再到纯粹自私群体（aa × aa 交配形成的后代）的各种群体。利他主义者 64
出现的频次在所有混合群体中都会递减（正如第一章中的双群体模型所示），但群体对**整个**种群规模的贡献率与其中利他主义者出现的频次成正比。当我们将两个层面的选择放到一起考虑时就会发现，只要群体收益（g）相对于个体成本（s）而言足够大，那么利他主义就会由群体选择进化出来。

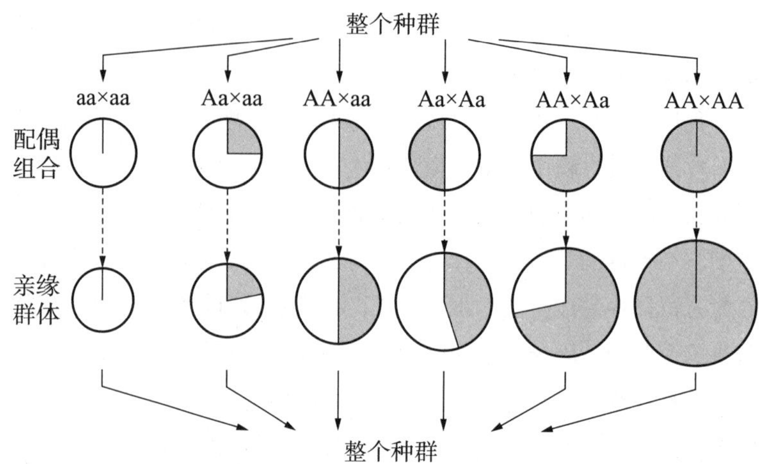

图 2.2 根据威廉姆斯夫妇理论绘制的亲缘互动的种群结构图

注：整个大种群中的随机交配行为产生了六种配偶组合；它们随后将依次产生出利他主义者出现频次各不相同的六种亲缘群体。为利他主义进行编码的基因（A）在每个群体中出现的频次以灰色表示。利他型基因在每个混合群体中出现的频次呈递减趋势（灰色部分所占的比例逐渐变小），但每个群体所获的收益与 A 出现的频次成正比（这些圆圈变得越来越大）。当群体层面的收益与个体层面的成本相比显得足够大时，利他主义基因便能得以进化。

在群体选择之争的历史中有过许多颇具讽刺意味的事，但下面这件无疑当属其中之最：G. C. 威廉姆斯——后来群体选择理论最大的批评家之一——第一个建立了实际可操作的群体选择模型。他清楚地将同胞间利他行为的进化过程看作一种群体选择过程。现在我们便能理解为什么他后来在宣扬“与群体相关的适应器事实上并不存在”这一彻底主张时，会将家庭群体视为例外了。

汉密尔顿为群体选择提供的替代项

威廉姆斯夫妇发表的论文几乎没有引起任何关注——至少与人们对下面几篇论文的反应相比。在威廉姆斯夫妇这篇论文问世六年后，一名英国研究生汉密尔顿在《美国自然主义者》（*American Naturalist*）上发表了一篇题为《利他行为之进化》的随笔（Hamilton, 1963）；

随后，他在《理论生物学期刊》上发表了两篇内容更为丰富的文章（Hamilton, 1964a-b）。汉密尔顿在本科阶段就深受罗纳德·费舍尔作品的影响，因此在申请研究生前，他早已决定要研究利他主义的进化。他必须面对来自各方面的漠视，甚至是敌视。时值 20 世纪 50 年代，希特勒的“种族生物学”（racial biology）使英国科学家们不敢去研究任何与行为遗传相关的东西。汉密尔顿最终在伦敦政治经济学院社会学系获得了支持。他的导师是一位同情非正统学说，却从未就该主题做过专门研究的教授（Hamilton, 1996）。

因为害羞和孤僻的性格，汉密尔顿甚至没有想过申请办公场所。他在自己的房间和图书馆工作，当图书馆关门而他又不想孤身一人回到自己的房间时，他就会去火车站工作。对他来说，数学研究从来都不是件容易的事，他甚至想过去当中小学老师或是木匠。尽管如此，汉密尔顿终于还是从这片知识的荒野中收获了用于解释利他行为之进化的理论。

在《美国自然主义者》发表的那篇随笔的开头处，汉密尔顿评 65
论说，群体选择是当时唯一能用于解释利他主义之进化的理论，但它“在得到数学模型支持前，必然会让人有所保留”。接下来，他回顾了群体选择模型中的一些问题，并重点讨论了霍尔丹（Haldane, 1932）对该问题的解决方案。霍尔丹构想了一种“老群体分裂形成新群体”的种群结构（他当时想到的是人类“部落”）。霍尔丹意识到，当群体间变异足够大时，利他主义能暂时在整个种群的层面获得提升；但问题在于他无法解释这种短暂的提升如何能够持续下去。自然选择似乎终将把每个群体中的利他主义者全都清扫出去。根据汉密尔顿的说法：“摆脱这种结论的唯一办法（像霍尔丹所暗示的那样）就是进行某种周期性的部落重组，从而使利他主义者因为巧合或其他什么理由而在其中某些群体中再度集中起来。”

根据霍尔丹个人的世界观，利他主义在人类和其他动物中实属罕见。因此他心满意足地结束了这个话题。汉密尔顿致力于说明利他主义何以可能得到进化，但他也放弃了群体选择的解释，并为此开发出了替代项：

> 我们能设想这样一个简单却有点粗糙的模型：有一对基因 g 和 G，其中 G 很容易（tends to）引发某种利他行为，g 则不然。尽管我们确实有“适者生存”的原则，但决定 G 能否得以传播的终极标准并不是看某个行为能否为行动者带来收益，而是看它能否为基因 G 带来收益；当行为的净结果是在基因池中增加一小撮 G 含量比基因池本身浓度更高的基因时，就会出现这样的结果。就利他主义而言，这只有在满足下面两个条件时才会发生。首先，受影响的个体是利他主义者的亲属，他们携带该基因的概率更高；其次，由此带来的好处与个人所受的损害相比足够巨大，以至于能抵消利他主义的基因型在亲属当中的衰退或“稀释”。（Hamilton, 1963, pp.354-355）

这是最早采用“基因之眼观念”的案例之一，该观念后来演变为自
66 私基因论的重要标志。我们能像分析威廉姆斯夫妇（G. C. Williams and D. C. Williams, 1957）的模型时那样，通过设想由突变产生的利他主义等位基因来检视汉密尔顿的逻辑。像之前一样，突变体 Aa 与一个 aa 个体交配并形成一个一半是 Aa，另一半是 aa 的同胞群体。当利他主义者帮助一名同胞时，受助者同样也具有利他主义等位基因的概率是 1/2。如果受助者获得的收益大于利他主义者所承受代价的两倍，那么该行为就会使利他主义等位基因的数量出现净增长。这就是上面引文中汉密尔顿那段话的基本要点。[1] 不过迄今为止，我们只计算了利他主义基因总量的变化。但自然选择所关心的是**相对**适应度的增长，因此在讨论群体选择模型时，我们必须检查

---

[1] 从更一般的角度看，汉密尔顿说的是当 $r > c/b$ 时，利他主义等位基因数量会出现净增长；其中 r 是关系系数（在全同胞的情形中，$r = 0.5$）。这在后来被称为“汉密尔顿法则”。

群体内和群体间的相对适应性。我们已在分析威廉姆斯夫妇（G. C. Williams and D. C. Williams, 1957）时完成了这项工作。我们已经说明，利他主义基因出现的频次会在群体内递减；唯有当它能增加自己所在群体相对于其他群体的适应度时，这种基因才会得到进化。

除采用基因之眼的观念外，汉密尔顿还希望以另一种方式来解释他的理论，即从个体对行为方式进行推理的角度进行理解（Hamilton, 1996, p.27）。他认为一名个体可能会试着让自身适应度和其他个体适应度的总和最大化，而其他个体的适应度是由它们的基因相关度决定的。这就是内含适应性的观念。当一名个体为同胞带来的收益超过自身损失的两倍时，它对同胞做出的利他行为就会增加其内含适应度。内含适应性概念成功地让汉密尔顿的理论变得符合直觉，但它也会让人重新对利他主义做出诠释。难道只有当个体努力使**它自己的**内含适应度最大化时才会产生利他行为吗？这种含混性依然存在于进化论文献之中。许多人将内含适应性的概念看作对利他行为的个体主义解释。另一些人则将它看作一种只是看起来具有利他性的自身利益（比如说，本章开头处引自 R. H. Frank, 1988 的那段话就体现了这样的观点）。这两种解释与使用群体内和群体间的适应度差异来定义利他主义的多层选择理论**都不**相符。此处，视角的多样性导致利他主义和自私性定义的多样性（Wilson and Dugatkin, 1992; Wilson, 1997; Sober, 1993b, pp.100-112 通过追溯渊源将汉密尔顿法则与经典的适应度理论联系起来）。

汉密尔顿的模型没有改变威廉姆斯夫妇的模型所蕴含的任何事 67
实——它只是通过采用基因之眼或内含适应性观念，以其他方式计算了适应度。这两个视角都没有看到自然选择在所有混合群体内部都与（不管是不是表面上的）利他主义相对立的事实。事实上，威廉姆斯夫妇这种记录群体内和群体间适应度差异的模型恰好契合于汉密尔顿自己对群体选择的描述——而群体选择正是汉密尔顿当时想要驳斥的目标。如霍尔丹所说，同胞群体的适应度和其中利他主义成员的含量之间确实存在比例关系。使利他主义之进化成为可能的起始基因频次是在交配过程中自然产生的——它造就了一个含有 50% 利他主义者的群体。利他主义者出现的频次确实会在群体内递减，但这种递减趋势会因周期性的“部落”（同胞群体）重组和新同胞群体内利他主义者的再次集中而得到遏制。可惜的是，汉密尔顿显然没有察觉到上述关联，他只是在提出自己更全面的处理方案时顺便提到了威廉姆斯夫妇（Hamilton, 1964b, p.35）。打从一开始，汉密尔顿就误解了群体选择理论与所谓内含适应性理论之间的区别。

梅纳德·史密斯的干草垛模型

约翰·梅纳德·史密斯是霍尔丹的最后一个研究生。在 20 世纪 60 年代，梅纳德·史密斯成为英国首席进化生物学家。他很快就进一步强调了“汉密尔顿前途无量的新理论是群体选择之替代项”的观点。1964 年，梅纳德·史密斯在《自然》上发表了一篇题为《群体选择与亲选择》的论文，他在文中是如此描绘这两个理论的：

> 我所说的亲选择指的是那种青睐于受影响个体近亲之生存的特征进化——这些过程的实现不要求种群繁育结构中出现任何不连续性……当亲属以家庭群体的形式生活在一起时，尤其是当该种群被划分为相对独立的群体时，亲选择就会有更多机
> 68 会发挥效用。但上述“相对独立性”并不是必需的。在亲选择理论中，所有那些低概率事件都已经被囊括于进化演变的范围内了——它们产生的源头都是由基因突变引起的遗传差异。（Maynard Smith, 1964, p.1145）

> 如果亲属群体常聚在一起，它们完全或部分地与该物种的其他成员隔离，那么群体选择过程就可能发生。如果一个群体的所有成员都获得了某种“尽管会损害个体利益，却能提高群体适应度”的特征，那么该群体就更有可能一分为二，以此方

> 式增加带有上述特征的个体在整个种群当中所占的比重。此时，选择力量作用的对象不是以个体为单位，而是以群体为单位的。其中唯一的困境在于，我们必须说明这样一个问题：群体之中的所有成员最初是如何变得全都具有这种特征的？（Maynard Smith, 1964, p.1145）

梅纳德·史密斯与赖特、霍尔丹一样，将群体看作在空间上孤立的多世代单元（multigenerational units）。如果群体选择要获得成功，那么利他主义就必须首先通过遗传漂变的作用在一些群体内得到确立，而这样的“低概率事件”对于亲选择来说是不必要的。[1] 接下来，利他型群体必须借助更高的分裂率、更久的持存时间，或是更大的（能创立新群体的）散布者产生更多数量来赢得竞争的胜利。而汉密尔顿的理论似乎完全无须处理这些不便要素。

为探究群体选择的可能性，梅纳德·史密斯创建了一个别出心裁的模型——他设想了一种完全生活在干草垛中的老鼠（该模型因此而得名）。每个干草垛都由一个已受精的雌鼠建立，其后代会在它们自己当中不断繁殖。每年年底，这种隔离状态都会被打破——所有老鼠会在一个大种群中随机交配，随后回到干草垛中，重复以上循环。图 2.3 展示了干草垛模型。它开始时与图 2.2 中威廉姆斯夫妇的模型一模一样，大种群中的成年体随机进行交配，并形成孤立的亲缘种群。在威廉姆斯夫妇的模型中，同胞在第一代就于互动之后、交配之前散布开去了。而在干草垛模型中，交配完全在干草垛中进行；在其成员散布出去之前，群体可能会持续好几代。当我们思考这两个模型的种群结构时，这便是其中**仅有**的区别。

尽管这两个模型考察的对象是同一个**过程**（群体的持续时间除 69

[1] 从严格意义上说，因基因漂变作用而在一些群体内确立利他主义基因的地位并非什么低概率事件。当群体数量足够大时，这类事件的发生实际上是难以避免的。同时，我们还可以用概率论来预测确立利他主义之群体的预期比重。

外），但作者的**视角**却是迥然不同的。对威廉姆斯夫妇而言，群体是彼此间进行社会互动的个体的集合。如果利他行为仅在同胞间获得表达，那么每组同胞都是一个孤立的群体。梅纳德·史密斯（包括汉密尔顿）则不同意这样的观点。在梅纳德·史密斯看来，群体并不存在——群体选择过程只有在干草垛成为**繁殖**种群（breeding populations）时才会开始。

让我们暂时接受梅纳德·史密斯的观点，假设群体选择在第二代时开始。此时，干草垛模型仍然为我们将梅纳德·史密斯所定
70 义的亲选择和群体选择进行对比提供了绝佳的机会。我们只要对比老鼠在第一代散布时进化出的利他程度（亲选择）和它们于两个散布期间在干草垛中繁衍几个世代时进化出的利他程度（群体选择）就行了。

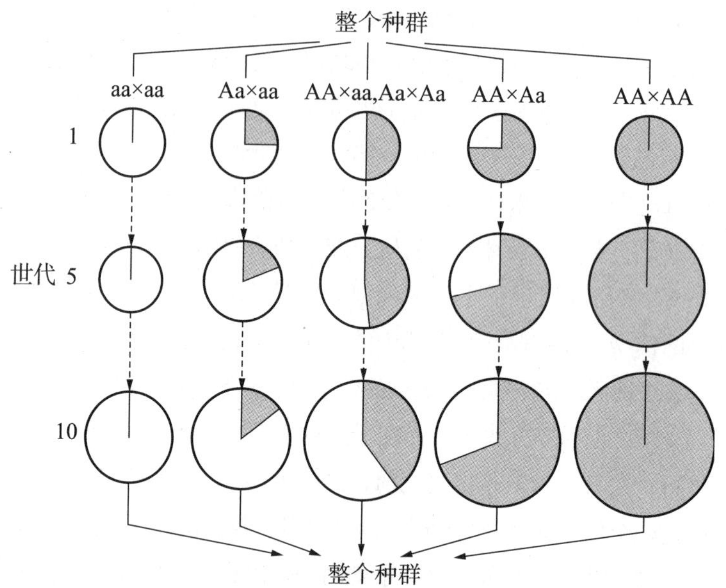

图 2.3　梅纳德·史密斯对种群结构的诠释——干草垛模型

注：这些群体的初始化方式与图 2.2 中的威廉姆斯夫妇（G. C. Williams and D. C. Williams, 1957）模型相同，但它们在将灰色部分重新混入整个种群之前要持续存在数个世代。

可惜的是，梅纳德·史密斯并没有这样做。他从未在任何一个数学框架中对亲选择和群体选择进行比较，他只是随口谈到亲选择，实际上将干草垛模型完全看作了群体选择模型。此外，梅纳德·史密斯还为干草垛模型加上了一个等于是将群体选择置于最糟糕境地的简单化假定。他假设利他主义基因不但会在出现频次上呈递减趋势，最后还会在所有最初混合的群体中完全绝迹！唯有在与利他型雄性交配的利他型雌性所建立的干草垛中，利他主义才会被留存下来。考虑到这种群体内选择的强大力量，梅纳德·史密斯总结说，利他主义不太可能由群体选择进化而来。他在为群体选择建模的后续工作（Maynard Smith, 1976）中也假定了利他主义者会于散布期之间，在所有混合群体内完全消亡。正如格拉芬（Grafen, 1984, p.77）在描述梅纳德·史密斯的模型时所说："A_0（自私型）和 A_1（利他型）之混合被看作短暂易逝、无关痛痒的状态。"

为将干草垛模型中的亲选择与群体选择进行公平比较，我们首先必须像赖特、威廉姆斯夫妇、汉密尔顿那样，明确利他行为中利他者所要付出的成本以及受助者所能获得的收益。此外，我们还必须根据散布期之间世代数量的增长情况来观察干草垛模型中利他行为的命运。直至二十三年后才有人完成这项工作，此时群体选择已在黑暗的岁月中沉寂了许久（Wilson, 1987）。其结果如图 2.3 所示。只要混合群体还继续存在，利他主义者在所有这些群体中出现的频次就会递减。然而，即便在十代之后，它们也根本没有灭绝；因此"群体内选择必然会在散布期之间完全剔除利他主义"的假定是不正当的。此外，相比于那些利他主义者数量较少的群体，拥有更多利他主义者的群体在规模增速上具有优势；只要群体持续存在，这种模式就会一直延续下去。换言之，随着干草垛中世代数量的增长，群体内**和**群体间的选择力量**都**会得到加强；因此我们很难看出不同层面选择之间的**平衡**会受到怎样的影响。威尔逊（Wilson, 1987）指出，一旦应用标准的利他主义成本－收益方程式，我们就会发现：

71 在干草垛模型中，多世代群体通常比单世代群体**更加**有利于利他主义的进化。即便“部落”（干草垛）的周期性重组和利他主义者在新群体中的再集中相隔十代或十五代，利他主义也能通过群体选择进化出来。[1] 另外，对于多世代群体和单世代群体来说，遗传漂变都不是其必要条件。让利他主义在威廉姆斯夫妇的模型中得到进化的集中过程，同样能使利他主义在多世代干草垛模型中得以进化。

总而言之，梅纳德·史密斯对亲选择和群体选择的区分存在两方面的缺陷。第一，他没有意识到在第一代中，当最初的那些同胞之间产生互动时，多群体的种群结构就已经存在了。在干草垛模型中，第一代**之后**发生的群体内、群体间选择过程只不过是对第一代**中**已有过程的延续。第二，即使我们接受梅纳德·史密斯的群体选择定义，他的悲观结论也只能建立在“群体内选择力量无比强大”这一假设的基础上。如果我们把汉密尔顿或赖特的利他主义方程式用在干草垛模型上，那么即使接受梅纳德·史密斯的群体选择定义，我们也能说利他主义由群体选择进化而来。比如我们在第一章中提到的带有雌性偏向的性别比，就是一种从类似于干草垛模型的种群结构中进化出来的利他主义。如果这些问题能在 1964 年就浮出水面，那么群体选择理论的历史就会与如今大不相同。可当时干草垛模型只是帮忙将群体选择和亲选择作为独立的理论区分开来，并认为群体选择模型荒谬到了无须认真对待的地步。

[1] 正如我们在第一章中所强调的，如果被分隔群体的世代数目足够大，那么每个群体中的利他主义就都会灭绝。同样，在我们所示的案例中，所有群体规模都会呈指数级增长。因为利他型群体扩大的速度更快，所以在多个世代后，它们就会达到惊人的规模。如果每个群体都触及了环境承载力的上限，那么（青睐于利他性的）群体生产力上的差异就会缩小，而（青睐于自私性的）群体内选择力量则会保持不变。威尔逊探究了与之类似的各种排列组合方式（Wilson, 1987）。我们举这些例子不是为了说明群体选择总能战胜个体选择，而只是为了提醒大家：两个层面的选择都应被纳入考量。梅纳德·史密斯关于“利他主义于散布期之间会在每个混合群体内彻底绝迹”的假定（Maynard Smith, 1964）是完全不正当的，因为他的目标恰恰是要估算利他主义能否通过群体选择得到进化。

对汉密尔顿的再思考

群体选择理论史上的下一个重大事件是一个谜一般的美国人的出现——他被汉密尔顿（Hamilton, 1996, p.26）称为“另一名隐士”。乔治·普赖斯（George Price）在 20 世纪 40 年代获得化学博士学位，然后从事了一系列稀奇古怪的工作。他在第二次世界大战期间参与过曼哈顿计划，随后还进行了药品研究工作，试着撰写了一部关于外国政策的专著，为 IBM 设计过计算机，模拟过私人企业的营销机制。所有这些工作都没有满足他理解和改善人类状况的深层需 72
求。因此普赖斯于 1967 年自费去英格兰学习进化生物学。他对进化产生兴趣，部分是由汉密尔顿关于利他主义的论文（Hamilton, 1996, p.172）激发的。这名怀揣着热情与不安的知识分子在未曾接受任何生物学训练的情况下，开始向一个全新的解决方案进发。

在其文集内一系列自传性质的文章中，汉密尔顿描写了他第一次遇见乔治·普赖斯和（后来被称为）“普赖斯方程式”的情形：

> 最后，我确实收到了他所写的手稿。但打从一开始，我所看到的就不是某种对我的“亲选择”理论的推导和更正，而是一种适用于各种自然选择过程的、既怪异又新颖的形式体系。位于普赖斯进路核心的是一种我闻所未闻的协方差公式（covariance formula）……当普赖斯第一次对选择理论感兴趣时，他不像我们其他人一样仰望着理论先驱的作品，而是独自一人解决了所有问题。此时，他四周都是奇异风光，脚下是一条全新的道路……他在电话中的声音有些尖锐，听上去显得十分谦虚谨慎……他说这个公式“让我自己都感到惊讶——这简直是个奇迹”……“你看到我的公式如何解决群体选择问题了吗？”我告诉他，当然还没有，或许还说了这样的话：“所以你真相信那东西，对吧？”直到这次与普赖斯联系，并且再过了一段时

> 间后，我才发现群体选择的定义竟然如此松散，其支持者使用它的方式如此模糊，它在对抗个体、基因层面的选择理论时显得如此无力，以至于这个观念如果作为工具的话，可能还不如被当前的进化论研究者忽略掉。如果我当时确实问了他是否相信群体选择的问题，乔治一定会用热情且肯定的口吻回答："当然了！"然后进入长时间的沉默，并最终把话题转移到别的地方。（Hamilton, 1996, pp.172-173）

汉密尔顿不是唯一一名对普赖斯方程式感到敬畏的理论生物学家（Frank, 1995a 对此进行了回顾）。这个方程式以如此普遍、优雅的方式表现出选择概念，以至于它能被用来研究各种各样的选择过程。框 2.2 说明了为什么普赖斯方程式能让群体选择在汉
73 密尔顿心中复苏。假设在一个群体当中，有一个基因为一个以一定频次（p）出现的行为提供了编码。在该行为得到表达后，这个基因在群体中出现的频次会发生变化（从 p 到 p'），群体规模也会发生变化（从 n 到 n'）。如果这个行为是利他的，那么这个基因在群体内出现的频次会减小（$p' < p$），但群体规模会增大（$n' > n$）。此外，如果存在着许多群体，那么我们就应期待利他主义者出现的频次与群体获得的收益正相关。普赖斯方程式通过把所有这些都放到一起的方式来计算整个种群内的进化转变（evolutionary change）——它取决于两个项的算术和（见框 2.2 中的方程式 2.6）。第一项是单个种群中的平均进化转变；第二项是由群体的适应度差异引起的平均进化转变。个体和群体这两个选择的层面似乎当真能在普赖斯方程式中得到体现。其他数学模型，包括汉密尔顿的内含适应性理论也解释过同样的进化力量，但它们都没有如此清楚地将群体内分力和群体间分力分割开来。[1]

---

[1] 事实上，普赖斯方程式中的群体内分力和群体间分力并不确切对应于群体内选择和群体间选择。海斯勒和达沐斯（Heisler and Damuth, 1987）指出了这一点，（转下页）

框 2.2 普赖斯方程式

普赖斯设想出将整个种群划分为大量群体的情形。每个群体 i 都有一个初始规模 n_i 和一个初始基因频次 p_i。在经过选择后，群体规模变为 n_i'，基因频次变为 p_i'。如果该基因为利他行为编码，那么 $n_i' > n_i$，且 $p_i' < p_i$。用于衡量群体收益的是 $si = n_i'/n_i$ 这个比率。

为得到基因在整个种群中的频次 P，我们需要把所有群体中的利他主义基因全都加起来，再除以所有群体中的基因总和。利他主义基因在选择前的频次是：

$$P = (\Sigma n_i p_i)/(\Sigma n_i) = p + \mathrm{cov}(n, p)/n \quad (2.4)$$

其中 p 和 n 这两项指代的是平均基因频次和平均群体规模。协方差项 cov（n, p）衡量的是选择前群体规模与基因频次间的联系。 74
假设有 50 个群体，其规模 $n=10$，其中每个成员都带有利他主义基因（$p=1$）。另有 50 个群体，其规模 $n=20$，其中没有任何成员携带利他主义基因（$p=0$）。那么该基因在由**个体**构成的整个种群中出现的频次 $P=500/1500=0.333$，而在群体中出现的平均频次是 $0.5\times0+0.5\times1=0.5$（即有一半**群体**带有这个基因）。这两个数字不一样的原因在于群体规模与基因频次负相关。协方差项

（接上页）古德奈特、施瓦茨、史蒂文斯（Goodnight, Schwartz, and Stevens, 1992）对其进行了详细阐述。增加个体适应度却对群体内其他成员没有效果的性状，并不会由群体选择进化出来。索伯著作（Sober, 1984, pp.258-262, pp.314-316）中关于高、矮种群的例子说明了这一点。不过，如果因这类性状而变化的个体位于群体内，那么含有适应度最高个体的群体会比那些含有适应度最低个体的群体生产出更多后代。尽管我们不应把这看作群体选择的情形，但是这些差别依然会在普赖斯方程式代表群体的部分中得到体现。利用情境分析这一统计技术（参阅上面所引的作者），我们能将基因频次变化划分为群体内部分和群体间部分，这更符合群体内选择和群体间选择在进化上的概念。即便如此，这些细微差别并不会影响汉密尔顿从普赖斯方程式中推导出的一般结论。

对该联系做出了解释，并使方程式 2.4 能得出 0.333 这个代表利他主义等位基因的整体频次的正确答案。

经过选择后，利他主义等位基因的整体频次为：

$$P' = (\Sigma n_i' p_i') / (\Sigma n_i') = p' + \mathrm{cov}(n', p') / n' \quad (2.5)$$

普赖斯指出，整个种群当中基因频次的变化（$\Delta P = P' - P$）能用下列公式表示：

$$\Delta P = \mathrm{aven}'(\Delta p) + \mathrm{covn}(s, p) / \mathrm{avens} \quad (2.6)$$

第一项是平均群体中基因频次的改变，由选择后的群体规模（n'）加权计算。其功能是衡量群体内的选择情况。第二项包含了群体收益（s）和选择前（当群体规模为 n 时）群体内利他主义者出现频次（p）之间的协方差。它用以衡量群体间的选择情况。越多群体在利他主义者的出现频次上变化得越多，并且利他主义者对群体收益的影响越强，这一项就越为正。

普赖斯方程式的左侧（ΔP）会给出整个种群进化的最终结果。右侧则说明了群体内选择与群体间选择为这个最终结果所做的贡献。当汉密尔顿用普赖斯方程式重构他的内含适应性理论时，他发现利他主义基因在每个亲缘群体内都不会被选择（第一项为负），却会受到群体选择的青睐（第二项为正）。普赖斯方程式凸显了这样一个事实：群体内选择和群体间选择都会影响到进化的最终结果。

75 普赖斯当然懂得所有的道理，但他在公开发表的作品中只是简要地谈及这些要点，以至于几乎没人领会到其重要性。事实上，仅仅数年之后，普赖斯就放弃了他的进化论研究，就像他放弃先前的职业那样。他变得越来越信奉宗教，并投身于分析《新约》和伦敦酗酒流浪汉的救助事业。于是进一步用普赖斯方程式来解释群体选择理论的重担就落在了汉密尔顿肩上。汉密尔顿回忆说：

> 在我生命中有太多应当去做却没有做的事，但让我感到高兴的是，在他去世前的几个月，我曾在电话中兴奋地告诉他，通过对他的公式进行“群体层面”的延展，我现在对群体选择的理解比之前要好太多，而且现在用来理解在一个层面或多个层面所发生的任何形式选择行为的工具，比我之前持有过的所有工具都要优秀百倍。“我就知道你会发现这一点”，对面传来尖厉、简洁的声音，几乎是在一瞬间表达了他的满意与赞同。“那你为什么不自己完成它呢，乔治？你为什么没有把它发表出来？”我问道。“嗯，没错……但我有许多其他事情要做……你知道的，种群遗传学并不是我的主业。不过或许我应该为此祷告，看看我是否犯了错误。”（Hamilton, 1996, pp.173-174）

不久之后，乔治·普赖斯在一幢废弃的大楼内自杀了——在放弃了自己所有的财产后，他便在那里过着“寮屋住民”式的生活。

汉密尔顿（Hamilton, 1975）在专刊上发表了一篇题为《人的固有社会倾向——从进化遗传学为视角》的论文来阐述他对群体选择的新看法（Fox, 1975）。这篇经常被人忽视的重要论文之所以值得注意，其理由大致有二。首先，汉密尔顿将内含适应性理论重新描述为对多层选择过程的表征；其次，他对人类行为之进化做出了自由的推测。考虑到战后英国的学术氛围以及他在研究生时代的遭遇，汉密尔顿的第二个尝试似乎比第一个更加大胆、更不计后果。

通过下面这个从名为“选择层面”的章节中截取出来的段落，我们能看出汉密尔顿多么坚定地接受了多层观念，尤其当问题涉及我们人类自身这一物种时：

76 > 比如说，一旦语言变得更加发达，人们就有机会通过滥用它来实现某些自私的目的了：流利的言辞可以用来成就巧妙的谎言，也可以用来传达复杂的真理，而从社会性上说，这两者也都是有用的。我们再想一想良知在选择上的价值。一个群体越是缺乏良知，就越要分散更多的精力来强调那些本该被默认为规则的东西，否则它就会面临解体的危险。通过这样一个思考阶层性种群结构的阶段（分别从个体和群体的角度），我们就会发现良知有一种“利他的”特征……就生物学而言，我们可以用类似的想法来研究性别比例问题。在对节肢动物的研究中，我们也已经积累了数量可观的经验材料。（Hamilton, 1975, pp.135-136）

这段话与我们在导论中提到的那些达尔文关于道德与群体选择的看法惊人地相似（同时可参阅 Hamilton, 1987）。

汉密尔顿在讨论群体选择时强调了这样一件事：普赖斯方程式对群体周期性重组的需求丝毫不亚于霍尔丹模型对它的需求。如果群体长期处于分隔状态，那么虽然利他主义在整个种群中的增加依然会在普赖斯方程式中反映出来，但这时它只是一个难以为继的短暂现象罢了。由于霍尔丹所设想的部落分裂的情形很难用普赖斯方程式进行分析（直到 1992 年古德奈特通过计算机模拟建立了模型），汉密尔顿设想了另一类在数学上更容易驾驭的种群结构：

> 因此，请注意霍尔丹“部落分裂、没有迁徙”之观念的重要预示。现在让我们设想一个与之完全相反的模型：群体在每一代中都会于彻底瓦解后进行重组。假设幼崽在成熟后会开始建立自己的迁徙基因池（migrant pool），其中 n 名个体会被随机选为下一代群体……（Hamilton, 1975, p.138）

请注意，就像威廉姆斯夫妇模型所示的那样，这些群体只能在一个世代中持续一小段时间。汉密尔顿现在已经看到了社会互动的多群体性，不论繁殖是在何时何地发生的。遗传近亲的社会互动相当于群体的非随机形成过程。亲缘性对利他主义之进化的意义在于增加 77
了群体间的遗传变异，并因此强化了群体选择的重要性。除此之外，**任何**能增加群体间变异的过程都可以完成这项工作。就像汉密尔顿所观察到的："促使利他主义者与利他主义者生活在一起的原因显然不会导致任何差别——不管是因为它们有血缘关系……或是因为它们就这样认出利他的同伴，抑或是因为基因多效性影响了它们对栖息地的偏好。" [1] 基因相关度作为利他主义进化之唯一影响要素的地位已经不复存在——它变成了推进群体选择过程的众多要素之一。

汉密尔顿（Hamilton, 1975）确信，内含适应性理论与群体选择理论的差异只是**视角上的**，而非**过程上的**。稍早些时候（Hamilton, 1963），他认为只要群体选择还没有得到理论模型的支持，我们就应对其持保守态度。现在相应的模型都已出现，所谓的"主要竞争理论"也已消失。唯一能用于解释利他主义之进化的过程是达尔文在很久以前便已指出的群体选择。

对普赖斯／汉密尔顿模型的反应

在其关于普赖斯的传记中，S. A. 弗兰克（Frank, 1995a）写道："这样的事在科学史上必定是罕见的：一个没有专业经验的人在四十多岁时开始从事新领域的研究，并为那个领域的理论基础做出了意义如此深远的贡献。"当然，下面这件事必定是同样罕见的：一个重要理论的发明者在几年后欢欣鼓舞地宣称自己的理论只不过是

[1] 当一个基因能影响多个性状时，我们就说它具有多效性。汉密尔顿想说的是，单个基因可能会既影响利他主义的表达，又影响某些会致使利他主义者和非利他主义者由于非随机原因分为不同群体的性状。

看待旧理论的另一种方式。[1]在库恩版的科学革命中，范式倡导者会选择鱼死网破，而不是改变自己的看法。然而汉密尔顿似乎对自己的发现感到雀跃，并认为其他人也会分享他的热忱。他为同行思想所加的佐料让他们陷入了纠结的境地：他们想要引用他的文章，因为它是对群体选择的有力证明；同时他们又不想引用他的文章，因为它是对进化和人类行为的大胆探险（Hamilton, 1996, p.324）。

可惜的是，汉密尔顿的大部分同行根本不曾纠结。进化论的科学共同体中只有一小部分人接受了他关于群体选择的新观点。这些人大多是理解普赖斯方程式优美之处的理论生物学家；如若不然，他有关群体选择的积极观点就会被完全无视。大部分进化生物学家
78 不但继续相信英国皇家“亲选择号”舰艇仍然作为群体选择的替代项浮于海面，甚至还想象汉密尔顿船长依旧在亲自掌舵！本章开头处引用的那段来自 R. H. 弗兰克（R. H. Frank, 1988）的话只是众多案例中的一个。同样，理查德 · 道金斯（Dawkins, 1982）在《延展表现型》（*The Extended Phenotype*）一书的词汇表中对群体选择做了如下界定：“这是一个人们假设会在生物群体间发生的自然选择过程。它通常被用来解释利他主义的进化。人们有时还会将它与亲选择混为一谈。”在该书中，道金斯（Dawkins, 1982, p.6）在描述关于群体选择的巨大争议时引用了汉密尔顿（Hamilton, 1975）书中的段落：

> 自从达尔文眼看着人们放弃以个体为中心的立场以来，生物学界出现了一种逐渐陷入粗俗群体选择主义的趋势。威廉姆斯（G. C. Williams, 1966）、盖斯林（Ghiselin, 1974）和其他一些人对此进行了巧妙的记录。正如汉密尔顿（Hamilton, 1975）所言：“……几乎整个生物学领域——不管是不是达尔文曾经慎重考察过的地方——都开始溃败。”直到最近几年，随着汉密尔

[1] 汉密尔顿之所以轻易接受了群体选择理论，是因为他的首要目标在于说明利他主义何以能够得到进化（该进化机制可能属于任意一种），而不是发现群体选择的替代项。

> 顿观念迟来的兴盛（Dawkins, 1976），这种溃败的趋势才得以遏止、好转。我们痛苦挣扎着回来，一路上被虚伪的、老练的、敬业的新群体选择主义后备军狙击，直到我们终于回到达尔文那里——那个我用“自私的有机体”这一标签描述的立场——从其现代形式看，该立场其实就位于内含适应性概念的领地之上。

考虑到汉密尔顿 1975 年那篇论文的真正内容，这段话实在是太奇怪了。群体选择之争包含了常规科学的核心，但它往往被超常规（paranormal）者完全遮蔽了。

根据汉密尔顿自己作品中（Hamilton, 1996, p.324）的说法，他 1975 年的论文还是太过超前了。这篇论文几乎没被引用过，而当它被引用时——就像之前道金斯引用它时那样——对于它的引用几乎完全没有反映出论文的真正内容。[1] 对 SCI 期刊的分析证实了汉密尔顿的猜想：在整个 1994 年，汉密尔顿理论的最初版本（Hamilton, 1964a-b）被引用了 115 次，但较新的（Hamilton, 1975）则只被引用了 4 次。对于进化论科学共同体的大多数人来说，亲选择理论在 20
世纪 60 年代便已成形，此后不可能再有任何实质性的变化，即使对 79
其创立者而言也是一样！既然进化生物学领域**内部**都呈现出这样的状况，那么其他学科中对进化论感兴趣的学者更会认为“作为理论存在的群体选择”早在多年之前便已与“真正的利他主义在自然中存在的可能性”一同化为灰烬了。

进化博弈论

博弈论是由经济学家和数学家在 20 世纪 40 年代开发出来

[1] 汉密尔顿对我们也有同样的抱怨！我们在最近一篇有关群体选择的论文中（Wilson and Sober, 1994）没有引用他 1975 年的论文，尽管我们在之前一些公开发表物中引用过了（e.g.,Wilson, 1977b, 1980）。

的，它的主要用途是预测人们在冲突时会采取怎样的行动（Von Neumann and Morgenstern, 1947）。在标准博弈论中，人们会一起玩一个带有竞争性的“游戏”，并在理性选择的基础上决定每一步行动。在 20 世纪 70 年代发展出的进化博弈论中，不同的行为选项就摆在那儿——它们简直就像由突变产生，并以达尔文式的方式相互竞争的事物一样。没人就“行为是否由心智引起”的问题提出过假设（Sober, 1985）。汉密尔顿（Hamilton, 1967, 1971a）是最早用博弈论来预测性别比例和其他性状之“无敌对策”的人之一。特里弗斯（Trivers, 1971）从博弈论观念中发展出了互惠利他主义（reciprocal altruism）概念。梅纳德·史密斯及其同事（Maynard Smith, 1982 对此进行了回顾）、阿克塞尔罗德和汉密尔顿（Axelrod and Hamilton, 1981）将博弈论看作用于研究社会行为之进化的主要理论框架。进化博弈论有时被称作 ESS 理论——它是“进化稳定策略”（evolutionary stable strategy）的缩写——该术语由梅纳德·史密斯所创。

人们开发进化博弈论的主要目标之一就是在不提及群体选择的情况下解释非亲属的合作行为。根据道金斯（Dawkins, 1980, p.360）的说法：“有一种普遍的误解认为，在组织的某个特定层面上出现的群体内合作，必然是群体间选择的产物…… ESS 理论为我们提供了一个更简明的替代项。”这句话的意思是说：既然合作行为在单个群体内也能得到进化，那么群体选择就再无用武之地了。但是进化博弈论真的只预设了一个群体吗？显然，***n* 人游戏**（n-person game）这个术语说明社会互动是在 *n* 名个体之间发生的。然而，用于探究合作之进化的博弈论模型所预设的并不是**一个**规模为 *n* 的群体，而是**许多**规模为 *n* 的群体。尽管他们很少清楚地使用这种描述方式，但在研究行为之表达时，他们实际上会假设这样的种群结构：大规
80 模种群中的个体全都分布在规模为 *n*，且彼此完全孤立的群体之中。就像鸟巢中的雏鸟一样，个体会受到自身群体内成员的影响，但绝不会受到其他群体内成员的影响。尽管他们通常会假定个体在多个

群体内随机分布，但是改变这一假说并不会对博弈论模型造成任何妨碍。当决定适应度的行为得到表达后，随着群体的解散，个体会重新回归到整个种群之中。此后，该过程将不断被重复。该种群结构与汉密尔顿（Hamilton, 1975）用普赖斯方程式描述、分析的种群结构完全一致。

为体现群体内和群体间的适应度差异，假设只存在两种行为，它们分别是利他的（A）和自私的（S）。此外，假设这些群体都仅由两名个体构成——尽管这些观念稍经扩展就能被用于更大的群体。个体的适应度取决于它如何行动以及它的伙伴是谁。现在再假设利他主义者会以牺牲自己 1 个单位的适应度为代价，为其伙伴增加 4 个单位的适应度。如果一个群体的两名成员都是利他主义者，那么它们就会通过利益交换，都得到 3 个单位的净增长。如果这是一个混合群体，那么利他主义者会损失 1 个单位，其自私的伙伴则会收获 4 个单位。如果群体内两名成员都是自私的，那么它们不会付出成本，也无法取得收益。框 2.3 中被称为“支付矩阵”（payoff matrix）的两行两列表格呈现了上述所有可能性。这些特定的数值对应于一个名叫“囚徒困境”（Prisoner’s Dilemma）的游戏。这个游戏中原本并不存在与进化相关的设定。然而我们应该能清楚地看到，这些数字也可以代表我们一直在讨论的利他性和自私性概念。

框 2.3　进化博弈论与多层选择

博弈论模型假设社会互动在规模为 n 的群体内发生。在每个群体内，个体的适应度由它自身的行为及其社会伙伴的行为所决定。当 $n=2$ 时，所有可能性都可以在一个 2×2 的支付矩阵中被描述出来。

在下面关于利他主义进化的博弈论模型中，利他主义者（A）会以自身损失 1 个单位为代价，为它的伙伴增加 4 个单位的适应度。当利他主义者与其他利他主义者配对时会获得 3 个单位的净 81

收益；而当它们与自私型（S）配对时则会损失 1 个单位的适应度。相对地，当自私型个体与利他主义者配对时会获得 4 个单位的收益；而当它们与另一名自私型个体配对时则会一无所获。适应度为 0 的意思并不是说动物会死亡，而只是在说，它的基准适应度不会因社会互动而发生改变。相应的支付矩阵大致如此：

		个体 2	
		A	B
个体 1	A	都得到 3	A 得到 −1，S 得到 4
	B	S 得到 4，A 得到 −1	都得到 0

显然，尽管利他主义在混合群体中的相对适应度较低（−1 对比于 4），但它会增加群体的适应度（6 对比于 3 对比于 0）。从多层选择理论的视角看，这是促成利他主义之进化的标准群体选择模型——其结果取决于群体内和群体间的变异量。然而，博弈论者通常只是跨群体计算个体平均适应度，并由此推断进化的最终产物：

$$W_A = p_{AA}(3) + p_{AS}(-1) \tag{2.7}$$

$$W_S = p_{SA}(4) + p_{SS}(0) \tag{2.8}$$

其中 p_{ij} 这一项是与 j 型互动的 i 型所占的比重（比如说，p_{AS} 就是与 S 型互动的 A 型所占的比重）。当群体随机形成，且 p 等于 A 型在整个种群中出现的频次时，则 $p_{AA}=p_{SA}=p$，且 $p_{SS}=p_{AS}=(1-p)$。在没有混合群体的极端情形中，$p_{AA}=1, p_{AS}=0, p_{SS}=0, p_{SA}=1$。许多博弈论者都总结说，当 $W_A > W_S$ 时，A 是由“个体选择”进化而来的，这显然是平均化谬误的一种体现。

“投桃报李”（Tit-for-Tat）是最著名的进化博弈论策略之一。其中个体（T）最初是利他主义者；但从第二轮开始，它就会复
82 制其伙伴在上一轮中的行为。下面就是 T 和 S（在每次互动时都

表现出自私性的个体）所构成种群的支付矩阵，其中 I 是每个群体内的平均互动次数。

		个体 2	
		T	S
个体 1	T	都得到 $3I$	T 得到 $-1I$，S 得到 $4I$
	S	S 得到 $4I$，T 得到 $-1I$	都得到 0

当 T 与另一个 T 互动时，它们会在所有 I 次互动中都保持利他性。当 T 与 S 互动时，它会在第一次被剥削，但是随后的互动过程中，它会反过来做出 S 那样的行为。相比之下，A 会在每次互动中都做出利他行为，因而造成数量为 $-1I$ 的个人损失，并为其自私的伙伴带来数量为 $4I$ 的收益。以多层选择理论的观点看，T 在混合群体内的相对适应度依然较低，它还是需要群体选择力量才能得到进化。然而，此时群体内的适应度差异远小于群体间的适应度差异。随机的变异已经足以让 T 通过群体选择进化出来了——只要 T 在整个种群中的出现频次跨过一定的门槛就行。

我们很容易就能计算出支付矩阵中的群体内和群体间相对适应度。尽管利他主义者在混合群体内存在很大劣势（-1 对比于 4），但是利他主义群体在表现上优于混合群体，当然也优于仅由自私个体组成的群体（6 对比于 3 对比于 0）。适应度为 0 并不意味着自私群体会灭绝。所有个体都被预设了相同的基准适应度，支付矩阵中的成本和收益会在这个基准适应度的基础上进行加减。最终进化的产物取决于反对利他主义的群体内选择与支持利他主义的群体间选择共同产生的相对强度，后者又取决于群体间变异的大小。因此这 83
个模型与之前在第一章中呈现的模型几乎并无二致——唯一的区别只在于群体规模较小。

但我们真的可以将一对个体称作群体吗？特别是考虑到它们在

短暂互动后将老死不相往来时。我们要始终牢记一点：进化博弈论是个颇具一般性的理论框架，它能将规模大小不同、持续时间不同的各种群体纳入模型。在汉密尔顿的性别比模型中，在后代相互交配前，群体会一直存在，我们要通过计算雌性“始祖”孙代的后代数量来测算收益。博弈论也曾被用于为毒性之进化建立模型，其收益测算方式是计算一个宿主中的“原住民”在好几代后所拥有的后代数量（Bremermann and Pickering, 1983 的第一章讨论了这个问题）。梅纳德·史密斯的干草垛模型也能轻而易举地被改写为博弈论模型。要实现一般性，我们就必须在整个理论框架，而不是某个特殊案例的基础上对术语进行定义。进化博弈论没有对群体持续时间做出限定，它所关心的只是“玩家”因其群体内互动而产生的适应度。因此我们没有理由拒绝将一个规模 $n=2$ 的短命群体称作群体，尽管它与赖特和霍尔丹所设想的群体相差悬殊。威廉姆斯夫妇（G. C. Williams and D. C. Willianms, 1957）和汉密尔顿（Hamilton, 1975）在思考那些只能于生命周期中持续一段时间的群体时，就已经朝这个方向迈进了一步。我们将在本章结尾处对群体的定义做更为细致的探究。

至此我们已经说明，在博弈论模型中，群体选择会偏爱利他主义，但我们并没有说明它是否会得到进化。进化博弈论用以回答该问题的手段通常是计算个体的跨群体平均适应度。由于个体在群体中分布方式的不同，一定比例的利他主义者会存在于 AA 群体中，其余那些则会在 AS 群体中被自私型剥削。同样，一定比例的自私型会在 AS 群体中享受剥削的果实，其余那些则要在 SS 群体中忍受另一个吝啬鬼的行为。所有这些力量的净效用会决定进化的最终产物。进化博弈论正是在此处透露出个体主义的味道。产生最高平均适应度的行为被认为是由个体选择进化而来的，群体选择则与之毫
84 不相干。群体在该模型中的存在被完全无视了。这是又一个彻底、朴素的平均化谬误。

让我们暂且搁置这些语义上的麻烦，把注意力集中在“A 是否

得到了进化”的问题上。如果我们假定个体在各个群体中随机分布，那么 A 就不会得到进化。套用多层选择理论的说法，这时群体内选择会强于群体间选择。用进化博弈论的标准语言来说，S 具有更高的平均适应度，因而会由个体选择进化出来。现在假定我们（比如说）通过设想每一对个体都是以近亲的方式增加了群体间的变异量（e.g., Wilson and Dugatkin, 1991）。那么套用多层选择理论的说法，此时群体间选择终将胜过群体内选择，利他主义也会得到进化。用进化博弈论的标准语言来说，现在 A 具有更高的平均适应度，因而会由个体选择进化出来。根据第二条进路，该模型最终进化出的任何东西都会被定义为自身利益，这就从定义上抹除了利他主义和群体选择的存在。

由于个体主义视角在博弈论者中盛行而导致的一个症状是，他们更倾向于使用“合作”而非“利他主义”一词。博弈论模型中用于决定 A 后续行为的方程式与汉密尔顿用于探究利他主义之进化的方程式根本就是同一个。尽管如此，进化博弈论者还是喜欢使用“合作”一词，这或许是因为合作更容易被想象成自利的形式。于是，同一个行为被贴上了不同的标签。

至此我们已经说明，当与群体间适应度相关的变异足够大时，（多层选择理论定义的）利他主义就能得以进化。然而，当利他主义在群体内的劣势微乎其微时，它也能获得进化。回想一下“投桃报李”（T）这个进化博弈论中最著名的策略。根据采用投桃报李策略的模型所做的假定，群体成员在其被遣散之前会重复不断地进行互动。T 在第一次互动时会做出利他行为，此后就会模仿其伙伴的上一个行为。这就意味着 T 在面对其他 T 时会一直实施利他行为；而当碰到那些始终实施自私行为的个体时，它们就会迅速切换到自私行为模式。根据框 2.3 中的第二个支付矩阵，我们能计算出群体内及群体间的相对适应度。T 在群体内的相对适应度依然较低——因 85
为它会在第一次互动中失败——但这种劣势在数量上会比 T 无条件实施利他行为时要小。就如之前一样，利他型群体（TT）优于混合群体（TS），而混合群体的表现比那些由自私个体组成的群体（SS）要好一些。如果我们用群体内适应度差异来定义利他主义的话，投桃报李也可以算作一种利他主义策略。然而从进化条件上看，T 比 A 所要求的群体间变异更小，因为它是一种较弱的利他主义形式。事实证明，即使群体间的随机变异也足以使 T 通过群体选择得到进化——至少当它在出现频次上跨过某个门槛时便是如此（Axelrod and Hamilton, 1981）。

对于那些已经习惯多层理论框架的人来说，他们要看出进化博弈论当中的群体，计算群体内及群体间的相对适应度，并在考虑各个选择层面收支的基础上确定进化的产物简直如同儿戏。我们只是再一次突出强调了这件事：进化博弈论是作为群体选择理论的替代项而被开发出来的——仿佛它调用了一组完全不同的过程。这种视角上的差异如此受人瞩目，以至于至今仍有许多进化博弈论者会反对将投桃报李看作由群体选择进化出利他主义的案例之一。不过其中至少有一个例外，那便是发明投桃报李策略之人。

投桃报李策略之所以出名，是因为它赢得了两届由罗伯特·阿克塞尔罗德（Axelrod, 1980a-b）赞助的“电脑博弈论锦标赛”。阿克塞尔罗德是密歇根大学的一名政治科学家，后来对进化论产生了兴趣。他邀请其同事提交了一些用于应对囚徒困境的行为策略，并让它们以达尔文式的方式相互竞争。在每一“代”中，这些策略会与其他策略对抗，每个策略的平均收益都决定了它们在下一代中出现的频次。投桃报李是多伦多大学的阿纳托尔·拉波波特（Anatol Rapoport）提交的策略，它最终在与众多其他策略的对战中脱颖而出。在此过程中，它当然也战胜了一些比它复杂得多的策略。接下来让我们看看拉波波特（Rapoport, 1991, pp.92-93）是如何评述“投桃报李是自利的一种体现”这一广为流传的阐释吧。在下面这段话中，C（代表合作）所指称的是表现出利他性的行动，D（代表背叛）指称的是表现出自私性的行动：

> 这些竞赛所带来的最有意思，也是最具教育意义的后果是：86
> 它导致人们最初对投桃报李策略成功原因的误解。提交这个程序的作者曾受邀对该竞赛做了几次报告。在随后的讨论中，许多人明显认为这个程序是“无敌的”……这种进化论解释上的意识形态承诺带来了史无前例的巨大影响。对我来说，阿克塞尔罗德那些实验最令人满意的结果是，它让人有机会指出“好人有时会得好报”这件事，并将此训诫纳入科学的视野……
>
> 利他主义往往被很自然地定义为以自身利益为代价为他人带来收益的倾向。但这个定义只能被用来描述一对个体之间的互动。在一个种群中，许多个体的利他行为可能会让个体获得收益——这些个体当中就包含了利他主义者。
>
> 现在回到囚徒困境竞赛的话题上来。其实我们只需稍加注意便能看出，投桃报李并非什么“无敌”策略；相反，要击败它简直易如反掌。在不断重复的囚徒困境中，一名玩家想要在分数上超过其余玩家，唯一的方式就是比他们更多次地使用 D；因为只有当你使用 D 而对方恰好使用 C 时，你才能获得更大的收益。但在接连不断的竞赛中，投桃报李根本不能比它的搭档更多地使用 D，因为你使用 D 的唯一条件是对方使用了 D。因此，在每次遭遇战中，投桃报李必然或平或败。它永远无法在遭遇战中获胜。
>
> 投桃报李策略在两届竞赛中胜出的原因在于，那些“更具攻击性”或者“更聪明”的策略会自相残杀……事实上，唯一无敌的程序是那种命令它无条件使用 D 的策略，因为除此之外没有任何程序能更多地使用 D。但在阿克塞尔罗德的竞赛中，两个全 D 型程序每次碰到一起时都只能得到 1 分，而两个投桃报李策略……每次都能得到 3 分。

据我们所知，拉波波特在写下这段话时并不知道多层选择理论。然而，他觉得很容易就能接受认为行为具有利他性的博弈论视角。之所以认为这些行为具有利他性，是因为它们虽然会在群体内被剥削，但还是会因为利他性群体比剥削者群体表现更好而得到进化。多层选择理论和进化博弈论之间只存在视角上的差别，而不存在过程上的差别。

自私的基因

87 威廉姆斯在《适应器与自然选择》（G. C. Williams, 1966）一书中阐述的重要观念之一就是把基因视作选择的基本单位。根据威廉姆斯的看法，如果一个实体要成为选择的对象，那么它必须能够准确地进行自我复制。基因和无性繁殖的个体具备这样的属性，有性繁殖的个体和群体则不然。这就让基因看起来比个体更加根本。此时，个体与群体一样，显得那么转瞬即逝且与进化毫不相干。理查德·道金斯（Dawkins, 1976, 1982）通过增强、扩展上述观念，形成了如今通常被称作“自私基因论”的东西。用道金斯富有奇幻色彩的话说，个体变成了受基因控制的伐木机器人，而那些基因唯一的兴趣就是进行自我复制。

自私基因论通常被认为是用来反对群体选择的决定性论证。就如下面这段引自亚历山大的证词所说：

> 威廉姆斯在 1966 年出版的专著中批评了所谓“当下某些进化思想”，并对生物学家未加批判地在任何看似方便的层面调用选择机制的做法进行了谴责。威廉姆斯的专著第一次用真正的一般性论证说明选择过程几乎从不会对除个体基因型中容纳“基因复制器”（genetic replicators）（Dawkins, 1978）的可遗传基因单元以外的任何东西施加影响。（Alexander, 1979, p.26）

这类推理成为以寥寥数笔提出并驳回群体选择问题的标准方式之一。然而，当人们对它进行回顾时，就会发现其中存在一个明显的问题。那些淘气的群体选择主义者认为群体与个体生物有一个相似之处：它们的部分都十分和谐、协调。既然有性繁殖的个体能在没有复制器的情况下变得和谐，那有什么理由说群体不行呢？如果复制器概念无法说明我们为何能将个体看作适应性单元，那么在能否将群体看作适应性单元的话题上，它又能提供什么帮助呢？

为了对个体生物层面的适应器进行解释，道金斯（Dawkins, 1976）被迫用一个他称之为“选择载体”（vehicles of selection）的新概念来强化作为复制器的基因概念。用道金斯的一个暗喻来说，有
性繁殖的个体所携带的基因就像赛艇队员——他们要在比赛中与其 88
他赛艇队员竞争，而赢得比赛的唯一方式就是与其他队员通力合作。同样，某些基因与其他基因一起都被“困在了”同一名个体内，它们往往只能以帮助整个集体生存、繁衍的方式来保证自己得到复制。正是这种命运共通的属性让自私的基因凝聚成作为适应性单元发挥功用的有机个体。

载体概念使自私基因论能够对个体层面的适应器做出解释，但它同样也为群体作为适应性单元的可能性留下了后门。既然个体能成为选择的载体，群体凭什么不能？当谈到适应度时，社会群体中的个体不也会发现他们“同在一条船上”吗？既然如此，为什么自私基因论不能在解释群体的进化时把它看作与个体一样的伐木机器人呢？

简而言之，尽管作为复制器的基因概念被很多人认为是用于反对群体选择的决定性论点，但它实际上与该主题**完全无关**。自私基因论并没有调用任何多层选择理论描述范围之外的过程，它只是用一种不同的方式来看待同一个过程。那些愚昧的群体选择主义者可能在每一个细节上都是对的，群体选择可能已经进化出了舍己为人的利他主义者或通过调整个体数目来防止资源过度开发的动物，以及诸如此类的存在者。自私基因论之所以说那些引发行为的基因是“自私的”，其理由非常简单：它们得到了进化，因此也就比其他基因更成功地获得了复制。但多层选择理论想要说明的问题却是：这

些行为是**如何**得到进化的。在生物层级系统的某处必然存在着适应度差异——它可能在群体内的个体间，也可能在整个种群的群体间，又或者在其他地方。如果自私基因论的基础仅仅是复制器概念，那么它甚至无法着手探究这些问题。载体概念才能将其指引到多层选择理论设法解释的那些问题上来。

下面让我们来看看自私基因论和多层选择理论如何能为同一组过程提供不同的视角。多层选择理论的一个优美之处在于，它能用同一组概念来审视生物层级系统每个层面上的自然选择过程。我们很容易就能在已经考察过的个体、群体层面之外再增添一个基因层
89 面。当个体中的基因存在生存、繁衍差异时，当群体中的个体存在生存、繁衍差异时，当整个种群中的群体存在生存、繁衍差异时，自然选择都会发生。直到不久之前，人们一直觉得在单个有机体内发生自然选择是件不可思议的事。有机体通常会被看作某种在其一生中保持同样的基因组合，并在有性繁殖期间忠实地以同等比例传播基因的稳定单元。我们将会说明，这种假定并不是完全正当的，而它**确实具有的**正当程度也需要得到解释。

在个体层面的标准选择模型中，一个遗传位有两个等位基因（A，a），它们可以通过组合形成三种二倍体基因型（AA，Aa，aa）。每种基因型都有相应的适应度（W_{AA}，W_{Aa}，W_{aa}）——它们决定了模型当中的进化结果。多层选择理论者会说，此时自然选择完全是在个体层面发生的。或者更确切地说，它是在单个群体内的个体之间发生的。Aa 基因型本身就是由 A 和 a 这两种基因组成的混合群体，从原则上说，它们可以具有不同的相对适应度。然而，减数分裂法则会使每个等位基因在配子中等比出现。该模型中，只有单个群体的个体之间才存在适应度差异。因此，根据我们的预期，基因的进化会导致个体像传统意义上的有机体那样行动，也就是那种被设计、筑造成以最大化其群体内相对适应度为目标的存在者。

自私基因论没有改变上述模型中的任何事实，它只是着重强调了“得到进化的是基因”这件事。尽管这个模型认为只有个体间

（而非个体内）存在适应度差异，但人们很容易就能通过平均化基因的跨个体适应度来确定进化的最终产物。得到进化的基因总是会比那些未能进化的基因具有更高的适应度——这正是“自私”一词的由来。自私基因论者会坚持认为基因是选择的基本单位，而个体只是选择的一个载体，因为从适应度上看，同一个体中的基因“同在一条船上”。

近年来，“个体是稳定（stable）遗传单元”的观点受到了挑战。基因越来越多地被看作独立的社会行动者——它们能以其他基因为 90
代价，增加其在同一个体中的数量。其中得到最充分研究的一类案例就是基因违背减数分裂法则，在配子中出现率高于 50% 的过程。它被称作减数分裂驱动（meiotic drive）（Crow, 1979; Camacho, et al., 1997; Lyttle, 1991）。这些基因通常会降低个体层面的适应度，当以纯合子形式出现时，它们甚至是致命的。多层选择理论者首先会寻求单一个体内不同基因间的适应度差异。在上述案例中，我们会发现该差异有利于减数分裂驱动基因。接下来要看的是群体内不同个体间的适应度差异，我们同样能找到这类差异——不携带减数分裂驱动基因的个体会比携带该基因的个体更好地生存、繁衍。多层选择理论者会得出“在不同层面发生的选择过程之间存在冲突”的结论，并通过进一步调查其相对强度来确定进化的产物。如果基因层面的选择强于个体层面的选择，那么这些基因就会得到进化，从而使个体适应度**降低**。

该案例与我们之前提到的利他性和自私性模型一模一样——我们只不过是将框架顺着生物层级系统下移，以考察个体中基因的相互作用，而非群体中个体的相互作用。我们已经习惯于“自私个体会让群体适应度下降”的观念，因此很容易就能理解“自私基因会让个体适应度下降”这件事。请注意，前面这句话中“自私”一词所指的并不是所有得到进化的基因，而是在更高一级单元内以牺牲其他单元为代价使自身获益的单元。

自私基因论者不会改变该模型中的任何事实，他会坚持说，所有这一切都是基因层面的选择过程。毕竟，基因是复制器——当一切该说的都说了，该做的都做了之后，我们看到的还是一个基因的平均适应度比另一个基因更高的现象。但他们不得不换一种方式来描述个体内和个体间的适应度差异——他们会说个体不再是选择的唯一载体。既然“自私”一词已经被用于刻画所有得到进化的事物，那我们就得找别的词来形容像减数分裂驱动基因那样通过个体内选择进化出来的基因，比如说“超自私”（ultra-selfish）（Hurst, Atlan, and Bengtsson, 1996）。

最后，我们能通过向上移动框架来考察传统的群体选择模型。
91 个体是稳定的遗传单元，利他主义者在群体内的相对适应度较低，但它们却能增加其所在群体的适应度。多层选择主义者会总结说，个体选择（或者更确切地说，群体内的个体间选择）青睐于自私性，而群体选择（或者更确切地说，整个种群内的群体间选择）青睐于利他性。进化的最终结果由这些对立力量的相对强度决定。

自私基因论者不会改变该模型中的任何事实，他会坚持认为自然选择发生在基因层面。毕竟，基因是复制器——当一切该说的都说了，该做的都做了之后，我们看到的还是一个基因的平均适应度比另一个基因更高的现象。但他们得换一种方式来描述群体内和群体间的适应度差异——他们会让群体也变成选择的载体之一。自私基因论者会说，这不是利他主义的案例，而是自私基因只“关心”自我复制这件事的又一个案例。他们会用“伪利他主义”（pseudo-altruism）（Pianka, 1983）、“相互利用”（mutual exploitation）（Dawkins, 1982），或“为实现自身利益而拒绝充满恶意”（Grafen, 1984）这样的措辞来替代“利他主义”一词。

行文至此，有些读者可能会提出这样的疑问：自私基因论究竟凭什么被看作一种“理论”呢？自基因被发现之日起，难道没有人认为它们在进化过程中扮演了根本性角色吗？在标准的教科书中，自然选择的定义不就是“基因频次的变化”吗？大量种群遗传理论不都在调查个体间适应度差异如何导致基因频次的变化吗？难道群体选择模型没有试着说明利他主义基因何以能因群体适应度差异而得到进化吗？长期以来，人们不是一直都认为基因是复制器吗？既然如此，这种不断强调得到进化的一直、始终、永远是基因的理论，到底有何特别之处？事实上，作为复制器的基因在所有生物进化模型中都是常量，而预测理论需要关注的是变量，即生物层级系统中随处可见的适应度差异。多层选择理论为识别这些差异（基因间 / 个体内、个体间 / 群体内、群体间 / 整个种群内等等），并衡量其相对强度提供了一个准确的框架。这些区分对自私基因论而言同样是必要的，但其核心概念——作为复制器的基因——并不能为此提供任何帮
助。所有这些工作都被丢给了随后出现的载体概念。可是这个概念的 92
发展程度根本不能与多层选择理论相提并论。

现在回想起来，我们很难想象威廉姆斯和道金斯如何能将这种强调基因是复制器的观念发展为用于反对群体选择的论证，也很难想象该论证何以会变得如此街知巷闻。我们用一句话就能把它给打发了：如果有性繁殖的个体、群体不是复制器，那么复制器概念根本就不能用来讨论它们之间存在的差异。事实上，所有被卷入这一争议的人现在都承认，群体选择是与载体而非复制器相关的问题（e.g., Dawkins, 1989, pp.292-298; Cronin, 1991, p.290; Grafen, 1984, p.76; G. C. Williams, 1985, p.8）。不幸的是，就像在其他各行各业中的情形一样，在科学中，过去留下的印象也是很难清除的。许多作者依然把自私基因说看成驳倒群体选择理论的快捷方式（例如在本章开头处引用的 Parker, 1996）。

什么是群体?

我们已经说明，所有用于作为群体选择之替代项的主要理论——内含适应性理论、进化博弈论、自私基因论——都只不过是从不同视角看待具有群体结构的种群之进化。然而，为了将它们都归入某个统一理论，我们必须为“群体”下一个清楚的定义。对达

尔文（Darwin, 1871）而言，群体是通过直接冲突而相互竞争的部落；对霍尔丹来说，群体是因不同比率分裂而相互竞争的部落；在赖特（Wright, 1945）那里，群体是在聚合为新群体时相互竞争的孤立种群；根据威廉姆斯夫妇（G. C. Williams and D. C. Williams, 1957）的观点，群体是只在一个世代中持续一小段时间的同胞群体；汉密尔顿（Hamilton, 1975）则认为，群体是任意一组个体——它会在个体生命周期的某个阶段形成，并会影响这些个体之间的适应度。

尽管这些例子看起来各不相同，但它们都共享一个能为群体提供简洁定义的统一主旋律。在上述情形中，群体都被定义为一组个体。它们只能彼此对某些性状的适应度造成影响，却无法对群体外个体的适应度产生作用。从数学上说，群体被表征为某个性状出现的频次，适应度则是该频次的函数。根据多层选择理论，任何满足
93 上述标准的组别都能被称作群体——不管它能持续多久，也不管群体间会以怎样的特殊方式相互竞争。

这个群体定义非常符合直觉。毕竟当我们说自己将与我们的保龄球小组、桥牌小组、学习小组共度一个夜晚时，我们所指的是将会与自己发生互动的那些人。如果你的学习小组中有人没读指定的材料，那么你就会感受到由此带来的后果。如果是图书馆里的另外某个人没有读过那份材料，那么你不会受到任何影响。那个人或许就与你们同坐一桌，但他并不是你们群体中的一员。我们也必须以此方式来思考生物学意义上的群体。在威廉姆斯夫妇（G. C. Williams and D. C. Williams, 1957）的模型中，亲缘群体只能持续小半代的原因在于那些同胞会散布出去并停止彼此间的互动。梅纳德·史密斯（Maynard Smith, 1964）模型中的干草垛具有多代性的原因则在于这些同胞不会散布出去。它们和它们的后代会继续彼此间的互动，其适应度也会继续受到群体最初基因构成的影响。在多层选择理论中，群体是**完全**（exclusively）以适应度的效用来定义的。关乎群体的其余事项，比如说它们的持续时间及它们与其他群体竞争的方式，都能从互动的性质中被推导出来。

尽管这个群体定义既简单又高度符合直觉，但是在思考多层选择问题时，我们必须牢记该定义蕴含的一些后果。人们在对有机体进行分组时常常会以空间邻近度为标准。对多层选择模型而言，这样的群体**可能**是合适的，也可能是无关的。图书馆里的人显然都会围坐在桌边，但这并不意味着共用一张桌子的人都是同一个学习小组的成员。同样，学习小组的成员为收集资料也可能周期性地散布于图书馆的各个角落，但他们仍旧是同一个群体的成员。某些个体之所以属于同一群体，是因为它们之间存在互动，而不是因为它们彼此邻近。我们在识别自然界中的群体时必须采取与识别人类群体成员时同样谨慎的态度。本书作者之一曾通过创造“性状群体”（trait group）这个新术语来强调“群体的定义必须建立在特殊性状互动的基础上”这个事实（Wilson, 1975）。

性状群体

以互动为基础对群体进行定义的第一个影响是有助于消除群体 94
选择和亲选择之间的混淆。假设有一种蝴蝶，它们每次会在树叶上产下一批卵，一片树叶上最多只有一批虫卵，虫卵孵化成的毛毛虫会在它诞生的那片树叶上度过整个幼年期。同胞间产生互动的原因在于它们别无选择。这样的种群结构符合威廉姆斯夫妇（G. C. Williams and D. C. Williams, 1957）的模型，因此我们预计利他主义将会通过群体选择得到进化。现在假设还有一种蝴蝶，其后代具有更强的机动性。它们会很快从自己出生的树叶那里散布出去，并与其他树叶上的虫卵所孵化的毛毛虫混杂在一起。然而，它们进化出了识别同胞并**只**对同胞表达某些行为的能力。根据梅纳德·史密斯（Maynard Smith, 1964）和威廉姆斯（G. C. Williams, 1992）的看法，只有第一个物种而非第二个物种的亲选择才能被看作群体选择的一种形式，因为后面那个案例中压根就不存在什么群体。可是如果我们以互动为基础来定义群体，那么我们就会发现这样的区分方式是错误的。只要我们关注的对象是同胞专属（sibling-only）行为的进化，那么第二个物种就与第一个物种具有相同的种群结构，用于模拟上述结构的数学方程式也不会有丝毫差别。在这两个案例中，一个突变的利他主义者都会生产出含有 50% 利他主义者的同胞群体。这个同胞群体的成员只会在彼此之间进行互动，而大多数非利他主义者会在不含有利他主义者的同胞群体中进行互动。“第一个物种根据空间划分群体，第二个物种根据行为划分群体”的事实，完全不会对同胞专属行为的进化造成影响。

以互动为基础对群体进行定义的第二个影响是，群体并不以离散边界（discrete boundaries）为必要条件。许多植物（以及某些动物）的散布范围有限，它们的后代都会被安置在父辈附近。尽管没有离散群体的存在，这类散布方式也会导致基因区块化的（genetically patchy）种群结构。用亲选择理论的话说，个体更有可能与近亲发生互动。用多层选择理论的话说，整个种群的基因组成在短距离内出现了很大程度的变异。这些区块是模糊的、无定形的，而不是离散的。
95 在许多代之后，它们会消解、重塑，像天空中的云朵一样在物理环境中随处飘荡。然而，利他主义在局部范围内依然处于劣势，区块间的生产力差异是其得以进化的必要条件。

多层选择理论最近引起了一项关于类植物（plant-like）种群结构的重大发现。自汉密尔顿（Hamilton, 1964a-b）以降，人们往往认为有限的散布有利于利他主义的进化，因为这会让近亲之间产生互动。然而根据多层选择理论，群体间的遗传变异并不足以导致利他主义的进化。如果各个群体一直相互独立，那么利他主义出现频次的整体提升就如同昙花一现——最终，个体选择会在每个群体内大行其道。利他群体必须将其子嗣输送到地图的其他地方，以保证利他主义顺利进化。这就是赖特（Wright, 1945）所设想的孤立群体没有像他所希望的那样有利于利他主义之进化的原因之一。事实上，类植物种群结构也存在同样的问题。有限的散布形成了利他主义与非利他主义的区块，由利他主义区块产生的许多后代往往会回到同一个区块，而不是被输送到该地的其他区域。与此同时，自私性会在局部占据优势，这就导致利他主义区块逐渐被自私型入侵者所吞噬。

如果我们能让植物散布到更远的距离，使利他主义区块能向外输出它们的生产力，那么区块化程度就会降低。有限散布对于群体选择来说有积极的一面（创建利他主义区块），也有消极的一面（限制那些区块的散布力）。这两种对立的力量刚好相互抵消，以至于有限的散布对群体主义之进化毫无影响（Queller, 1992a; Taylor, 1992; Wilson, Pollock, and Dugatkin, 1992）。类植物种群结构并不像汉密尔顿所希望的那样有利于利他主义的进化，就像孤立群体并不像赖特所希望的那样有利于利他主义的进化那样，二者的原因是相同的。直至 1992 年，人们将多层选择理论运用到该问题上时才发现这个事实。它被亲选择理论掩盖了近三十年，因为亲选择将基因相关度看作利他主义进化的唯一相关要素。该案例也说明了多层选择理论如 96
何能够识别利他主义（与之前所想的相比）**不太**可能进化，以及**更有**可能进化的情形。我们的目的并不是要宣称“群体选择和利他主义是无处不在的”，而只是为了证明：无论它们存在于何处，我们都能将其呈现出来。

以互动为基础对群体进行定义所蕴含的第三个影响是，群体必须以“具体性状具体分析”（trait-by-trait）为原则进行定义。继续我们先前所说的第一种蝴蝶的例子。假设突变的毛毛虫能够向植物注射一种化学物质，以弱化其防御力。即使每个亲缘群体都待在它们自己的树叶上，所有以该植物为食的毛毛虫也都会从该特殊性状中获益。由于此性状的出现，我们应该将群体定义为这棵植物上的所有毛毛虫。每种性状都有一个能自然界定群体影响的范围。

有时同一组个体会因其同时具有的多种性状而被归为群体，我们可以把有机个体看作一组基因。就大多数性状而言，这些基因彼此之间产生的效果比它们为其他个体的基因带来的效果要强有力得多。如果这些性状由个体选择进化出来，那么个体就会成为在许多方面都有很高适应度的单元，比如从觅食、求偶、内部生理过程等方面看都是如此。以此类推，蜂巢内部是一个由蜜蜂构成的群体。就大多数性状而言，同一蜂巢内的蜜蜂彼此之间产生的效果比它们对其他蜂巢中的蜜蜂所施加的要强有力得多。如果这些性状由群体选择进化出来，那么蜂巢在大多数情况下都会像“超个体”一样行动。然而我们也必须意识到，同一个群体中的适应器并不总是被捆绑在一起的。雌性偏向的性别比例之进化要求群体持续足够长的时间，从而保证“原住民”的后代在散布出去之前完成交配。许多物种都不具备这样的种群结构，因此进化出了平均的性别比。对于这个性状来说，群体选择或许是无关紧要的；可对于其他性状来说，它却可能是至关重要的——比如说抵御猎食者的性状——但它会要求一种全然不同的种群结构。即使单个有机体也并非在所有方面都具备适应性。像减数分裂驱动这种因基因层面选择而得以传播的性状，对个体而言可能是极为有害的。就该性状而言，个体并不是适应性单元，不管它在其他方面多有组织性。我们必须在“具体性状具体分析”的基础上对适应器和多层选择进行评估。有时同一个体或群体当中的适应器确实被捆绑在一起，但有时也不尽然。

97 这些观念能帮助我们澄清自私基因论中的载体概念。道金斯（Dawkins, 1976, 1982, 1989）认为个体是唯一一种好的选择载体，因为个体内选择发生的概率实在是小之又小。除却一小部分例外，基因提高其适应度的唯一方式就是增加整个基因组的适应度。这就意味着大多数群体并不是选择的载体，因为它们无法将群体内选择的程度控制在如此小的范围内（Sterelny, 1996）。但这个论证并没有以“具体性状具体分析”的方式来评价群体选择。此外，它还回避了“个体何以能从一开始便成为这样的好载体”这个实质问题。如今用于限制个体内选择的机制并不是什么令人愉悦的巧合——它们本身也是由自然选择进化而来的适应器。用于限制内在冲突的基因组想必比其他基因组适应度更高，因此这些机制就因基因组之间的选择而得到了进化。成为道金斯所定义的“好载体”并不是个体选择的**要求**，而是个体选择的**产物**。同样，就特殊性状而言，群体并不需要成为组织精良的“超个体”以求获得成为选择单位的资格。

个体是个很棒的选择载体，它能尽可能好地抑制其内部的进化力量——这个事实预示着，种群结构自身也能获得进化。一个性状能改变其他性状的影响范围、群体间变异大小、群体内潜在适应度差异等其他重要的多层选择参数。影响种群结构之性状与新种群结构所青睐之性状的共同进化，会引发一种关注在生物层级系统某一层面发生的自然选择过程，并把所有适应器都捆绑进同一个单元的反馈过程。有些进化生物学家提出，地球生命的历史中最重要的事件就是一系列原先自治的单元被整合为高级（higher-level）单元时产生的大转型（Maynard Smith and Szathmary, 1995）。分子在生命起源之初被组织成了“超循环”（hypercycles）（Eigen and Schuster, 1977, 1978a-b; Michod, 1983），遗传要素被整齐地置入了染色体内，原核生物（细菌）细胞形成了我们称之为“真核生物细胞”的复杂群落（Margulis, 1970），单细胞生物将自己构筑成了多细胞生物（L. 98
W. Buss, 1987; Michod, 1996, 1997a-b）。社会性昆虫则是低级单元整合为高级单元的一个新近案例（Seeley, 1996）。这种转型从来都不是完美的——不管每个单元如何紧密地被整合在一起，都会出现以该单元利益为代价而取得成功的“流氓成分”（rogue elements）。此外，每个重大的整合事件必定还伴随着成千上万的其他事件。在这些高级组织努力由低级组织中浮现出来的事件中，只有局部获得了整合。

统一理论与正当的多元论

不管是在科学中还是在日常生活中，从不同视角看待复杂问题都会颇有助益。在进化生物学中，内含适应性理论、进化博弈论、自私基因论就起到了这样的作用。我们不该把它们看作调用不同过程的竞争理论——它们之间并不存在非此即彼的关系——它们只是在以不同方式观察同一个世界罢了。当一个理论从它的视角出发获得某个洞见时，其他理论往往也能通过回顾来解释该洞见。只要我们能清楚懂得理论之间的关系，这种多元论就会是科学的有益组成部分。

对于过去三十年间的许多进化生物学家而言，有一个重要的理论已经从这个幸福的多元论大家庭中被除名了。群体选择被认为是一种确确实实调用了其他过程来解释利他主义之进化的理论，因此，它能被证明是错误的。此外，20 世纪 60 年代对群体选择的拒斥被看作一个分水岭，从此进化生物学家一劳永逸地将一种流行的错误思考方式打入天牢。很少有理论会像群体选择一样，以普天之下皆可听闻的声响被宣判死刑。

我们已经说明，对群体选择的拒斥反映出人们对过程和视角的巨大混淆。作为群体选择之替代项被提出的理论，只不过是用以考察具有群体结构的种群如何进化的不同方式而已。这不是我们一厢情愿的诠释——它在理论生物学家和其他对进化生物学的
99 概念基础最为熟悉的学者中间正在逐渐成为共识（e.g., Boyd and Richerson, 1980; Bourke and Franks, 1995; Breden and Wade, 1989; Dugatkin and Reeve, 1994; Frank, 1986, 1994, 1995a-b, 1996a-c, 1997; Goodnight, Schwartz, and Stevens, 1992; Goodnight and Stevens, 1997; Griffing, 1977; Hamilton, 1975; Heisler and Damuth, 1987; J. K. Kelly, 1992; Michod, 1982, 1996a-b, 1997; Peck, 1992; Pollock, 1983; Price, 1970, 1972; Queller, 1991, 1992a-b; Taylor, 1988, 1992; Uyenoyama and Feldman, 1980; Wade, 1985）。没错，我们认为，一旦理解了群体选择之争的历史，人们就不可能得出别的结论。所以我们在这一章中才会在概念和历史问题上投入同等的精力。

多层选择必须被纳入进化生物学家理论的多元化大家庭中。但这是否意味着每个人都是正确的，所有差异都只是语义上的问题呢？并非如此。如果多元论只能引发这种结论，那么它根本就毫无用处。为了得到更加有用的结论，我们应当设想这样一个问题：如果理论之间的关系从一开始就被理解得清清楚楚，那么与之相关的

争论会变成什么样呢?

达尔文已经认识到，在同一个群体中，与那些从不实施帮助行为的个体相比，帮助其他成员的个体所拥有的后代数量更少。他也认识到，与那些从不实施帮助行为的个体所组成的群体相比，帮助其他成员的个体所组成的群体所拥有的后代数量更多。这是第一个用于解释利他主义之进化的理论。所有后续理论都在以不同方式看待同一个过程，却没有提出与之相异的过程。因此，所有这些视角都应同意，利他主义——被定义为“减少群体内相对适应度却增加群体适应度的行为”——需要群体选择过程的参与才能得以进化。此外，所有这些视角还应同意，“利他主义**已经**得到进化”是一个得到大量文献支持的、关于大自然的事实。“利他主义只具有‘表面性’——它实际上是自身利益的一种体现”这样的断言几乎总是包含着对利他主义定义的曲解，而这些曲解通常源自平均化谬误。我们为进化上的利他主义给出多种定义可能有用，也可能没用。关键在于，我们要弄清楚自己正在使用的究竟是哪个定义，这个定义是如何与其他定义相关联的。

群体选择之争不但关系到利他主义之进化，还牵涉到对群体及其他作为有机体单元的高级实体的诠释。就像威廉姆斯（G. C. Williams, 1966）在多年前所指出的，与群体相关的适应器只能通过群体层面的选择过程进化出来。如果汉密尔顿在 1963 年以普赖斯方 100
程式的形式呈现他的理论，那么进化生物学家就只好给出这样的结论：群体选择是一股重要的进化力量，它为“将群体诠释为有机体单元”的做法提供了部分正当性。历史的变幻无法阻止我们今天得到上述结论，以不同方式看待多层选择过程的其他框架亦然。自然是一个由不同单元构筑而成的层级系统，自然选择过程会在该系统的多个层面上发挥作用。其他框架可以从不同视角检验这些事实，但如果认为它们不是事实，那可就大错特错了。

可惜的是，历史的无常为人们接受那些关于自然的根本性结论带来了巨大障碍。对群体选择的过早拒斥及其后续影响在 20 世纪

60 年代是一个如此惊天动地的大事件，以至于对大多数进化生物学家而言，此事根本不可能发生逆转。在最初的共识形成之后，那些可能带来重大改变的理论调整在短短数年后就几乎再也无法造成任何影响。科学变革本可以飞速前进，可它却渐渐变得步伐僵硬，甚至完全动弹不得。

我们认为群体选择之争能让那些想要搞清楚科学为何常常会背离“形成假说—检验假说”这一“常规”模式的人学到很多东西。我们希望这本书能成为更详细的历史分析和哲学分析的出发点。然而对我们而言，我们现在要做的是搁置这些问题，从混乱的过往中解放出来，去探索多层选择理论所蕴含的意义。

第三章　适应器与多层选择

适应器是一个强有力的概念——在一定程度上因为它比较便于 101
使用。如果人们知道某物被设计的意图，那他们通常就能细致入微地预测其属性——为实现其功能，它一定是以某种方式被构造起来的。这种思考方式彻底改变了我们对有机体的理解——它们被看作部分由自然选择设计的实体，其目标是在环境中生存、繁衍。当然，适应器概念也很容易被误用。如果某物并不是为实现某个目的而被设计的，或者说它是为实现另一个目的而被设计的，那么先前的详细预测就是错误且具有误导性的。进化生物学家的意见分歧通常是由对适应主义的使用和误用引起的。我们必须谨慎对待适应主义概念，就像我们处理火焰和原子能一样。

在《适应器与自然选择》（G. C. Williams, 1966）中，威廉姆斯曾试着为适应器研究制定戒律。他最有价值的洞见之一是：生物层级系统中某个层面的适应器未必在更高层面中也是适应器。同一个体中以其他基因为代价得以散播的基因通常会被归为疾病，说它们“像癌细胞一样扩散”或许并不仅仅是一种暗喻。那些让它们在个 102
体内取得成功的设计特征（design features）往往是于个体有害的。同样，那些让某些个体以同一群体内其他个体的利益为代价取得成功的行为，往往是不利于群体的。在人类生活中，我们都熟悉的一个特征是，个体的奋斗通常会导致社会的混乱。威廉姆斯强调说，当自然选择在生物层级系统的较低层面发挥作用时，上述结果就会频繁出现。大自然里应该满是那些适应不良的高级单元，因为自然选择会最大化其要素在那些单元内的相对适应度。如果我们无法在高层切实辨认出相应的自然选择过程，那就**绝对不**应在该层调用适应器观念。

我们几乎不同意威廉姆斯所说的任何东西，但在这一点上，我们举双手赞成。不仅如此，这还是一个需要经常强调的要点。正如我们在导论中所言，群体层面的功能主义是一个遍布于日常生活和诸多学术领域的重要思想传统。很多人都像预设公理一样假定社会、物种、生态系统都已通过进化达到了和谐状态。要理解该论证的脆弱性并不容易，可一旦理解了这一点，就会发现其中所蕴含的教训往往都不简单。

当适应器不存在时误以为其存在会带来严重的问题，而在适应器存在时误以为其不存在也同样是件糟糕的事。正如我们在第一、二章中所说，平均化谬误让许多进化生物学家忽视了群体选择——这些人如此自然地否认了群体层面适应器的存在——就如群体层面功能主义者接受其存在时一样自然。这一章的目标是重新为适应器研究制定戒律。因为只有这样，我们才能利用功能性思维的力量和简洁性来避免其中一系列陷阱。我们将刻画一种致力于在生物层级系统的所有层面中识别适应器的过程。多层选择理论将为我们提供新的洞见——对于其他视角而言，这些洞见并不是显而易见的。此外，该理论还为我们提供了一个用以理解人类进化的理论框架。

思考多个层面上的适应器

如果自然选择能在生物层级系统的多个层面上运作，那么对我们而言非常重要的一件事就是知道每个层面上的适应器大致是什么样的。接下来我们必须知道自然选择力量在每个层面上的相对强度，并依此确定进化的实际产物。我们会按步骤勾勒出用以
103 完成上述目标的程序，尽管我们并不想暗示这些步骤都应按我们所说的顺序进行，或者暗示所有这些步骤对于每个性状的研究来

说都是必需的。此处我们将不再用两个层面的选择（个体和群体）来刻画该程序，虽然这很容易就能被转化为多层级系统的版本。

步骤 1：以“群体选择是唯一的进化力量”为条件确定进化的产物会是什么

在这种情形下，那种用于最大化某个群体相对于其他群体之适应度的性状将得以进化。如果我们关心的是抵御捕食者的行为，那么我们可能会进行如下判定：为完成该目标的最佳群体组织至少需要一个人克制住食欲，以随时警惕周围环境中可能出现的捕食者。如果我们关心的是性别决定（sex determination），那么我们可能会判定：雌性数量压倒雄性数量的性别比能够实现群体适应度的最大化。如果我们关心的是寄生虫对其宿主的影响，那么我们可能会预测一个能让抵达新宿主的移民数量最大化的最优毒性程度。我们预测的细节会因特定物种在生物学上的差异而有所不同，“适应器是相对简单的概念”这句开场白并不等于可在无任何经验信息的情况下使用这一概念。请注意，以上对群体层面功能主义的演练并不要求群体选择**真的**是唯一起作用的力量；我们只想知道，**如果**它是唯一的力量，那么我们应当期待些什么。即使我们最终拒绝存在群体层面适应器的假说，那也必须先描述出它们的大致样貌才行。

步骤 2：以“个体选择是唯一的进化力量”为条件确定进化的产物会是什么

在这种情形下，那种用于最大化同一群体中某一个体相对于其他个体之适应度的性状将得以进化。如果我们关心的是抵御捕食者的行为，那么我们可能会进行如下判定：个体会试着调整自己的位置，让其他个体位于它和捕食者之间（Hamilton, 1971b）。如果我们关心的是性别决定，那么我们可能会判定：在群体内部，

生产同等比例的儿子和女儿是一种“无敌对策”。如果我们关心的是与寄生虫相关的问题，那么其最佳策略就是以最大比率将宿
104 主的生理组织转化为它们的后代。其中有些策略看上去显得目光短浅，但这正是威廉姆斯想要表达的论点——他强调适应性强的（well-adapted）个体不见得就会构成适应性强的群体。群体内自然选择所青睐的对象是由某块蛋糕的相对大小，而不是整个蛋糕的绝对大小决定的。就像步骤 1 中的情况，这种对个体层面功能主义的演练并不要求个体选择**真的**是唯一起作用的力量。我们只想知道，**如果**它是唯一的力量，那么我们应当期待些什么。

步骤 1 和步骤 2 利用了功能性思维的力量和简单性，却没有让人在适应器或多层选择的问题上承诺某个特定的立场。如果我们所讨论的性状从任何意义上说都没有很强的适应性，那么上述两种预测就都不准确。如果我们研究的性状是由自然选择进化出来的，那么步骤 1 和步骤 2 就支持了这些可能性。自然中可见的性状大多处于两个极端之间——它们既不是由纯粹的群体内选择进化出来的，也不是由纯粹的群体间选择进化出来的。该程序的下一个步骤是确定不同层面选择力量之间的平衡状况，但在此之前，让我们先对已经取得的进展做个总结。步骤 1 和步骤 2 迫使人们分别去思考群体内个体的相对适应度和整个种群内群体的相对适应度，从而避免了平均化谬误。此外，步骤 1 和步骤 2 在预测上所呈现的差异往往会大到让人们在继续步骤 3 之前，预先对关于群体选择和个体选择的问题进行初步经验检测的程度。比如说在谈论性别决定时，步骤 1 预测的结果是带有高度雌性偏向的性别比，步骤 2 预测的结果则是均等的性别比。如果我们看到的是包含 75% 女儿的性别比，那么正如汉密尔顿在 1967 年的论文中所指出的那样（见第一章），个体选择和群体选择在其中**都**扮演了重要角色。[1] 如果进化生物学家将步

[1] 加入其他因素会使性别比问题变得复杂。比如说，群体选择会极力促成一种使雌性偏向到达最大程度的性别比例；其限制条件是，少数雄性应使所有雌（转下页）

骤 1 和步骤 2 用到他们最近三十年所研究的一系列行为上，那么他们就会看到，真正的有机体会频频背离步骤 2 的预测，指向步骤 1 所示的方向。

步骤 3：调查每个层面上自然选择的基本要素

自然选择有三个基本要素：一是单元间的表现型变异；二是可
遗传性；三是与表现型变异对应的生存、繁衍上的差异。为确定不 105
同选择层面之间的平衡状况，我们必须在每个层面上都对这些要素
进行考察。

步骤 3a：确定群体内和群体间表现型变异的模式。在生物层级系统的所有层面上，单元在经受自然选择的筛选之前必然是互不相同的。如果有这样一个种群结构，其中各群体内的所有成员都完全相同，而群体之间则互有差别，那么该种群就是最有利于群体选择的。同样，当群体中的成员彼此不同，而各群体的成员构成方式完全相同时，自然选择就只会在个体层面上发生。在这两个极端之间还有各式各样的种群结构，它们的表现型变异能被分解为“群体内”和“群体间”两个组成部分。

大多数进化论模型都预设基因与行为之间存在直接联系。人们之所以会做出基因决定论的假设，并不是因为它必然为真，而是因为它能简化模型。在第一章中我们提到过，数学模型需要简单化假设，但这样做有时也会因为遗落某些重要的东西而产生误导。现在是时候对多层选择模型中的基因决定论假设提出质疑了。假设基因和表现型性状之间的直接联系对群体内和群体间表现型变异的区分具有重大意义。比如说，造就表现型同质群体的唯一

（接上页）性受精。如果 25% 的雄性应使所有雌性受精，那么包含 75% 女儿的性别比反映的就是纯粹群体选择的结果。因为缺少详细的生物学信息，所以完成该过程中的步骤 1 和步骤 2 也只是对群体选择和个体选择的初步检验。

方式就是形成基因同质的群体。利他主义之所以受到亲选择模型的青睐，是因为其中表现型上的相似性会与基因相似性共进退。如果群体是随机形成的，那么群体间表现型变异量就会随群体规模的增大而减小。随机形成的规模为 $n=100$ 的群体应该会比随机形成的规模为 $n=2$ 的群体更具相似性。这些通常被认为是理所当然的结论，并不比基因决定论这个简单化假设好到哪儿去。

或许在某些情形下，基因决定论的确是一种好用的理想化假定，但它不太可能成为群体间表现型变异问题的最终结论。事实上，当我们在实验室里观察真正的有机体群体形成过程，并实际测定基因变异和表现型变异之间的关系时，基因决定论的不足之处便
106 会得到揭示。在一个经典的实验中，韦德（Wade, 1976, 1977）通过从拟谷盗（flour beetles）的实验室大种群中随机挑选 $n=16$ 名个体并将其置于装有面粉的小瓶中进行繁衍的方式，创建了数个群体。37 天后，韦德测算了每个群体生产的后代总数，并将其看作群体层面的表现型性状。如果以标准方式来思考这项实验，人们就会假设一种具有个体差异的“多产基因”。有些群体碰巧会得到更多的多产基因，而这就解释了为何各群体后代数量会有不同。群体间的表现型变异理应十分微小，因为每个群体都是通过在无亲缘关系个体的大样本中随机取样而形成的。

然而实际结果并不符合上述预期。群体间的表现型变异非常巨大，其范围横跨生产力最低群体的 118 名后代到生产力最高群体的 365 名后代。在一系列后续实验中，韦德（Wade, 1979）及麦考利和韦德（McCauley and Wade, 1980）都证明，群体生产力不只是个体多产性的算术总和——它反映了众多性状之间的复杂互动，包括发育速度、同类相残行为、对聚集的敏感度等性状。[1]

---

[1] 所有这些正在发生交互的性状都可能是由基因决定的，就像在更简单的模型中，被选择的性状被认为是由基因决定的一样。可一旦认识到该案例中被选择的性状是由其他（由基因决定的）性状之间的互动所引发的，我们就从以朴素基因决定论为基础的模型那里迈出了一大步。

这些复杂的互动使各群体最初在主要性状上的微小差异转变成群体生产力上的巨大差异。

事后想想，上述结果也没有什么值得惊讶的。在生物学层级系统的所有层面中，基因为大量性状提供了编码——这些性状通过相互作用以及与环境互动的方式产生了受自然选择影响的表现型性状。众所周知，微小的遗传差异（有时只与一个等位基因相关）可能在发育过程中被放大为巨大的个体间表现型差异（Rollo, 1994）。同样，群体间微小的遗传差异也可能在社会和生态互动中被放大为巨大的表现型差异。这两者都是关于初始条件敏感依赖性的案例，在这类依赖性的作用下，甚至连复杂的物理系统（比如天气系统）都会变得怪异且无法预测（Gleick, 1987; Wilson, 1992）。当然，我们还必须知道这些差异是不是可遗传的，但当我们仅谈论自然选择的**第一**要素时，群体在表现型上的变异通常比标准进化论模型所说的要大。

人类群体中基因变异与表现型变异之间的关系就更为复杂了。由毫无基因关联的人所构成的大群体也能以统一的方式行动，当
行为受社会规范调节时尤为如此。即使在几乎或完全没有基因差 107
异的情形下，人类群体间也可能存在重大的表现型变异。这些群体间表现型变异并不能保证群体选择在人类进化过程中发挥作用，因为这还要求自然选择的其他要素——性状的可遗传性和与性状对应的适应度差异——也在群体层面呈现。不过显而易见的是，当我们只谈论表现型差异这个**第一**要素时，标准进化论模型所辨认的因素只是其中一小部分罢了。如果群体选择对人类进化而言一直都显得无关紧要，那么其原因并不在于群体间表现型变异的缺失。

步骤 3b：确定表现型差异的可遗传性。在生物层级系统的所有层面中，只有当表现型差异具备可遗传性时，自然选择才会造成进化上的演变。达尔文将遗传定义为子女与其父母相似的倾向（tendency）。在给出上述定义时，他对遗传的根本机制一无所知。今天我们知道许多能让子女与父母相似的遗传机制。不过可遗传性

概念的适用范围并不局限于遗传机制。文化过程也能让子女与他们的父母相似——这类可遗传变异同样为自然选择提供了原料（Boyd and Richerson, 1985）。

父母和子女显然是存在于个体层面的事物。那么当这些概念被用于群体层面时，它们又表达怎样的意义呢？霍尔丹设想了一种因旧群体分裂而形成新群体的种群结构。在这个案例中，我们能轻而易举地追溯这些群体的祖先；但在其他一些情形下，旧群体只是解体为一大群散布者，以此为新群体形成的基础。梅纳德·史密斯（Maynard Smith, 1987a-b）认为我们无法在这类种群结构中追溯群体的祖先，并因此推断群体层面的可遗传性不存在。

以某些简单案例来澄清个体层面可遗传性概念的方法有助于解决上述问题。假设一个与身高相关的基因座上有两个等位基因。基因型 AA 代表高大，Aa 代表中等，aa 代表矮小。要想知道该性状是否具备可遗传性，我们就得将父辈的身高与其子女的身高相关联。
108 当 AA 与另一个 AA 交配时，其所有子女都是 AA。当 AA 与 Aa 交配时，其子女是 AA 与 Aa 混合的基因型。当 AA 与 aa 交配时，其所有子女都是 Aa。因此，由于配偶的不同，AA 父辈会生产出 AA 与 Aa 混合的子女。以此类推，Aa 父辈会生产出所有三种基因型，而 aa 父辈会生产出 Aa 和 aa 混合的基因型。

接下来我们必须计算每种父辈基因型所生产后代的平均身高。图 3.1 的左图就是一个很好的案例。它假定交配是随机进行的，每个等位基因在种群当中出现的频次相同。AA 后代的平均身高比其父辈要矮，这是因为它们当中既有 AA 个体，又有 Aa 个体。同样，aa 后代的平均身高比其父辈要高，这是因为它是 aa 与 Aa 的混合体。尽管如此，父辈身高与子女身高之间依然是正相关的。从平均值看，AA 的后代比 Aa 的后代要高，而 Aa 的后代又比 aa 的后代要高。这就意味着该性状是**可遗传的**。如果我们选择最高的（或最矮的）个体作为下一代的父辈，那么其后代的平均身高就会增加（或减少）。

现在让我们对该案例稍作修改，使其成为图 3.1 的右图所示的样子。假设 Aa 基因型代表高大，AA 和 aa 基因型都代表矮小——当杂合子具有提高成长速度的生理优势时就会呈现出这样的状况。像之前一样，AA 父母会生产出 AA 和 Aa 混合的后代，Aa 父母会生产出所有三种基因型混合的后代，aa 父母则会生产出 Aa 和 aa 混合的后代。然而，在当下的情形中，父母身高和它们后代的平均身高之间并没有关联。如果我们选择最高的个体（Aa）作为下一代的父辈，那么它们通过交配会生产出与前一代相同的三种基因型（AA，Aa，aa）。如果我们选择的是最矮的个体（AA，aa），那么它们也会通过随机交配生产出同样的基因型（相同基因型交配生成纯合子，不同基因型交配生成杂合子）。父母与后代之间不存在关联，该性状是不可遗传的，该性状的出现频次也不会在自然选择的作用下得到进化。

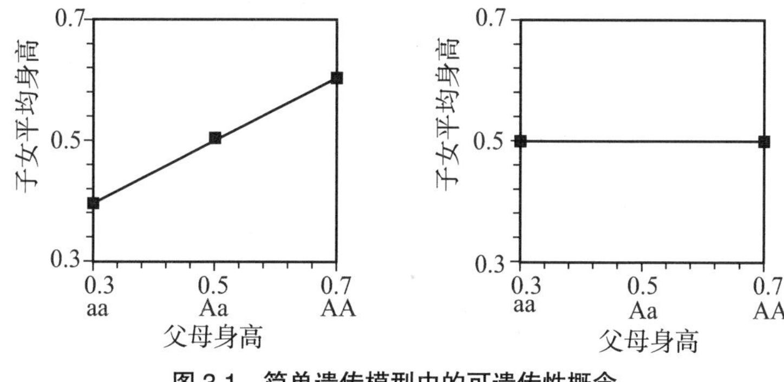

图 3.1　简单遗传模型中的可遗传性概念 109

注：在左图中，AA 基因型表示高大，Aa 基因型表示中等，aa 基因型表示矮小（任意数量单位均可）。尽管有性繁殖会创造出与父母不同的后代，但父母与子女的平均身高依然正相关。在右图中，Aa 基因型代表高大，AA 和 aa 基因型代表矮小。此时，尽管身高依然由基因决定，但父母－子女之间的相关性已不复存在。在这两个图中，等位基因 A 出现的频次都是 0.5，交配行为则都被设定成随机的。

请注意，在上面两个例子中，表现型是完全由基因型决定的。这说明了为什么可遗传性概念与基因决定论的概念有所不同。[1] 第 110

[1] 基因对性状的决定有时指的是“广义的可遗传性”。与之相对的是父母与子女间的相似性，即“狭义的可遗传性”（Falconer, 1981）。要对选择力量做出回应，就必须具备狭义的可遗传性。

二个案例中身高不具备可遗传性的原因在于，我们将基因型与表现型之间的关联复杂化了。其中矮小性是由两种基因型（AA，aa），而非一种基因型引起的，这些基因型当中的基因在进行各种组合的过程中也可能产生高大性（Aa）。此时，有性繁殖会使矮小的父母生出高大的子女，反之亦然。

在通常情况下，基因真正的相互作用十分复杂，我们对其所知甚少，确定可遗传性的唯一方式就是进行实验。比如说，我们可以测量实验室果蝇种群的翅膀长度，并以翅膀最长的那些个体作为下一代的父辈。如果其后代翅膀的平均长度比前一代更长，那么该性状就是可遗传的。对选择的回应即是对可遗传性的证明。这些实验中出现的典型状况是：翅膀长度（或其他某些性状）会在数代内持续增长，但在到达某个平稳期后，它就不再对选择做出回应。此时翅膀长度可能仍旧由基因决定，翅膀长度的变异也可能依然存在；可是一旦到达平稳期，父母与子女之间的关联就会消失。或许与翅膀长度相关的基因互动既包含我们第一个例子所代表的简单模式，又包含我们第二个例子所代表的复杂模式。简单的基因互动会引发最初对于选择的回应，但在这些基因进化的过程中，可遗传变异也会逐渐衰竭，最后剩下的就只有不可遗传的变异（Falconer, 1981）。[1]

现在，我们就能参照这一背景对群体层面的可遗传性概念进行评价了。为了让例子看起来尽可能简洁，让我们设想一个无性种群，其中高大个体（A）和矮小个体（a）各占一半。这些个体在规模 $n=4$ 的群体中度过幼年期，并在成年后散布出去。它们的后代在随机形成的新群体中定居前会完全混杂在一起。我们所关注的平均身高是群体层面的表现型性状。我们在测量许多群体的平均

---

[1] 在选择实验中所达到的平稳期可能由连锁不平衡（linkage disequilibrium）和加性方差（additive variance）引起。对这些概念的详细解释，请参阅法尔科纳的作品（Falconer, 1981）。

身高后得到了像图 3.2 中第一幅那样的分布图。有些群体非常矮小（aaaa），有些群体非常高大（AAAA），大多数群体则介于这二者之间。现在我们想要知道这种群体层面的性状是不是可遗传的。假设我们对 AAAA 群体中的所有成年者进行跟踪调查，并在下一代群体中找出它们的子女。因为它们随机定居，所以我们会在 Aaaa、 111
AAaa、AAAa 以及 AAAA 群体中找到它们，但它们不会出现在 aaaa 群体中。我们可以将这些群体都看作 AAAA 这个父辈群体的“后代”，并依次计算其平均身高。如果我们对其他父辈群体（AAAa、AAaa、Aaaa、aaaa）也进行同样的调查，那么就能在群体层面构造出父母－子女相关性——就如图 3.2 中第二幅图所示。这种相关性是正向的（较高的父辈群体会生产出较高的后代群体），这就意味着“平均身高”这个性状在群体层面是可遗传的。

当然，进行这些实际测算可能会是件枯燥乏味的事，重点在于从原则上说这样做是可能的。梅纳德·史密斯（Maynard Smith, 1987a-b）并没有说测算群体层面的可遗传性是一件**困难**的事，他的主张是可遗传性概念压根就不能用在这里。此外，我们还能用一种更便捷的方式来测算群体层面的可遗传性。我们可以在实验室进行群体选择实验，它在所有方面都可以与那上百种已在个体层面进行的人工选择实验完全一致。继续说我们的案例。假设我们挑选出所有平均身高以上的群体，并将其作为下一代群体的父辈。请注意，我们现在是在群体层面而不是个体层面进行挑选。我们挑选的许多群体都含有 A、a 两种个体，它们会有同样数量的后代。尽管如此，我们挑选了那些最高群体这件事会促使后代群体的分布往身高增加的方向发展，就如图 3.2 中第三幅图所示。因为对选择力量有回应是可遗传性的证明，所以“平均身高”这一性状在群体层面是可遗传的。

112

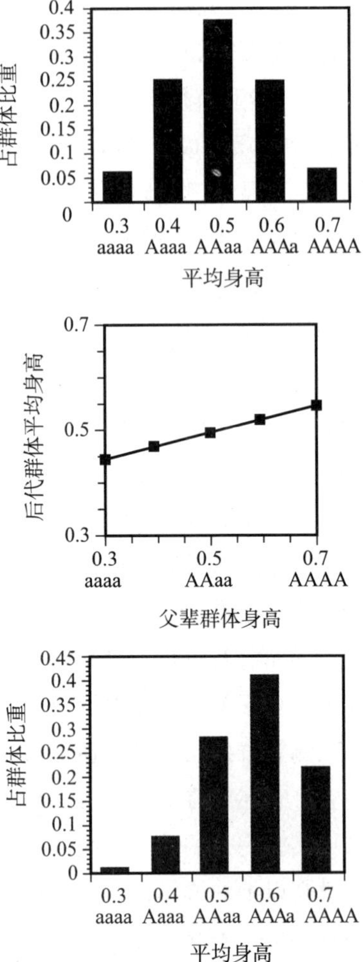

图 3.2　群体层面的可遗传性概念

注：无性个体要么是高大的（A），要么是矮小的（a）。在其生命循环的一个阶段内，个体被随机分布在规模 n = 4 的诸群体中。位于顶部的柱状图所呈现的是“平均身高”这一群体层面性状的表现型分布。第二幅图说明“父辈”群体与所有源自它的“后代”群体在平均身高上的相关性。斜率为正数意味着身高在群体层面是可遗传的。另一种用于证明可遗传性存在的方式是进行人工选择实验。如果身高在平均水平之上的群体被选作下一代群体的“父辈”，那么它们所生产出的“后代”群体的表现型分布就会如第三幅图所示。对选择做出回应就代表“平均身高”这个群体层面的性状是可遗传的。

这个例子说明可遗传性概念适用于生物层级系统的所有层面。

我们可以用不同词语来描述其开端与终结——群体“形成”并“解散”，个体“出生”并“死亡”——但无论群体还是个体都参与到一代又一代的循环之中。在这两种情形下，追溯祖先这件事都是有可能完成的；尽管对于群体而言，其难度会更高一些。同样，在两种情形下，我们都有可能通过实验来考察性状对选择力量的回应情况，并据此测算其可遗传性。

多层选择实验已在实验室中开展了二十余年。它起始于之前提
到的韦德著作（Wade, 1976, 1977）中的经典实验。[1] 在构成群体并测 113
量了“37 天后的后代数量”这个性状后，韦德以它们的表现型为基础在所有群体中进行了选择。在第一个方案中，只有生殖能力最强的群体被作为下一代群体的“父母”。在第二个方案中，群体对下一代的贡献与它们的生殖能力成正比。在第三个方案中，生殖能力最弱的群体被选作“父母”。最后，在第四个方案中，每个群体不管生殖能力强弱，都会为下一代贡献相同数量的后代。个体选择在所有四个方案中均有发生，它偏向于那些能最大化群体内相对适应度的行为。群体选择则会偏向于第一、二个方案中的强生殖能力和第三个方案中的弱生殖能力。它在第四个方案中没有起作用，因为其中所有群体都被迫具有同样的适应度。第三个方案所展示的是韦恩－爱德华兹在其 1962 年的著作中设想的情形，其中生殖能力最强的群体趋于灭绝，较为“慎重”的群体才能继续繁衍生息。

如果群体层面不存在可遗传性，那么这四个方案都不应受群体选择力量支配，而应彼此相似。但事实上，在经过九代之后，相关性状对群体选择的回应如此强烈，以至于**第一个方案中的一般群体在生殖能力上比第三个方案中的一般群体高出八倍有余**。此外，自韦德之后，**所有**在实验室中进行的多层选择实验都表现出了对群

[1] 家系选择（family selection）在农业遗传学中的实践是一种可以追溯到 18 世纪养牛业的人工群体选择。达尔文（Darwin, 1859）对于家系选择的实践非常熟悉，并曾用它来解释蜜蜂利他行为的进化。韦德则是第一个在实验室中检验现代群体选择理论的人。

114 体选择的回应——其中甚至包括一些群体间遗传差异较小的案例（Goodnight and Stevens, 1997 对此进行了回顾）。

群体选择的批评者们有时会拒绝实验室中实验得出的结果，其理由是它们对于“自然界中是否存在群体选择”的议题而言太不自然了。为评价这类批判，我们必须区分群体选择的**强度**（intensity）和群体选择的**回应**（response）。只允许生殖力最强的（或生殖力最弱的）群体为下一代群体贡献后代，确实是群体间选择的一种极端情形——它或许会，也或许不会在自然界中普遍出现（见下一节）。然而，在实验室实验中观测到的那些对群体选择的回应足以证明，群体间的表现型变异在一定程度上是可遗传的。我们没有理由假定实验室中的群体架构与自然界中的群体在这方面有所不同。

没错，群体层面的性状在实验室实验中所表现出来的可遗传性通常比那些基于简单遗传模型的预测结果要高。或许某些在个体层面导致**非遗传**变异的复杂相互作用却会在群体层面引发**可遗传**变异（Goodnight and Stevens, 1997）。因此，像“低生育力”这样的性状可能会在减少群体内相对适应度的同时，增加群体本身的适应度。如果只考虑表现型变异，那么我们也许会做出这样的预测：因为个体选择力量更强，所以该性状不会获得进化。但实验告诉我们，这样的性状其实能够进化出来，因为它们在群体层面的可遗传性比在个体层面更高。那些对基因型－表现型关系做简单假定的理论模型根本无法预料这样的结果。[1]

所有层级中人类行为的可遗传性都会因遗传过程之外的文化过程而被大大地复杂化（Boyd and Richerson, 1985; Durham, 1991; Cavalli-Sforza and Feldman, 1981; Findlay, 1992）。行为通过文化传播并不意味着它们是不可遗传的。人类群体间的文化差异通常会在很长一段

[1] 表现型变异之所以会在个体层面表现出非遗传性，而在群体层面表现出可遗传性，这其中的原因技术性太强，我们无法在这本书中对其进行讨论。最近，古德奈特和史蒂文斯对该话题进行了回顾（Goodnight and Stevens, 1997）。

时期内保持稳定，并如实传递给之后的群体。它们的可遗传性体现
为后代单元与其父辈单元之间的相似性；而对自然选择来说，这正
是唯一重要的东西。我们将在第四、五两章中详细探讨文化群体选
择。当前的结论是：我们必须在生物层级系统的各个层面对可遗传
性进行评估。我们没有理论上的原因去怀疑群体层面可遗传性的存 115
在，与之相关的实验证据也充分得惊人。最后，内含适应性理论、
进化博弈论、自私基因论，根本无助于围绕“群体可遗传性”这一
自然选择的第二个基本要素所展开的研究工作。当这些视角被看作
群体选择的替代项时，是多层选择理论将它们完全忽视的问题提上
了议程。

步骤 3c：确定群体内和群体间表现型变异在适应度上的后果。如果可遗传变异存在，那么单元的生存、繁衍差异就会导致进化上的变化，使其属性会更“适合于”（fit）环境。这种关系正是所谓的“适应”（adaptation）。进化变化率和某一层面的自然选择战胜对立力量的程度是由选择强度决定的。比如说，韦德（Wade, 1976, 1977）的实验中包含了两种确保高生殖力的群体选择方案。第一个方案采用了截断选择（truncation selection）的形式——只有生殖力最强的群体会影响到下一代。第二个方案则是一种较为温和的群体选择形式，其中每个群体所做的贡献都与其生殖能力相称。在这两个方案中，我们都能观测到对群体选择的回应；不过第一个方案中的回应更强，因为其中群体间的适应度差异更大。

就像我们在前一节中提到的，有时人们会批评韦德等人的实验，其理由是他们所利用的群体选择形式比自然界中可能存在的形式更为极端。对该批评的最佳答复是：我们已在实验室实验中观测到了**一系列**对于群体选择的回应，其选择强度涵盖了由强到弱的整个范围。而另一点值得说明的是，有时自然界中的群体选择确实与最极端的实验室实验强度相当。沙漠中的一种切叶蚁（学名：杂色切叶蚁［Acromyrmex versicolor］）就能给出一个与韦德实验十分相似的极端群体选择案例（Rissing, Pollock, Higgins, Hagen, and Smith,

1989）。当蚂蚁聚集到一个高度同调的交配虫群（mating swarm）中，它们会在能够阻隔热量的树荫下形成一簇簇新的蚁群。这些由多个雌性建立的新蚁群就是该案例中的群体。大多数其他种类蚂蚁的蚁
116 后都会用脂肪储备来养育第一代工蚁；杂色切叶蚁则不然——它们的蚁后必须去搜寻一些叶子来创建新的菌圃。这项任务并不是平等地落在每个蚁后身上的，它会由一个蚁后完成，这个蚁后会在搜寻叶子这件事上变得越来越熟练。从蚁群的立场看，只让一名个体进行搜寻是合理的，毕竟熟能生巧。然而在地上觅食显然是一项危险的活动，它会大幅降低该专业觅食者相对于其他蚁群成员的适应度。简言之，专业觅食活动在使群体获益的同时也与群体内的选择力量对立。

或许有人会假设说，这些共同创立蚁群的蚁后具有基因相关度，因此专业觅食行为是由亲选择进化而来的。然而研究发现，这些蚁后之间并**没有**基因关联。此外，那些个体也不是因为受社会力量的支配而被迫成为专业觅食者的。事情的真相似乎是群体层面存在着一股很强的截断选择力量。第一代工蚁一经出现就会去突袭其他新蚁群的母巢。一个聚居地中只有一个蚁群能够生存下来并最终成熟。专业觅食行为会加速新工蚁的诞生，从而使该蚁群在与其他蚁群的竞争中独占鳌头。

这个自然界中的例子与韦德的实验室实验惊人地相似。就像在培养器中有许多拟谷盗群体那样，在树荫之下，我们有许多初生的蚁群。就像“37 天后的后代数量”那样，我们有“工蚁的出现速度”这个性状。就像韦德在第一个方案中挑选了生殖力最强的群体，自然选择青睐于树冠之下发展速度最快的那个蚁群。没错，专业觅食行动在群体内具有一定劣势，但它也会在群体层面带来更大的优势。总而言之，在任何有关进化产物的调查研究中，除表现型变异和可遗传性问题外，我们还必须将每个层面自然选择的强度纳入考虑范围。

一个假想研究

至此，我们已经勾勒出多层选择研究的整个程序。下面让我们看看它如何能被应用于一个假想的案例。假设你在研究一种致病有机体。你对它的生物学机制有足够的了解，能确定哪个层面的繁衍 117
能使其后代进入新宿主的数量最大化（步骤 1）。此外，你还辨认出一种繁殖速度快得多的菌株——它会很快取代同一宿主中那些较为“慎重”的菌株（步骤 2）。你在研究这种疾病的种群结构时发现大多宿主都被大量繁殖体感染，这就增大了群体内选择的机会。以这条信息为基础，你能计算出各层面选择力量的平衡状况（步骤 3），并依此断定目光短浅的有毒菌株会取代那些慎重的菌株。换言之，该种群应位于连续统一体中靠近个体选择的那一端（步骤 2）。

现在你发现了第三种菌株，它具有下列有趣的属性。它不但自己会以一种慎重的速度增长，还会释放一种化学物质，让同一宿主内的其他菌株都以同等速度增长。这将改变所有细节。在混合群体中，有毒菌株将不再具有巨大的适应度优势（这是选择强度的一种变化；步骤 3c），可它单独存在时会迅速杀死宿主的这一群体间劣势依旧存在。进一步研究表明，产生化学物质得付出一些微小的代价，这就导致那些调节器菌株（regulator strain）的适应度比同一群体内的其他菌株略低一些。尽管如此，这点劣势与第一种不产生化学物质、任由有毒菌株肆意繁衍的慎重菌株所带有的劣势相比，根本无足轻重。在这条新信息的指引下，你重新计算了各层面选择力量的平衡状况（步骤 3），并依此断定调节器菌株理应得到进化——慎重性在群体层面带来的收益远大于它产生化学物质时付出的群体内成本。换言之，该种群应该位于连续统一体中接近群体选择的那一端（步骤 1）。

在该案例中调用上述程序能为我们带来一系列洞见。首先，调节器菌群彻底改变了所有细节，但修正后的预测依然落在步骤 1 和步骤2所确立的纯粹群体内选择和纯粹群体间选择这两极之间。因此，最初的两个步骤归纳了可能性，并为繁复细节提供了严格的检验方法。其次，那些通常被与亲选择联系在一起的要素只能说明一部分问题。群体间的极端基因变异确实会对群体选择产生推动作
118 用，但它对作为重要进化力量的群体选择而言并不是必要的。再次，请注意，第一种无毒菌株比实际上得到进化的调节器菌株更具利他性。第一种无毒菌株只有当自身付出巨大代价时才能为群体带来收益。如果种群结构更有利于群体选择（比如说，群体间产生了更大程度的变异），那么这些菌株确实能取代有毒菌株。尽管如此，调节器菌株能以更小的代价在群体层面取得同样的效果，因此它取代了更具利他性的菌株。群体选择所青睐的对象是那些能增加群体相对适应度的性状，而不是利他主义本身。最后，我们应当看到，调节器菌株是稍具利他性的，因为它在产生化学物质时要付出一定代价。在这个种群中，引人注目的利他主义被消除，温和缄默的利他主义则留存了下来。当我们在第四、五章中对群体选择和人类进化进行分析时，所有这些主题都会再度出现。

由新视角而来的新洞见

我们曾在第二章中强调，用不同视角观察同一个复杂问题常常会有助于研究的进展；这就构成了一种合法的多元论形式。从实践的角度讲，只要一个视角能提供新的洞见，它就应当被保留，即便我们还能从其他视角出发对这些洞见进行描述。

多层选择理论能让我们看到其他视角中暗藏的可能性。把研究焦点放在生物层级系统每一层面自然选择的基本要素上，确实会带来有关进化的新观点。这些观点如此新，以至于我们难以用其他视角的语言来转译其中的基本概念。难道我们能站在内含适应性理论的立场上对截断选择进行研究，或从进化博弈论的角度探求群体层面和个体层面上的可遗传性？在这一节中，我们将回顾两个由多层

选择理论提供的尤为新颖的洞见——如果从其他视角出发，我们就很难发现它们的存在了。

多物种群落层面的自然选择

当群体被定义为一组因互动而影响彼此适应度的个体时，它们
除了包含同一物种的成员外，往往还会包含不同物种的成员。其他 119
一些关于自然选择的视角，比如说内含适应性理论和进化博弈论，几乎一直将关注点放在同一物种成员的互动上。[1] 相反，我们能轻松地通过将多层选择理论进行延伸，来解释以物种为适应性单元的群落之进化。古德奈特（Goodnight, 1990a-b）建立在韦德群体选择实验基础上的一个实验是对此最好的例证。古德奈特的实验与韦德的极其相似，只有以下这点除外：他的群体由两种拟谷盗构成（学名：赤拟谷盗［Tribolium castaneum］和杂拟谷盗［T. confusum］），并因此成为一些微型群落。古德奈特在一组人工选择实验中将其中**一个**物种的密度视作群落层面的表现型特征。换言之，一个群落是否会成为下一代群落的“父辈”完全取决于杂拟谷盗的数量——它与赤拟谷盗的数量无关。无论如何，对那些被选作父辈的群落而言，群落中的两个物种都会成为“后代”群落的缔造者。在其他一些实验方案中，赤拟谷盗的密度和迁移率——而不仅仅是其密度——被视作群落层面的表现型特征。

古德奈特的群落会对高层选择做出回应，但在探究该回应的基本机制时，他发现这些机制除具有物种内的社会基础外，还具有物种间的生态基础。因为选择力量作用于作为一个单元的整个种群，所以只要这两个物种当中有**任一**物种的基因能促使表现型特征（其中一个物种的密度和迁移率）增加，那么这种基因就会被选择。事实上，该实验选择的是两个物种基因间的特殊**相互作用**。当某条选

[1] 特里弗斯（Trivers, 1971）将不同物种间的互动纳入他关于互惠利他主义的讨论中。

择线中的一个物种在与另一个物种无关的情况下仅靠自身力量发展壮大时，就不会出现对于选择的回应。当某条选择线中的一个物种与最初所聚集的种群当中的另一个物种（而不是与同一条选择线中的另一个物种）一起发展壮大时，不会出现对于选择的回应。以整个群落为单元的选择过程青睐于那些能让两个物种像单个互动系统一样运作的基因，这些基因会对选择做出回应。就结果而言，基因是否存在于同一个基因池内其实并不重要。

我们同样能在自然界中找到群落层面选择的案例。许多种类的昆虫都进化出了在区块性、暂时性的资源上（比如腐肉、粪便、木
120 块）繁殖的能力。其他一些没有翅膀的物种，比如螨类、线虫类、真菌类，也都进化出了利用这些资源以及进入更具行动力的昆虫体内以“搭便车”的方式从一个区块转移到另一个区块的能力。这类一个物种将另一个物种用作载体的现象被称为“寄载”（phoresy）。以某些种类的腐尸甲虫为例，那些在尸骸处徘徊的个体通常会携带四五种螨虫，其数量超过五百个，这些螨虫全都隐匿在甲虫外骨骼的凹槽和缝隙中（Wilson and Knollenberg, 1987）。这些搭便车的物种会对携带它们的物种产生或正面或负面的影响，不管是在它们搭便车时还是当它们在尸骸上或尸骸周围进行繁衍时。搭便车者需要借助昆虫的帮助才能得到散播，因此那些能产生正面效果的搭便车者会使其所在的区域群落在未来的资源区块中取得更大优势——这与古德奈特对拟谷盗群落所进行的人工选择是一回事。不过为其载体带来收益的搭便车者并不必然增加它们在当前群落内的相对个体密度。为群落带来收益的仁慈物种是很脆弱的——它与那些带有能让群体获益的仁慈基因的个体一样，面临着被搭便车的问题。因此，群落层面的选择会要求搭便车者通过进化将自己整合进一个能够使载体获益的完整生态系统中。有些种类的食木甲虫在没有搭便车者的情况下甚至无法生存——它们需要这些搭便车者对树木的抵抗力造成系统性的破坏，并将木块转化为昆虫幼虫的营养源，而这些幼虫未来会将群落的后代带去某些资源区块（e.g., Batra, 1979）。

此时，**外在于**甲虫的多物种群落会通过进化为甲虫带来收益，其效果就如**内在于**甲虫的基因一样稳定！其他寄载物种对宿主的影响可能较为中性，但当它们被移除后，周围环境中一些具有负面影响的物种立刻就会取而代之（Wilson and Knollenberg, 1987）。这就是说，共栖（commensalism）（作为一种中性的影响）并不是相互作用的缺乏，而是由进化形成的一组能消除宿主身上某些负面效应的相互作用——如果没有这些相互作用，那么负面效应就会再度出现。那些不会伤害其宿主的寄载伙伴在面对其他不被它们用作交通工具的昆虫种类时，可能会表现出竞争者和猎食者的姿态（Wilson, 1980, pp.119-126 对此进行了回顾）。某些寄载伙伴会进化出中性影响，而非有益影响，这在一定程度上是因为其载体生活在一个和谐的环境中，寄载伙伴的活动并不能轻而易举地使载体的状况得到改善 121（Wilson and Knollenberg, 1987）。消除自己可能带来的负面影响已经是这些搭便车者所能做到的极限了。

共生有机体居于其宿主内部的群落就像上述依附于宿主外部的寄载群落一样，都得承受同一种多层选择压力。即便共生群落能潜在地为其宿主带来收益，当种群结构更有利于群落内而非群落间的过程时，可能也无法进化出这种功能。有些作为宿主的物种进化出了操控共生体种群结构的能力，从某种程度上说，它们扮演了人工选择实验中实验者的角色。弗兰克（Frank, 1996b, 1997）认为，某些宿主甚至会将其共生体划分为生殖细胞系（germ line）和身体细胞系（somatic line）——前者在传播给宿主后代之前都处于潜伏期，而后者则会在宿主体内主动工作。这样安排的好处在于，身体细胞系中由群落内选择进化而来的搭便车者不会被传播到下一代宿主身上。这是一个绝佳案例，它能说明某一现象（生殖细胞 – 身体细胞的区分）何以既存在于个体内基因相互作用的层面（L. W. Buss, 1987; Frank, 1991），又存在于多物种群落内物种间相互作用的层面。

多层选择理论的实际应用

早在达尔文降世之前，个体层面的人工选择就已经被用作促使家养动植物品种进化的工具了。该想法十分简单：让具有我们想要的属性的个体成为下一代的生育者。从多层选择理论的视角看，很显然，我们能用同样的方法进化出具备有用功能的群体和群落，在谈到群体和群落层面的选择时，并不会出现什么技术上的困难，只要将它们**看作**可由自然选择和人工选择塑造的某些属性的可进化单元就行了。

最近，人们利用群体选择进化出一批新品种家鸡，这可能会为养禽业节省数百万美元（Muir, 1995; Craig and Muir, 1995）。家鸡作为个体式“生蛋机”经历了无数代人工选择，基本已经到达遗传上
122 的极限。但家鸡其实并不是以个体为单位产卵的，它们的身份是社会群体的成员。从前，上述群体指的是在外闲逛或被关在室内鸡圈中的鸡群。在如今高度自动化的养禽业中，家鸡通常挤在关了多只母鸡的笼子里。从供给饲料和收集鸡蛋的角度说，这样做可以提高效率，但这对于家禽而言其实是非常残忍的。这些母鸡的压力如此之大，攻击性如此之强，以至于即使在修剪了喙的形状后（这本身就是一个痛苦不堪的过程），它们每年的死亡率也接近 50%。

这的确是一件耐人寻味的事：为增加鸡蛋产量而在个体层面进行选择的行为实际上竟然会降低个体的生产力。假设我们记录一个鸡群中所有母鸡下蛋的个数，并从中挑选出产量最高的母鸡作为下一代的繁殖者。这些母鸡的产量之所以最高，可能是因为它们是最好的“生蛋器”，也可能是因为它们是鸡群中最恶毒的个体——它们会抑制其他母鸡的繁殖力。如果情况确如后者所说，那么使用产量最高的母鸡作为生育者就会导致下一代鸡群中全是恶毒的母鸡，其产蛋率当然也会比之前更低。这种让性状看似具有负面可遗传性的结果不但发生在实际的家鸡养殖项目中（Craig et al., 1975;

Bhagwat and Craig, 1977），也出现在有关多层选择的实验室研究中（Goodnight and Stevens, 1997 对此进行了回顾）。这看起来像是一个悖论——直到我们意识到威廉姆斯"群体**内**相对适应度的最大化通常会**降低**群体**本身的**适应度"这一说法意味着什么，以及它的本质是什么时，谜团才渐渐被解开。

为挑选作为**社会式**"生蛋机"的家鸡，我们必须在整个家鸡的社会层面上进行选择。缪尔（Muir, 1995）重复了韦德的实验，只不过他所用的实验材料是家鸡而非拟谷盗。母鸡的群体（那些被关在同一个笼子里的母鸡）会因其产蛋多少而获得评分，产量最高群体中的母鸡会被用作下一代群体的生育者。这些家鸡对群体选择的回应与拟谷盗的回应一样强烈。仅仅繁衍了 6 代，鸡蛋的年产量就增加了 160%。缪尔（Muir, 1995, p.454）认为这种改善实在是"难以置信"，因为从事实上看，通过在个体层面进行选择来增加鸡蛋产量的做法从未如此有效过。鸡蛋产量的增加是由诸多要素决定的，其中就包括更高的每日蛋产量和更低的死亡率。事实上，在群体选择所产生的品种当中，由压力和暴力引起的死亡率已经低到没必要修剪喙的程度。如果该品种被广泛用于养禽业，那么每 123
年节省下来的经费将远远超过美国政府对进化生物学基础研究的投入。

这个案例告诉我们，在所有的群体层面上进行选择可能会带来巨大的实际利益。其中并不会存在什么技术上的障碍，因为我们只不过将群体看作能由人工选择方法进行塑造的可进化单元而已。多物种群落也是如此。在人类生活中，最难的问题只能由专家团队设法解决。这些专家会以协作的方式互动。同样，在不同物种中发展出协作团队也是解决难题的一种有效方式。比如说，它可以应对分解土壤中有毒成分的问题。多层选择理论者会提议采取下列步骤。首先，将含有有毒成分的土壤装进大量烧瓶中。随后，向每个烧瓶内移入自然土壤样本中由细菌、真菌、原生动物和无数其他有机体构成的群落。每个烧瓶的群落构成都会（或许随机地）有所不同；而在群落发展过程中，这些微小的差异会因复杂的相互作用而被放大。在一段时期后，我们可以挑选出最成功地降解了毒性成分的群落作为新一代群落的“父辈”。该程序能让像协作团队那样运作的多物种群落得到进化，并以此解决重要的实际问题。尽管它十分简单，但是据我们所知，还没有人进行过这样的尝试。古德奈特（Goodnight, 1990a-b）是生物学历史上第一个将多物种群落看作可进化单元的人。

简明性问题

至此，我们已经对用以确定某一性状在哪个（或哪些）层面能通过自然选择或人工选择得到进化的程序，进行了概念上和经验上的描述。现在我们必须思考一下关于简明性的问题——它似乎能为同一些问题提供不同的解答方式。某些生物学家并没有去调查经验上的细节，而是以“不简明”为由，认为我们应当拒绝群体选择假说。对简明性的诉求是威廉姆斯《适应器与自然选择》一书的主旋
124 律，道金斯在《自私的基因》中也重复了同样的基调。在那些随随便便地拒绝将群体选择看作重要进化力量的人那里，简明性成了他们不断重复的陈词滥调之一。因此我们更有必要从现代多层选择理论的视角去重新审视这些问题了。我们认为威廉姆斯、道金斯等人共做出了三个不同的简明性论证。前两个论证因各自的理由而无法成立；第三个论证虽然触及真理的核心部分，但人们普遍会错误地理解其中所蕴含的意义。

第一个论证不过是平均化谬误的一个变种。道金斯（Dawkins, 1976）通过暗示性的类比论证表明基因是选择的唯一单位（the unit）。他假设一个赛艇教练想组建一支由八名桨手构成的赛艇队。于是这个教练让备选的桨手组成多个八人小组，并在这些小组间开展竞赛。随后，这些桨手会被编到新的小组，开始新一轮竞赛。在多次重复这类试验后，教练就会通过查看成绩来确定由哪八名桨手

组成参赛队。道金斯的问题是：这个教练是在选择作为个体的桨手呢，还是组成群体的桨手呢？他认为前一种描述更简明。在这个例子中，长长的赛艇是对染色体的类比，一个个桨手则是对基因的类比。既然“赛艇教练挑选的是作为个体的桨手”是更为简明的思考方式，那么“自然选择挑选的是单个的基因”也同样是较为简明的理论假说。

上述论证中存在着一种混淆：自然选择的过程与自然选择的产物并不是同一个东西。如果种群进化的标准是基因在种群内的频次变化，那么只有当某些基因比其他基因更成功地在之后的世代中得到“表征”时，自然选择才能导致进化的产生。然而，这个关于自然选择结果的事实并没有告诉我们，促成该结果的选择过程究竟是什么类型的。比如说，如果群体选择导致利他主义的进化，那么利他主义基因出现的频次就会增加，自私基因出现的频次则会减少。因为自然选择总能通过基因或与基因相关的事件而被“表征”，所以上述事实对于“群体选择或其他类型的自然选择是不是作为原因的过程”这个问题而言根本毫无意义。事实上，有关赛艇队的暗喻是用来描述个体选择的标准程序的——其中某些基因总与另一些基因在同一条船上，它们唯有同舟共济才有望取得成功。认为“只从 125
基因的角度去思考这个例子是更简明的做法”，实际上掩盖了标准个体选择与基因组内部冲突之间的区分。就后者而言，有些基因的成功是以同一条船上的其他基因为代价的。我们将这类对群体选择的批评称作“表征论证”（Wimsatt, 1980; Sober, 1984, 1993b）。这是一种谬误，更确切地说，这是加入了“简明性”一词的平均化谬误。

第二个论证是说，就其固有特性而言，群体选择是一种出现概率极低的事件。比如说，赖特（Wright, 1945）的群体选择模型似乎就要求一系列不太可能发生的事件出现——漂变作用必须成功压倒自然选择力量，让利他主义至少在一个群体中确立起来。在那之后，群体还必须持续存在足够长的时间并输送出足够多的散布者，来抵消其他群体中利他主义的劣势。与此同时，利他型群体必须为避免来自其他群体的自私个体入侵而受到保护。所有这些事件同时发生的概率就像让一支随意投出的飞镖命中红心的概率一样低（Sober, 1990）。

赖特（Wright, 1945）的模型的确不太合理，但该结论不能被扩大到整个群体选择研究领域。在威廉姆斯夫妇（G. C. Williams and D. C. Williams, 1957）的模型中，群体只在生活周期的部分时间中被分隔开来，漂变作用对利他主义基因在群体内地位的确立不是必要的，利他型群体在其成员向外散布时输出了它们的生产力。这些假定十分合理。作为**一般**理论，群体选择早就通过了合理性测试。对许多物种（包括人类）而言，"种群会被细分为群体"是一个不争的生物学事实。进化论模型必须为这类种群结构提供解释——不管你用的是群体选择理论，还是内含适应性理论、博弈论、自私基因论。当种群被细分为群体时，我们必须通过经验研究来估算选择力量的群体内、群体间分量，而不是通过先验论证来坚持"群体选择'不够简明'"的观点。

尽管我们认为表征论证和标靶论证都站不住脚，但是我们确实相信，不管在关于选择单位的争论中，还是在一般推理中，简明性都应占有一席之地。传统科学实践往往会体现出对较简单理论的偏
126 好。最简单的假设通常被认为是虚假设（null hypothesis）；直到被证明有罪前，它都是清白的。如果两个假说能对观测报告进行同样好的解释，那么虚假设就会因其简单性而被选择。然而，这不应让我们忘记以下事实：我们必须获得与这两个假设相关的数据，当较复杂的假设能比虚假设更好地解释观测报告时，它就应受到青睐。如果在没有查阅任何数据的情况下采纳虚假设，那就是对简明性原则的滥用了。简明性的用途是诠释观测报告，这显然不是要让我们舍弃观测报告（Forster and Sober, 1994）。

威廉姆斯（G. C. Williams, 1966, p.18）认为假定多层选择的模型比假定选择仅在单个种群内运作的模型要更复杂一些。对此我们表示同意。同时，如果两个模型能对观测报告给出同样好的解释，那么我

们就应当选择较简单的模型。然而，这并不是说人们可以在不顾及经验数据的情况下拒斥多层选择假说，更不要说拒斥整个多层选择理论了。人们对多层选择假说的评价必须建立在对特殊案例进行研究的经验基础上，而不是建立在虚假普遍原则的先验基础上。在我们所提供的相关案例中，（纯粹基于群体内选择的）较简单假说与（基于多层选择的）较复杂假说会产生不同的预测，而支持多层选择的证据显然更有分量。对简明性假设的正当关注——作为传统科学程序之基础的那种关注——并不会给多层选择理论带来特殊的麻烦。

为人类研究做准备

我们可以用多层选择理论来研究许多话题：从生命的起源（Michod, 1983）到创造出我们所熟知的生命个体的各个重大转变（Maynard Smith and Szathmary, 1995），再到单物种社会和多物种群落的结构。我们已经触及其中多个领域，现在是时候集中精神来讨论我们自己这个物种的进化了。在第四、五章中我们将论证，我们自己这个世系也是由低层单元（个体）整合为具有功能一体性的高
层单元（群体）的进化转型的一个新近案例。不过人类具有根据其 127
所处的即时环境在短期内改变行为方式的强大能力。为讨论与之相关的话题，我们必须首先在多层选择理论的框架下理解兼性行为，即仅在某些条件下才会得到表达的行为。

大多数动物都能根据环境变化改变它们的行为，不管这种改变是通过固有机制，还是通过学习过程、社会传播实现的。在将兼性行为与多层选择理论联系起来之前，我们先看看关于兼性行为的传统研究是怎样的。假设有一片捕食者神出鬼没的危险水生生境，还有一片捕食者被驱逐在外的安全水生生境。完全生活在危险生境中的第一种鱼类会为了避免被捕食而进化出谨慎的行为；完全生活在安全生境中的第二种鱼类则会进化出较为大胆的行为。如果我们将谨慎的鱼类放入安全的生境，那么它们并不一定会调整其行为。该

物种在进化历史中从未经历过安全性，因此我们没有理由期待它们做出适应性行为。同样，被置于危险生境中的大胆鱼类都会成为捕食者的盘中餐，它们也不太可能会调整自己的行为。那些在没有捕食者的孤岛上进化出来的物种与之类似——它们会毫无顾忌地接近人类旅行者。

现在假设还有第三种鱼类，其所处环境中既有安全生境，又有危险生境。如果个体无法侦测到它们处于哪种生境，那么它就应进化出某种介于大胆鱼类与谨慎鱼类之间的中庸行为。如果个体能够侦测到它们所处的生境，那么当它们处于危险生境时会进化出谨慎鱼类那样的行为，处于安全生境时则会进化出大胆鱼类那样的行为。简而言之，当环境多变且这种变化能被有机体侦测到时，兼性行为就应得到进化。在特殊环境中得到进化的**兼性**行为与在**只**栖居于**一个**环境的物种中得到进化的**固定**行为有异曲同工之妙，这就是思考兼性行为之进化的标准方式。[1]

现在，让我们对这个案例稍作修改，以将多层选择纳入其中。假设像汉密尔顿（Hamilton, 1967）模型所说的那样，有一种在宿主体内产卵的黄蜂。其宿主内总是只有一只雌虫寄生，这会让种群具有雌性偏向的性别比。第二种黄蜂的宿主内总是有十只雌虫寄生，
128 种群更青睐于均等的性别比。第三种黄蜂的宿主内所寄生的雌虫数量从一到十不等。如果这些雌虫无法侦测到在宿主体内寄生的其他雌虫，那么我们就应期待此时进化出来的性别比介于前两种黄蜂之间。然而，如果雌虫能感知到这个重要的环境变量，那么我们就应期待这样的结果：当它们是居于宿主体内的唯一雌虫时，种群会产生具有高度雌性偏向的性别比，而当它们与其他许多雌虫一同寄生于宿主体内时，种群会产生较为均等的性别比。人们在蝇蛹金小蜂

[1] 当我们考虑到专业化原则时，兼性行为的进化问题就会变得更加复杂。根据该原则，“万事通”都是杂而不精者。倘若如此，固定行为在可变环境中就会占据优势，因为在正确情形下实施该行为所带来的好处，会胜过错误情形下的糟糕表现所带来的坏处（Wilson and Yoshimura, 1994 对此进行了回顾）。

（Nasonia vitripennis）身上进行了测试——这是一种寄生在苍蝇蛹中的小型黄蜂（Orzack, Parker, and Gladstone, 1991）。雌虫居然真能估测所处环境的状态并据此改变后代的性别比，这件事实在是令人惊讶。[1]

这个例子告诉我们，必须通过分析具体性状来评估选择力量在不同层面的平衡状况，不管是对兼性行为而言，还是对固定行为而言。如果一只黄蜂能感知到它是宿主中唯一的寄生者，那么适应于这种由极端的群体间基因变异刻画的特殊种群结构的行为就会得到进化。因此，对进化而来的兼性行为的考察与我们之前所说程序的步骤 1 相近——我们要评估一下，如果群体选择是引发进化演变的唯一原因，那么什么样的性状会得以进化。由许多雌虫寄生的宿主代表了另一种种群结构，其中大多数基因变异都在群体内存在。对由此进化而来的兼性行为的考察与我们之前所说程序的步骤 2 相近。只要兼性行为之进化受到某个情境的限制，那么我们就必须以与该情境相关的种群结构为基础来评估选择力量在不同层面之间的平衡状况。

或许最具戏剧性的例子是能够反映蜜蜂种群结构转换的兼性行为。当女王死去且该位置无法得到顶替时，繁衍后代的唯一方式就是让工蜂产下未受精的虫卵。这些虫卵孵化后会成为雄虫。所有工蜂都会于此活动中相互竞争，可以说，女王之死引起了种群结构的突然改变。之前还是群体层面功能性组织之奇迹的蜂巢顿时就堕落为一个进行酒吧乱斗的场所——工蜂们抢夺、消耗蜂巢资源，灭杀其姊妹的
虫卵以产下它们自己的虫卵（Seeley, 1985）。因此，即使同是作为超 129

---

[1] 尽管金小蜂改变性别比的能力令人钦佩，但我们千万不要夸大这种兼性反应的复杂程度。根据至今最全面的研究，奥扎克、帕克、格莱斯顿（Orzack, Parker, and Gladstone, 1991）调查了金小蜂许多遗传品系对于性别比的兼性调整。他们发现所有品系都能区分其他雌虫在场和缺席的情况，并因此像理论所预测的那样调整其后代的性别比。然而，不同品系改变其后代性别比的程度不同。这说明每个品系调整性别比的最佳策略并不一致。此外，它也证明了金小蜂的兼性性别比调整是一种会对自然选择做出回应的可遗传性状。

个体典范的那些蜂巢中的蜜蜂，其实也时刻准备着对其进化历史中曾重复发生的那些种群结构转换做出兼性反应。

以多层选择理论研究兼性行为的方式直接源自其传统研究方式。尽管如此，它也会让我们产生某些有关人类行为的陌生结论。比如说，想象一下，你正在与一名再也不会遇见的陌生人进行互动；再想象一下，你正在与一名熟知多年的好朋友进行互动。很显然，大多数人会在这两种社会情境中表现出不同的行为。不过许多人都不会认为这两组行为中的一组具有利他性。首先，即便是心理上的利己主义者也会在对待朋友和陌生人时做出截然不同的行为。其次，似乎每组行为都能从个体利益的立场出发得到合理解释。比如说，“在面对完全陌生的人时表现出不信任，甚至于利用他，而在面对好友时让自己显得可靠”似乎是个明智的策略。既然你在与朋友交往时会从中获益，那还凭什么说自己是一个利他主义者呢？

这种思考人类行为的方式自然会让人感到熟悉、安逸，但这样做其实既无法界定利他主义，又无法识别多层选择理论中作为行为产生原因的适应器所处的层面。“心理上的利己主义者会对陌生人和朋友做出不同行为”这件事，其实与问题毫不相干。我们并没有问当黄蜂和蜜蜂兼性地改变其行为时在想些什么，那么在研究人类时，我们又为什么要提出这样的问题呢？稍后我们会将注意力放到心理机制上，但就现在而言，完全忽略心理要素并牢牢抓住以适应效果为基础的定义是一件十分重要的事。如果我们将“利益”等同于“适应度”，那么个体通过让行为发生兼性转变而获益的事实就会显得更有意义。从该事实中我们能知道这些行为是具有适应性的，但它并不能识别出这些行为究竟在哪个层面上获得了成功。适应器与自私性并不是同一回事！为对该适应性单元进行识别，我们必须遵循本章开头所说程序的前两个步骤。我们要考察，个体行为是否为群体内所有社会伙伴增加了收益（步骤 1），又或者个体行为是否提高了行动者相对于其他社会伙伴的适应度（步骤 2）。如果对
130 陌生人的行为更符合步骤 2 分析所得出的结果，那么我们就能得出

结论说，该个体在与陌生人互动时做出的是自私行为。如果对朋友的行为更符合步骤 1 分析所得出的结果，那么我们就能判定，该个体在与朋友互动时会做出有利于群体的行为。即使个体从该群体内所有其他成员那里获利，也不会影响上述归类。有利于整个基因组（包括它们自身）的基因都是在个体层面进化出来的，以此类推，有利于整个群体（包括它们自身）的个体都是在群体层面进化出来的。如果该个体使其朋友获得的收益比它自己获得的收益更高，那么它就是利他型个体。个体能轻松地在两组行为之间进行切换的事与之无关。每个兼性行为都应以相关种群结构为背景被单独分析。我们在调查鱼类、黄蜂、蜜蜂的行为时都遵循这样的程序，而在调查人类行为时显然也应当这样做。

当我们透过多层选择理论的镜头观察自己这个物种时，会发现作为整体的人类行为不能被放到“从纯粹群体选择到纯粹个体选择”这个连续统一体的任意一点上。就像地球上大多数具有兼性的物种一样，我们跨越了整个连续统一体。就像蜜蜂一样，人类或许也具备两种天性：他们随时准备着爬到混乱群体的顶端，但也随时准备着参与到群体层面的超个体中——这取决于他们当时面对的，或为自己构筑的种群结构是怎样的。

适应器：请小心处理

“适应器”无疑是个强大的概念，但我们在处理它时必须保持谨慎。威廉姆斯在《适应器与自然选择》（G. C. Williams, 1966）中曾试着为该研究主题制定一些戒律。他揭露了许多草率的想法，所分析的某些方面也依然有效。不过他的另一些观点却值得商榷，他所谓“群体层面适应器事实上并不存在”的悲观结论则没能经受住时间的考验。不幸的是，有关适应器的研究再度变得毫无章法——许多进化生物学家都失去了辨识高层适应器之存在的能力。由此可见，这一章其实与威廉姆斯的著作目的一致——我们都希望引导人们通过运用适应主义观念来产生深刻的洞见，并在此过程中避开各式各样的陷阱。

131 我们所提出的程序保留了威廉姆斯所分析的核心部分。我们同意威廉姆斯“必须用群体选择解释群体层面适应器”的说法。威廉姆斯以群体内相对适应度定义个体选择的方式具有一贯性，他几乎在其中犯下平均化谬误。他关于性别比和寄生虫毒性的分析遵照了我们所提出的程序。其中完全由群体选择进化的性状（步骤 1）与完全由个体选择进化的性状（步骤 2）被设想为极端的可能性。然而，我们还是应当拒斥威廉姆斯所分析的其他方面。他将基因看作复制器的论证并不能用于反对将群体认作适应性单元的观点，他用简明性标准来驳斥群体选择的行为也有欠妥当。

从某些细节上看，我们的程序可能会稍显复杂。但它所考察的对象毕竟是一个复杂的过程，因此它或许已经是最简单的研究方式了。步骤 1 和步骤 2 在驾驭功能主义思想之力量与简洁性的同时，并没有逼迫人们相信万事万物都具有适应性。它们通过让人设想纯粹群体内选择和纯粹群体间选择的产物来划归可能性，避免平均化谬误。确定选择力量在不同层面之间平衡状况的任务有时会变得较为复杂（步骤 3）。不过我们能用自然选择的基本要素——表现型变异、可遗传性、适应度后果——来理解其中所有细节。如果步骤 1 与步骤 2 中的预测存在足够大的差异，那么即便不知道步骤 3 的详细情形也能够进行经验检测。我们推荐的程序并不是研究自然选择的唯一方式，但它的确能帮助人们在生物层级系统的所有层面上对业已存在的适应器进行识别。

第四章　群体选择与人类行为

在前面的章节中，我们已经说明自然选择其实是个多层过程， 132
它有时候会将群体也塑造成适应性单元。在这一章中我们将要论证，在人类进化过程中，群体选择可能是一股尤为重要的力量。人类社会群体在功能一体性上的潜力可能丝毫不亚于蜂巢和珊瑚群。

那么不同的思想传统是如何理解人类社会的性质的呢？西方哲学和宗教当中一个反复出现的主题就是“社会大宇宙”与“个体小宇宙”之间的类比。在《理想国》中，柏拉图将和谐互动的社会阶级比作健康人的器官。约瑟夫·巴特勒宣称：“我们是为社会而被造出来的，我们的任务就是增进其福祉——这一点就像我们要照看自己的生命健康和私有财产一样显而易见。”（Butle, 1726）宗教通常会借用超个体来进行暗喻，下面这段引自哈特派信徒的话就是很好的例证：“真正的爱是指整个有机组织的成长——其中所有的成员都相互依靠、相互扶持。这是圣灵内部作用的外在表现形式，是基督所辖圣体的有机组织。我们能在蜜蜂那里见到同样的情形——所有工蜂都以同样的狂热采集着花蜜……”（Ehrenpreis, 1650, p.11）在日常生活中，人们在解释其行为时，除了提到自身利益，往往还会谈
及社会利益。人们也常常以公共利益为基础来对道德行为和社会政 133
策进行界定、辩护。

20 世纪上半叶的人文科学充分表现了这种以群体为中心的观点。根据心理学家 D. M. 韦格纳的说法：“社会评论员一度认为用分析个体行为的方式来分析群体行为是十分有用的。人们假设群体像

个体一般富有情感，而且还具备能够支配行动的心智活动形式。卢梭（Rousseau, 1767）和黑格尔（Hegel, 1807）是这类分析形式的早期构筑者，在19世纪以及20世纪早期，它的应用变得如此广泛，以至于现在被视作现代社会心理学奠基者的早期社会理论家几乎全都持类似的观点。”（Wegner, 1986, p.185）

但在更近些时候，群体层面的视角变得难以为继，尽管这件事在不同学科中的体现程度不同，但总体情况确实如此。社会群体不再被看作独立的适应性单元，而被认为是个体自身利益的副产品。借用心理学家D. T. 坎贝尔（D. T. Campbell）的说法：“方法论上的个体主义支配了与我们邻近的经济学、社会学领域的许多部分以及所有心理学路线，并将它们全都变成了组织学理论。它是这样一种教条：认为所有与人类社会群体相关的过程都应通过个体行为规律来进行解释——群体和社会组织在本体论上并没有实在性——对它们的使用、对组织的指涉等，都只不过是对个体行为的方便概述。”（Campbell, 1994, p.23）

这种个体主义视角或许在那些对人类行为感兴趣的进化生物学家那里表现得最为极端。我们在导论中引用的那段来自亚历山大作品（Alexander, 1987）中的文字就是极好的例证。他们拒绝“将人类群体看作超个体”的理由非常简单——人类种群的遗传结构与我们在超社会（ultrasocial）物种中发现的结构截然不同。当群体由一名个体通过无性繁殖产生时（比如珊瑚群），其成员的基因是完全相同的（除非发生突变），因此它们表现得如单个组织一样也没什么可奇怪的。如果社会性昆虫群体是由一只携带了单倍体雄虫精子的二倍体雌虫所建立的，那么即使这些群体成员不完全相同，它们也会具有很高的基因相关度。因此我们才会认为它们在很大程
134 度上——尽管不是完全地——表现得像单个有机体。最近，人们发现某些社会性昆虫群体由多名女王建立，或由与多名雄性交配的女王建立。我们或许会觉得这些物种的利他主义程度和群体层面功能性组织的强度都较低一些。之后我们会回过头来讨论这个话题。

与这些超社会物种不同，大多数人类社会群体都由非亲缘的个体与具有不同基因相关度的个体混合而成。如果以现代狩猎－采集社会为例，我们会发现群体成员间的平均谱系相关度在人类进化的大多数阶段很可能都大于零，但其数值不可能像社会性昆虫和无性系生命体那样极端。由此，我们似乎能得出以下结论：我们不应期望人类社会群体像单个有机体那般运作。

该推理的问题在于，它将谱系相关度看成群体层面功能性组织进化过程中的唯一变量。这几乎是从字面上诠释了亲选择理论。根据该理论，个体的利他程度只取决于利他行为中施惠者与受惠者之间的基因相关度。然而正如我们所见，亲选择只不过是一般性理论的一个特例而已——汉密尔顿本人第一个承认了这一点（Hamilton, 1975, 1987）。用他的话说：“促使利他主义者与利他主义者生活在一起的原因显然不会导致任何差别——不管是因为它们有血缘关系……或是因为它们就这样认出利他的同伴，抑或是因为基因多效性影响到了它们对栖息地的偏好。”因此我们应当用更具一般性的多层选择理论，而非作为特例的亲选择理论来评价人类的社会行为。当这样做时，我们就会发现人类、蜜蜂、珊瑚都是经过高度群体选择的物种，尽管它们被选择的原因各不相同。

在这一章中，我们将介绍一系列用以说明“谱系相关度为何不是群体选择成为强大进化力量之必要条件”的模型。这些模型可能适用于许多物种，但它们与人类的关系尤为密切——因为用于替代谱系相关度的机制通常以复杂的认知能力和（在某些情况中）传播文化的能力为前提。因此，这些模型或许不但能解释人类为何曾受到群体选择，还能解释他们为何经历了一种独特的群体选择。

选型互动

群体选择要求群体间存在变异——变异程度越大越好——但变 135
异本身不一定要由谱系相关度引起。假设有一个由具有不同利他主义倾向的非亲缘个体构成的庞大种群，再假设每名个体的利他主义程度都是可见的，并且在每个社会群体中，成员资格的审批都必须经所有当事人一致同意。这样一来，每名个体都会想要与他所能找到的最具利他性的伙伴联合。因此，如果群体规模被设为 n，那么种群中 n 个最具利他性的个体会形成一个群体，余下成员中 n 个最具利他性的个体会形成另一个群体，以此类推，直到余下 n 个最不具利他性的个体——它们的联合不是因选择而产生的，而是因缺省而产生的（或者，那些最不具利他性的个体也有可能选择独居；Kitcher, 1993）。如果总体规模极大，那么每个群体内的成员就近乎完全相同，几乎所有关于利他主义的差异都会集中在群体间的层面上。如此形成的群体有利于利他主义之进化的程度，与那些通过无性繁殖形成的群体相比，并没有太大差别。

诚然，该情境在好几个方面都显得不切实际。个体的利他主义倾向可能并不是显而易见的（Dawkins, 1976）——我们不能期待每名个体都认识庞大种群中的所有其他个体，以及成为某个群体成员的资格或许并不需要所有当事人一致同意，等等。可即使我们放宽这些极端预设，对群体成员信息的部分获取和对成员资格的部分把控也有希望以具有高度非随机性的方式创建群体。那么这其实就是一种可能与亲选择具有同等重要性的利他主义进化机制。

尽管“挑选同伴有利于利他主义之进化”的观念深深符合我们的直觉，但是进化生物学家对此几乎毫无兴趣。导致上述轻视的一个原因在于，最初为选型互动建模的尝试遭遇了一种我们称作“**起源问题**”的困难（Wilson and Dugatkin, 1997）。为方便起见，我们通常会在数学模型中假设行为是由基因突变导致的离散性状；这样一来，这些行为最初在种群中存在的频次就非常低了。如果我们以此方式为具有辨识力的利他主义者建模，那么就会发现它们在频次较低时表现得不尽如人意，因为它们几乎遇不到其他能作为同伴的利
136 他主义者。当有辨识力的利他主义者跨过频次上的阈值后，利他主义就能轻而易举地得到进化。但是一个要求利他主义者在受到自然

选择青睐之前就以（比如说）20% 频次存在的模型，根本无法解决有关“利他主义如何进化”的基本问题。

亲选择模型并不会受起源问题的困扰。这是因为最初由突变产生，且存活时间长到足以与非利他主义者（aa）交配的利他主义者（Aa），立即就能生产出一组含有 50% 利他主义者的后代。或许正是因为如此，在选型互动模型毫无建树的日子里，亲选择模型却变得赫赫有名。然而，起源问题可能并不像它乍看那般难以解决。或许在模型中将行为看作以突变的频次在种群中出现的离散性状会带来某些便利，但实际情况是，自然界中的行为常常具有连续性，它们有一个平均值和一个方差。比如说，我们设想有一群鲦鱼突然发现了一条体形硕大、面露凶光的鱼潜伏在它们附近，这条大鱼是捕食者吗？如果是，那么它现在饿吗？查明真相的唯一方式就是至少让其中一条鲦鱼接近大鱼，试试会激起什么反应。如果该巡视者发现这条大鱼并不构成威胁，那么所有的鲦鱼就能继续安然觅食。当然，这个巡视者正冒着生命危险来获取所有个体都能分享到的情报，因此它在群体内的相对适应度最低，是当之无愧的利他主义者。为这种巡视行为之进化建模的一种方式是，假设单次基因突变使非巡视者种群中诞生了一名巡视者；另一种方式则是假设所有个体的变异以连续的形式存在，其中有些个体在接近潜在的捕食者时会比其余个体靠得更近。自然选择既可能偏爱较强的巡视倾向，也可能偏爱较弱的巡视倾向；但无论结果如何，总会存在以平均值为中心的方差。大多数行为，包括鱼类的巡视捕食者行为，都是连续而非离散的。

当行为或其他性状受到来自许多基因座的基因影响时，它们往往就会呈现出连续性。研究连续性状之进化的模型确实存在，但它们比离散性状的模型更为复杂——在研究利他主义之进化时，人们几乎没有使用过这个模型（Boyd and Richerson, 1980）。当利他主义被模拟为连续性状时，起源问题基本上就自然消散了（Wilson and Dugatkin, 1997）。或许突变的利他主义者很难找到另一名利他主义

137 者进行互动，但平均水准以上的个体却很容易就能找到另一名平均水准以上的个体。即使当利他主义**平均**程度很低时，这件事也能得以实现。当然，我们还是要适当放宽前文初始情景中所含的极端假设，但当我们认为自然界中的行为具有连续性时，至少能将“起源问题”这块位于起点的绊脚石移开。

最近由威尔逊和杜盖金（Wilson and Dugatkin, 1997）提出的模型能让选型互动作为利他主义进化的机制与亲选择进行直接对比。假设有个庞大群体中的个体会在某个连续特征上呈现出变化，比如说对潜在捕食者做出回应的特征。群体内选择会偏向于该特征的一个值（比如说，待在离潜在捕食者至少 1 米开外的地方），群体间选择则会偏向于另一个值（比如说，靠近到 10 厘米之内的区域）。如果群体内选择是作用于该种群的唯一进化力量，那么人口分布就会以群体内最优值为中心。换言之，从群体内选择的立场看，种群内的普通个体会获得最大适应度。此外，有些个体会以有利于群体的方式产生偏离，有些个体会以不利于群体的方式产生偏离。当行为受许多基因座上的基因影响时，适应性的平均值附近常常会发生适应不良的变异。在每个世代中，分布在两侧的适应不良的个体都会被自然选择移除，但它们又会因基因突变、重组而再度出现。[1]

从这个最坏的情况，也就是人口分布以群体内最优值为中心的状况出发，威尔逊和杜盖金（Wilson and Dugatkin, 1997）加入了一个种群结构，其中存在着以多种方式形成的规模为 *n* 的群体。在第一组计算机模拟中，系统会随机从整个种群中挑选 *n* 名个体

[1] 从原则上说，对多基因性状的稳定化选择能产生在适应性上具有平均值的表现型，在此平均值附近不会出现任何适应不良的变异。比如说，如果在 100 个基因座中存在＋和－的等位基因，并且稳定化选择力量所青睐的表现型数值为 0，那么只要 50 个基因座上的等位基因为＋，且另 50 个基因座上的等位基因为－，表现型就不会发生任何变异。然而选择这种组合的力量很弱，而且会受到全部 100 个基因座中突变作用的妨碍。突变和选择之间的平衡会导致适应性的平均值附近出现连续性的、适应不良的变异。对该问题更详尽的探讨请参阅雷德利的作品（Ridley, 1993）。

来构成群体。随机取样会造成温和的群体间变异，其大小取决于 n 的值。此时，一般群体（整个种群也同样）依然以群体内最优值为中心，但其中某些群体偶尔会比其他群体更具利他性，并因此为整个种群贡献更多人口。随机分组会将群体选择中那些将种群的表现型分布拉向群体最优值的温和成分，引入选择过程。图 4.1 138
中的一组参数展示了当群体间存在随机变异时不同层面选择力量间的平衡状况。

在第二组计算机模拟中，系统通过从种群中随机挑选两名个体，让它们进行交配，从而形成规模为 n 的后代群体的方式产生出的亲缘群体。这些后代群体之间的变异同样呈现出连续性，但其分布却以父母表现型的平均值为中心。比如说，如果一个倾向于靠近潜在捕食者 90 厘米范围内的个体与一个倾向于靠近潜在捕食者 80 厘米范围内的个体交配，那么从平均值上说，它们的后代会倾向于靠近潜在捕食者 85 厘米范围内，但这个平均值附近会出现变异。当行为受许多基因座上的基因影响时，该模式再一次出现了。就像我们所预料的那样，亲缘群体变异的程度比随机形成的群体要大得多。为形成具有高度利他性的随机群体，我们必须从种群中随机挑选出 n 个具有高度利他性的个体。因此，当群体由全同胞构成时，群体选择就会是更有力的一股进化力量——它会将种群拉向群体间最优值所处的方向。图 4.1 中的一组参数展示了不同层 139
面选择力量之间新的平衡状况。

在第三组计算机模拟中，系统在整个种群中随机挑选了一些无性系群体，并通过让其进行无性繁殖而形成规模为 n 的多个群体。群体内的基因统一性让群体选择成为唯一的进化力量——它将种群一直拖到了群体间最优值所处的位置。此时，进化所得的利他主义程度与谱系相关程度成正比。

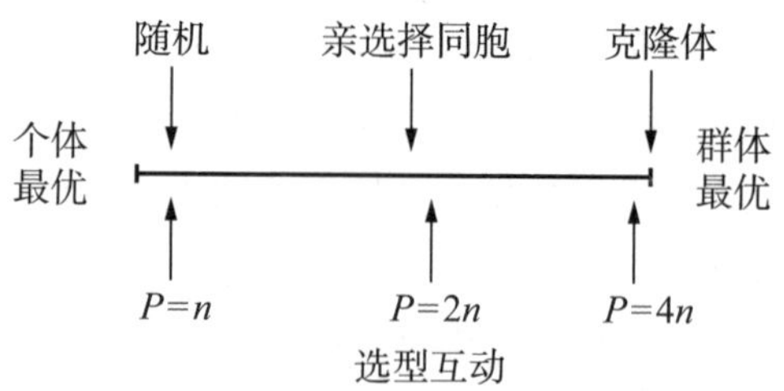

图 4.1　亲选择与选型互动作为利他主义进化机制时的对比

注：对亲选择而言，群体由随机交配的两名个体的后代（其中群体成员都是同胞）或由单个无性个体的后代构成（其中群体成员是彼此的克隆体）。对选型互动来说，群体的形成方式是：在种群中随机抽取 P 名个体，按利他性程度不同对其进行排序，并将其分为数个规模为 n 的群体。当 $P = 2n$ 时，该机制创造的非随机分组能与全同胞群体相比拟；当 $P = 4n$ 时，它们便可与无性系群体相媲美。

现在我们就能在这个背景下对作为利他主义进化机制的选型互动进行评估了。假设个体并不知道种群内每名个体的利他主义倾向——它们必须在一个小得多的子集中挑选同伴。具体来说，假设个体存在于随机形成的规模为 P 的近邻社区中，其中的成员对彼此的利他主义倾向都十分了解，并像我们在这一节开头处所说的那样形成了规模为 n 的数个群体。如果 $P=n$，那么根本就不存在选型互动的机会。这就意味着群体是随机形成的。如果我们把近邻社区的规模扩大一倍，让 $P=2n$，那么群体形成就要经历以下步骤：从整体种群中随机抽取出 $2n$ 名个体（近邻社区），对它们的利他主义倾向进行排序，再从中间将其一分为二，形成两个群体。这两个群体显然是整个种群的非随机样本，但其中依然会包含可观群体内变异。如果 $P=4n$，那么群体就是通过随机抽取 $4n$ 名个体，对其进行排序，再将其分为四组等步骤形成的。有利于群体选择的群体间变异显然会随着 P 的增大而增大。问题在于，P 究竟要达到多大的值才能让选型互动成能与亲选择竞争的利他主义进化机制呢？

答案是：P 的值可以相当小（见图 4.1）。**当 $P=2n$ 时，从无谱系关联的个体中进化出来的利他主义，就能与全同胞通过亲选择进化出来的利他主义相媲美。当 $P=4n$ 时，无谱系关联的个体几乎能**

与无性系群体中具有相同基因的成员在利他性上一较高下。对于那些认为亲选择是唯一一种利他主义进化机制的读者来说，上述结果看起来简直不可思议；但这是将亲选择看作数种分类过程之一的直接后果。随机抽取两名无亲缘个体，并用它们的后代建立起规模为 140
n 的群体的做法，与随机抽取 2*n* 名非亲缘个体，依利他性程度对其进行排序，并在中点将其分割为两个群体的做法，几乎能同样好地将利他主义者和非利他主义者划入不同群体中。

当然，我们的模型可能在其他一些方面依旧缺乏现实感。并非所有群体都是因个体挑选而形成的，侦测其余个体的利他主义倾向也绝非易事，尤其当个体进化出了隐藏自私倾向的能力时。当然我们必须严肃对待这些问题，但此处显而易见的是，选型互动有可能成为促使利他主义进化的强力机制。“如果成员之间不存在较高的谱系相关度，那么人类社会群体就不可能具有利他性或功能组织性”的结论显然过于草率了。

选型互动要求有机体在认知上具备一定复杂性，这样才能识别其余个体的利他主义倾向。然而有证据表明，即使像孔雀鱼（学名：网纹鳉［Poecilia reticulata］）那样简单的动物也能根据先前互动的情况来选择同伴。我们先前描述的那个巡视捕食者的例子不只是一个假说——它是孔雀鱼和其他许多鱼类实际上都会去做的一件事。杜盖金和阿尔菲里（Dugatkin and Alfieri, 1991a）证明了孔雀鱼个体接近捕食者的习性有所不同。它们行为上的变异是具有连续性的，这满足了模型当中的一个主要假定。在另一个实验中，杜盖金和阿尔菲里（Dugatkin and Alfieri, 1991b）让三条孔雀鱼在一个被透明隔板划分成三条小路的水域里巡视捕食者。随后，这些孔雀鱼被放入该装置中。边路上的鱼允许位于中路的那条鱼通过游近其身边并与之为伴，来表现中路那条鱼对边路某条鱼的偏好。边路上更靠近捕食者的那条鱼总是被选作未来的伙伴。该偏好至少在四个小时内都会保持稳定。不过上述偏好也有可能不是针对巡视捕食者这个特征本身的，它可能是对与巡视捕食者相关的某些其他特性的偏好。为测

试这种可能性，实验者进行了重复实验，并引入了第四条没有观测到巡视捕食者行为的孔雀鱼对位于边路的两条鱼进行挑选。在这项
141 实验中，边路上更具利他性的那条鱼并没有得到青睐，这证明该偏好是以实际巡视行动为依据的。孔雀鱼在巡视捕食者的同时也在检查彼此的行为。

这些实验表明，孔雀鱼能感知到其同伴行为的利他性，并试着与最合意的搭档进行合作——这满足了我们模型的大部分条件。然而，“偏好会导致选型互动”这一点还**没有**得到证明。在杜盖金和阿尔菲里（Dugatkin and Alfieri, 1991b）的实验中，不管位于中路的那条孔雀鱼自身的利他主义倾向如何，它都会偏爱边路上更具利他性的那条鱼。不出所料，所有人都喜欢利他主义者。不过我们还需要一个额外的步骤来说明利他主义者能形成自己的群体，避免与非利他主义者为伍。这个实验做起来非常简单，只要测量一些无亲缘个体巡视捕食者的倾向，并让它们在含有捕食者的环境中形成群体就行了。如果群体在巡视捕食者的行为上表现出非随机性，那么该结果就能为以下结论提供强有力的证据：即使是认知能力像孔雀鱼这样简单的动物也能通过选型互动，而非谱系相关度，创造出群体间的非随机变异。

如果孔雀鱼都能以其贫乏的认知能力完成非随机分组的工作，那么试想一下，人类这样的物种能取得什么样的成就！人类具有在人际互动、直接观测、文化传播的基础上获取有关他人信息的出色能力。该能力通常在社会交往中被用来搜寻值得信赖的个体，并避开欺骗者。侦测欺骗者的能力可能会让欺骗者进化出反侦测的能力（Trivers, 1971），但欺骗终究不太可能完全成功（R. H. Frank, 1988; Wilson, Near, and Miller, 1996）。即便欺骗者能掩饰最初的意图，人们在知晓其过往的互动历史后也能从他的实际行动中可靠地辨识其行为倾向。要假装自己在巡视捕食者是一件很难的事，孔雀鱼要么去接近捕食者，要么不去接近，它的行为会被所有同类看在眼里。同样，在其成员具有长期互动历史的人类社会群体中假扮利他主义

者、掩饰自私性也不是件容易的事。像今天这样的大型匿名社会只是新近的发明，人类进化是在其成员有大量机会相互观察、相互交谈的小群体中发生的。关于一次反社会行动的信息会很快传遍整个社交网络，破坏一个人的名声，并对他将来的社会互动带来 142
严重影响（e.g., Boehm, 1993; MacDonald, 1994）。无亲缘人类个体间的社会互动绝不是随机的。我们的学习能力和根据所学知识改变自身行为的能力，为利他主义和其他有利于群体之行为的进化提供了强有力的机制。

奖励、惩罚、利他主义的放大

假设你是一名人类学家，正在研究一个生活在与人类祖先类似条件下的狩猎者 - 采集者群体。你知道肉类是一种对适应度而言至关重要的资源。同时，因为你一直受到有关个体选择理论的教育，所以你预计狩猎者们会为了自己和亲属试图将猎物占为己有。如果他们真的与非亲属分享猎物，那必然是为了将来从后者身上获得回报。

但事实完全出乎你的预料。人们在分配肉类时小心翼翼地做到公平、公正。甚至在用手提秤对过去几周收获的肉类进行测量后，你也没有发现狩猎者分到的肉类与群体其他成员分到的肉类在统计上存在显著差异。此外，肉类分配也没有建立在“将来可能获得回报”的基础上。有些人比旁人更精于狩猎，他们在狩猎上花费的时间也更多，然而他们在分配上与其他人是平等的——尽管那些人贡献的力量更小，而且也不太可能在未来贡献出更大力量。

至此，你的解释框架已经彻底失败了。不过让你感到欣慰的是，你发现狩猎者还是能够获得一些个体收益的。比方说，女性会觉得优秀的猎人性感迷人，并与其生育更多的后代——不管是在婚内还是婚外。优秀的猎人在男性当中也具有很高的地位，这也会带来更多繁殖上的收益。最后，这些个体并不像罗杰先生或恐龙班尼

那样，因为有一颗善良的心才以这样的方式分配肉类。拒绝分享是一种严重破坏礼仪规范的行为，它会导致人们对其进行惩罚。这样
143 一来，分享便与索取并存。这些新发现会让你感觉好受一些，因为之前难以解释的那些从表面上看具有利他性的肉类分享行为，现在似乎很舒服地契合于个体选择的理论框架。

上述情境简略地描述了人们当前对狩猎者－采集者社会中肉类分享行为的概念化方式（Blurton-Jones, 1984, 1987; Hawkes, 1993; Kaplan and Hill, 1985a-b; Kaplan, Hill, and Hurtado, 1984; Wilson, 1998 对此进行了回顾）。贯穿人类进化过程始终的那些大大影响适应度的关键资源，通常都会由社会群体的成员所共享——这与谱系相关度以及对互惠行为的期待毫无瓜葛。狩猎行为最直接的效果是在增加群体适应度的同时减小狩猎者在群体内的相对适应度；这是因为狩猎者为提高群体共同利益会花费时间和精力，并承担相应的风险。如果故事就此终结，那么我们会毫无疑问地称之为利他主义者。可是猎人还享受了其他奖励，规避了某些惩罚，这又让我们想重新将其归为利己主义者。那些提供奖励、做出惩罚的人似乎也是利己主义者，因为他们靠这些行为赚得了肉类。为便于分析，我们会将上述观测报告看作事实。我们的观点是：这些事实并不能很好地契合于个体选择的理论框架。或许促成肉类分享行为的奖惩系统确实具有在**心理学**意义上的自私性，但我们从进化论出发给出的定义是以适应度效果为基础的。作为深受多层选择理论影响的进化论者，我们必须通过考察群体内和群体间发生的选择作用，来理解那些奖励与惩罚。

我们把狩猎和分享称作**主要**行为（primary behavior），把其他人对狩猎者的奖励和惩罚称作**次要**行为（secondary behavior）（Ellickson, 1991）。仅就主要行为本身而论，它会在增加群体的适应度的同时减少狩猎者在群体内的相对适应度。如果没有奖惩机制这样的“并发症”与其一同进化出来，那么说它具有利他性或者说它通过群体选择得到进化就不应引发太大争议。这也是为什么仅从个

体选择的立场看该问题同样显得困难重重。我们可以用分析主要行为之进化时所采取的方式来分析次要行为（奖励与惩罚）之进化。通过让其他个体实施像狩猎、分享这样利他的主要行为，次要行为间接增加了整个群体的适应度。同时，次要行为的施行者可能至少 144
要付出一定时间、精力，或承担一定风险。因此次要行为也要靠群体选择才能得到进化，这就像不存在次要行为的情况下，利他的主要行为之进化方式一样。经济学家称之为“二阶公众利益问题”（second-order public goods problem）：任何用于提升公众利益的行为本身也是一种公众利益（Hawkes, 1993; Heckathorn, 1990, 1993）。

尽管利他的主要行为（自身）以及次要行为都需要群体选择才能得以进化，但二者之间有一个重要的区别。主要行为要求个体付出巨大代价。如果没有投资大量的时间、精力，并承担一定风险，那么就根本不可能捕获猎物。这就是从直觉上说主要行为看起来具有利他性的原因所在。次要行为要求个人付出的代价可能很大，也可能很小。我们要知道一个与人类生活相关的重要事实：个体往往只需付出微不足道的代价就能大幅增加（通过奖励）或减少（通过惩罚）其他个体的适应度。正是实施奖惩行为的低成本以及它能带来好处的事实，让次要行为在心理上显现出利己性而非利他性。然而从进化的观点看，成本微小这件事并不会改变行为进化所处的层面。次要行为比主要行为**更易**通过群体选择得到进化，因为它们更少受到由群体内选择所带来的阻力，但尽管如此，它们也还是由群体选择进化出来的。因此，这个主次要行为“套餐”其实还是群体层面的适应器。

一个源自 13 世纪西班牙犹太社会的例子能帮助我们更好地澄清上述观念。当时有一条法律规定逃税之人的整个家族都会染上污点（MacDonald, 1994）。在该社会中，繁衍后代一事受到严格控制。若非新郎、新娘两方家族在协商后均表示同意，这二人就无法成婚。个人家族所带有的污点足以阻碍一场婚姻。因此，逃税者要付出极大的代价——这些代价不仅要由他自己承受，还要由他的后代承受。

为防止人们改信其他宗教，甚至为了防止人们与其他群体的成员结交，历史上都出现过类似的法律。

此时我们又有了一组自身看起来高度利他的主要行为（将金钱
145 贡献给群体）。该主要行为受到次要行为（法律）的强化，这些次要行为让主要行为替代项的代价更为高昂。将金钱贡献给群体似乎不再具有利他性了。不过我们还必须对使其显得自私的法律做出解释。这条**法律**是自私的吗？这条法律及其强制执行的目的在于提升群体的福利，它与主要行为具有相同的功能。不同的是首要行为和次要行为所需的**成本**。支付个人收入的一大部分对纳税人来说是件不得了的事，而添加污点对家族管理者而言几乎是件不痛不痒的事。

我们关于奖励和惩罚的论证可被归纳为以下几个一般要点：

1. 群体要像一体化的单元（如有机体）一样行动，那么它就必须开展许多活动——它们在没有相关奖惩措施的情况下都具有利他性。这些活动利他的本质是由外部环境造就的。与生命相关的一个事实是：为群体利益而开展的资源获取和攻防活动，都要求实际做出行为的个体付出时间与精力，并承担相应的风险。我们将这些活动称作“主要行为”。

2. 如果利他的主要行为想在没有与奖惩措施相关联的情况下得以进化，那么其种群结构就得高度有利于群体选择。因此，我们也许可以在近亲所组成的群体或是由选型互动筛选其成员的群体中看到这类行为，而不会在随机形成的群体中发现它们的存在。

3. 各种奖励和惩罚能让主要行为的成本变低，甚至使其在群体内选择的视角下显得有些自私。我们将这类行为称作“次要行为”，我们必须像分析其他所有行为的进化那样去分析它们的进化。

4. 当某个次要行为被用来推进原本具有利他性的主要行为

> 时，从进化的视角看，该次要行为同样呈现出利他性。换言之，
> 次要行为通过让主要行为获得表达来增加群体的适应度，并通过
> 将次要行为的实施效果与时间、精力、风险联系在一起而降低群
> 体内的相对适应度。即使次要行为不会让个体蒙受任何损失，从 146
> 群体内选择的观点看，这种行为也只是中性的。
>
> 5. 利他的主要行为在没有与奖惩措施相关联时，天生就是成本高昂的；相较之下，次要行为通常能在让行动者付出较低代价的情况下得以实施。因此，次要行为之进化对种群结构在多大程度上有利于群体选择发生的要求比主要利他主义更低。在最极端的情况下，不附加任何代价的次要行为也能获得进化，只要群体间有任意可遗传的变异存在。

用次要行为来推进具有利他性的主要行为的方案被称作**利他主义的放大**（amplification of altruism）。许多人类群体的种群结构或许并不足以使利他的主要行为单独获得进化，却足以进化出由主要行为和次要行为构成的组合套餐。由于有“次要行为引发主要行为”这样的机制存在，从人类群体中进化出来的行为，甚至能与那些在具有极端种群结构的物种（比如说无性系有机体和社会昆虫群）那里进化出来的行为相媲美。

与个体层面发生的自然选择进行类比或许能帮助我们更好地澄清这些观念。在标准的种群遗传模型中，我们通常假设有益的基因在增加个体适应度时不会受到个体内选择力量的反抗。尽管该基因的进化要以个体间的遗传变异为基础，但仅由随机交配产生的变异就已经足够了。因此，各种复杂、精妙的适应器在个体层面进化时从未引发过有关利他主义的问题。现在，让我们试想一种由突变产生的基因，它能为社会群体内所有成员，包括携带该基因的个体都增加适应度。从群体内选择的视角看，它是中立的，但它会使其所处群体在竞争中战胜由缺乏该基因的成员所组成的群体。尽管该基因的进化要以多个群体及群体间的遗传变异为基础，但随机产生的

变异就已经足够了。如果有许多这样的基因存在，我们就能期待各种复杂、精妙的适应器在群体层面进化时也不会引发有关利他主义的问题。可这并不是人们看待群体选择的传统方式。为什么呢？大概是因为我们很难想象有不需要实施者（及其基因）付出任何代价，
147 就能使整个群体获益的行为存在吧。正如我们所见，该论点有一定程度的真理性。那些让群体如适应性单元般运作的活动通常要求个体付出时间、精力，并承担相应风险。然而奖励和惩罚的实施可能构成非常重要的一类行为——它**的确**让个体在付出极低成本，甚至在无须付出成本的情况下让整个群体获益。此外，其实只要对奖惩措施善加利用，我们就能推进**任何**能使群体获益的高成本行为。在这样的情形下，即使群体间不存在极端的基因变异，超社会性也能得以进化。

这个基因－个体关系和个体－群体关系之间的类比还能再进一步。正如我们在第二章中所说，认为基因自身无须付出任何代价就能为个体带来收益的传统观点已经受到了挑战。有机个体越来越多地被看作具有多样性的基因、细胞群落，其中有些元素会以其他元素为代价而获得成功。只有当群落内的进化潜能被压制住时，该群落才能像适应性单元那样得到进化。因此，减数分裂规则确保所有常染色体基因都能平等地在配子中得到表征（Crow, 1979）。生命周期的单细胞阶段以及将生殖细胞隔离进生殖细胞系的行为都会将个体内选择的潜在可能性降至最低（L. W. Buss, 1987; Michod, 1996a-b）。

简言之，即使就单一个体而论，它也只有在规则和调控的作用下才能成为我们称作有机体的适应性单元。关于群体内个体之社会互动的整套语言都已被借来描述个体内基因的相互作用了，比如说“非法”基因、“警长”基因、基因“议会”等等（Alexander and Borgia, 1978; Leigh, 1977）。如果由基因和细胞构成的群落能进化出一个让它们以适应性单元的形式运作的规则系统，为什么由个体构成的共同体不能这样做呢？如果他们确实这样做了，那么**群体就会变得像个体一样**，而这正是我们所要确立的命题。

在回到有关人类群体的问题前，让我们重新审视一下社会性昆虫的案例。正如之前所说，社会性昆虫群有时并不像我们所想的那样具有极端性，因为有时虫群是由多只雌虫或由与多只雄虫交配的单个雌虫建立起来的。如果群体选择完全取决于群体内的基因统一性 148
及群体间的变异，那么我们会认为在群体层面，这些虫群在适应度上比那些由仅与一只雄虫交配的单个雌虫建立的虫群更低。总之，该预测并**没有**得到确证。蜜蜂的女王常常与多只雄虫交配，但其蜂群的功能组织性同样能保持真正的超个体性（Seeley, 1996）。比如说，导致工蜂产下未受精虫卵（它们会发育为雄虫）的基因会在蜂巢内选择中受到青睐，即使这件事会为蜂巢的福祉带来不利影响。因此，阻止工蜂产下未受精虫卵的基因应被算作利他的，只有当群体间存在数量可观的变异时它才能得到进化。然而在搜集很多资料后，人们几乎没有观察到工蜂生产未受精虫卵的情形；这在某种程度上因为产卵者会被其他工蜂攻击，它们产下的虫卵也会被吃掉（Seeley, 1996 对此进行了回顾）。瑞耐克斯（Ratnieks, 1988; Ratnieks and Visscher, 1989）将这种行为称作“监管”（policing）——这又是一个从人类社会互动中借用的词语。因此，除主要行为（“阻止产卵行为”）外，我们还得考虑次要行为（“攻击产卵的工蜂”）。即便蜜蜂群的种群结构不足以使“阻止”行为单独得到进化，但它足以让“阻止 / 攻击”这一组合套餐进化出来。简言之，即使对于社会性昆虫而言，群体间的极端基因变异可能也不足以解释所有超社会情形。通过奖励与惩罚来对利他主义进行放大有助于主要行为在这类环境中的进化。

我们对奖励与惩罚的分析还留有许多空白。比如说，奖励、惩罚其他成员实际上要付出多少代价？个体要用奖惩措施来改变其社会伙伴的行为究竟需要哪些认知能力？欺骗行为是否会像给高成本利他主义带来问题那样，给关系到次要行为的低成本利他主义也造成麻烦？这些都是未来研究中的重要问题，而我们当前的目标只是希望人们适当地关注这一话题。有句谚语说得好：鱼儿最难看到的东西就是水。奖励与惩罚就是人类经验之“水”的一部分，它们往往被解释为与自身利益概念大体兼容的东西。或许它们**确实**与**心理学上的**自身利益概念相兼容——这是我们在第二部分所要谈论的问
149 题——但这并不意味着它们在多层选择理论中能被解释为群体内选择的产物。就像在解释利他的主要行为何以能单独获得进化时需要谈到群体选择一样，在解释能让主要行为得以表达的次要行为系统时，我们也需要谈到群体选择。将奖励与惩罚看作群体选择的产物，十分有助于解释人类社会群体何以能在种群结构不同于无性系生命或社会昆虫群的情况下具备有机性的问题。

社会规范与文化进化

自然选择的第一个要素是位于任何层面上的单元间表现型变异。正如我们在第三章中所说，大多数进化论模型都假定表现型变异与基因变异之间存在直接关联。群体的利他主义程度直接与群体中利他型基因出现的频次成正比。韦德（Wade, 1976, 1977）、古德奈特（Goodnight, 1989; Goodnight and Stevens, 1997）等人的实验表明，这些假定都应受到怀疑。事实上，无论在群体层面还是个体层面，微小的基因差异都可能导致巨大的表现型差异。

在人类社会群体中，基因与表现型之间的关系就更缺乏直接性了。即便不存在基因上的差异，人类群体也能在行为上表现出巨大的差异。行为上的差异还能在极短时间内得到发展，比如说当群体通过集体表决来改变其行为模式时，或当新宗教建立初期迅速吸引大量追随者时，情况都是如此。因为表现型差异是自然选择唯一能够“看到”的东西，所以我们不应忽视那些介入人类行为与人类基因之间的心理、文化过程。

自然选择的第二个要素是位于任意层面上的可遗传变异。或许有人会说，仅从定义就能知道，群体间文化差异是没有可遗传性的，但这种对于可遗传性的诠释太过狭隘了。可遗传性说的是

父母与后代之间的相似性。新个体必须与作为其渊源的老个体相似，新群体也必须与作为其渊源的老群体相似。多层选择并不需要更多的运行条件——它不用去管这些差异是以遗传过程还是文化过程为媒介的。我们能在远离基因决定论的情况下依然自如地 150
探讨自然选择的诸基本要素：表现型差异、可遗传性以及适应度后果。

从这个视角看，人类行为的进化似乎比简单遗传模型所说的更加欢迎群体选择（Boehm, 1997a-b; Boyd and Richerson, 1985, 1990a）。人类社会群体从来都不具备基因上的一致性，但它们常常表现出统一的行为，尤其当行为受社会规范加强时。新行为不一定会长期处于低频次状态——它能迅速成为社会群体中**唯一**得到实践的行为。当文化过程参与其中时，群体的可遗传性甚至比个体的可遗传性还要强大。对一个社会群体而言，即使其中的成员在不断变化，它也可以始终维持与众不同的行为特征。

人类进化过程中的游戏规则显然与简单遗传模型所说的不同。要继续推进该话题，我们就必须弄清楚这些规则的性质。对于群体选择而言，文化进化本身并不比基因进化更值得青睐。比如说像“模仿你所在群体中最成功的个体”这样的文化传播规则，对于群体选择来说是灾难性的，因为它只关心群体内的相对适应度。如果群体选择是人类文化进化过程中的一股强大力量，那么这必然是由一组特殊传播规则的进化而导致的。

为继续我们的分析，我们将认为人类文化进化应满足这样的特定要求：**在大多数人类社会群体中，文化传播会受到一组能用于识别何为可接受行为的规范引导**。违反这些规范的人会被惩罚，或被逐出群体。社会规范所认可的特定行为会因群体不同而有很大差别，但大多数人类社会群体中都存在着因惩罚和（或）驱逐行为而得到强化的规范。

我们将在下一章中评估这个经验主张的普遍性（同时也请参阅Boehm, 1993, 1996, 1997a-b）。我们当前的任务是分析社会规范对多

层选择的影响。显而易见的是，许多社会规范都能提升群体内行为
151 的一致性，并因此降低群体内选择发生的可能性。社会规范还能在群体层面提升表现型的稳定性与可遗传性。假设存在两种文化，即斯圭布与斯瓜布。[1] 斯圭布人遵循“对斯圭布同伴表现出利他性，惩罚那些不这样做的人，并惩罚那些没有实施惩罚行为的人”这样的社会规范。斯瓜布人遵循的规范则是：“解决你自己的问题。”他们会随意剥削其他斯瓜布人，而那些被剥削者可能会以个人名义进行报复，但不会得到其所在宗族义愤填膺的支持。这些利他的斯圭布人会在所有包含群体间过程，比如直接冲突、对公共资源的抢夺、建立新群体等项目的竞争中胜过爱争吵的斯瓜布人。那些通常被用来质疑利他主义进化可能性的问题，如群体内的欺骗和搭便车的现象，对斯圭布人而言并不是什么问题，因为那些欺骗者和搭便车者都受到了严厉的惩罚。当然，这要求我们对惩罚的进化做一番调查。惩罚者能因为强制执行规范而得到什么好处呢？现在告诉你：未实施惩罚行为这件事本身也会受到惩罚。这是斯圭布人所奉教义的一部分。那么那些惩罚未实施惩罚行为者的人又能因为强制执行规范而得到什么好处呢？在这一系列探究的终点，总存在一个以个人利益为代价为群体带来收益的行为。但正如我们在前一节中所说，只要个体所需承担的代价足够小，这件事就不会引起什么麻烦。因此，我们当前对人类社会规范的分析依赖于我们先前对低成本奖惩措施的分析。

现在假设群体间存在人口流动的现象。每一年都会有一部分斯圭布人和斯瓜布人通婚，这些新婚夫妇会选择加入其中一个群体。成为斯瓜布人的斯圭布人会被无情地剥削，若不改变其行为方式，他们便会一无所有；成为斯圭布人的斯瓜布人会被无情地惩罚，若不改变其行为方式，他们终将被驱逐出境。人们很善于改变其行为

---

[1] 译者注：原文为“Consider two imaginary cultures, the squibs and squabs”，此处采取了音译的方式。

方式。因此即使两个群体间存在人口流动，斯圭布人和斯瓜布人依然会保持行为上的统一性（Eibl-Eibesfeldt, 1982; Simon, 1990）。[1] 群体差异比个体差异更为稳定。

如果世界上只有斯瓜布人，那么就不可能有利他性存在；如果世界上只有斯圭布人，那么就不可能有自私性存在。这样看来，“利他性还是自私性”的问题具有任意性：这只不过是哪种社会规范恰好在种群中得以建立的问题。从接下来的内容以及下一章的内容中 152
我们可以看出，该陈述具有一定程度的真理性。然而在一个既有斯圭布人又有斯瓜布人，且两者以构建新群体的方式相互竞争的世界中，斯圭布人会取代斯瓜布人。因此，我们希望指出以下不对称性：**群体内选择会青睐于任何符合该群体社会规范的行为；群体间选择则只会青睐于那些能让群体在功能上具有适应性的社会规范。**

我们所构想的这个斯圭布人与斯瓜布人的例子，以通俗的方式描述了由博伊德和里克森（Boyd and Richerson, 1985, 1990a-b, 1992）发展起来的文化群体选择理论。他们最关键的发明是**多种稳定平衡态之间的群体选择**（group selection among multiple stable equilibria）观念。在标准群体选择模型中，有利于群体的性状在群体内都具有进化上的不稳定性（或至少是中性的）。进化博弈论中浮现出来的最重要的洞见之一就是社会互动能导致多种稳定平衡态的出现。因为每个策略的适应度都取决于群体内获得表达的其他策略，所以常常会产生多数派效应（majority effects）；一个策略也许能在一个它普遍存在的群体中存留下来，却无法侵入一个其他策略普遍存在的群体。其中一个最耳熟能详的例子就是多次囚徒困境博弈中完全背叛

[1] 西蒙（Simon, 1990）强调将顺从性，或者说遵从社会规范的意愿，看作利他主义进化中的一个重要机制。他认为自己的模型是群体选择的一个替代项，但他却没有关注群体内和群体间的相对适应度。如果我们用多层选择框架转译西蒙的模型，那么其结果便与我们正在谈论的主题相似。但我们必须强调的是，遵从社会规范的意愿建立在对下面这件事一致认同的基础上：从某种意义上说，这些规范是公平的（Boehm, 1993）。根据多层选择理论的预测，人们应会全力以赴地抵制那些有利于群体内剥削行为的社会规范（Wilson and Sober, 1996）。

策略与投桃报李策略之间的互动，这两个性状能互相抵制对手的入侵行为。

多种稳定平衡态能创造出一种不会与群体内选择对立的群体间变异。不同平衡态所偏爱的行为可能会导致群体适应度的差异，但根据定义，它们在群体内都是稳定的。[1] 因此，即使是群体适应度上的细小差异，也足以导致一个行为在经过足够长的时间后取代另一个行为。

对于在多种稳定平衡态之间进行的群体选择而言，社会规范和文化进化并不是其必要条件，但它们能大大增加该过程发生的可能性。事实上，只要能从社会规范那里得到足够多的支持，**任何**行为都能在社会群体内变得稳定（Boyd and Richerson, 1992）。与行为之间具有自然关联的成本和收益，会完全被依附于社会规范的奖励与惩罚盖过。随着各种群体对不同的社会规范进行部署，群体选择能自由地在大量可替代的主要行为之间进行筛选。这些主要行为在群体内都具有内在稳定性，它们都获得了规范性的支持。

153 至此我们已经描绘了一幅人类社会群体以具有内在稳定性的方式发生变异的画面。该变异会影响到群体层面的运作，导致一些性状在群体选择过程的作用下取代另一些性状。现在我们要问的是：群体间变异是如何起源的？它或许源自理性思想。假设斯圭布人的祖先是斯瓜布人。她在某天清早醒来时想到了一个好主意，并据此

[1] 社会规范的内在稳定性取决于其奖励与惩罚的能力。正如我们在前一节中所谈到的，这些次要行为并不具有内在的稳定性。比如说，“惩罚欺骗者”的规则在搭便车策略面前就显得十分脆弱——执行该策略的人没有进行欺骗，也不会去惩罚欺骗者。“惩罚欺骗者与那些不惩罚欺骗者的人”这样的高阶规则，在高阶的搭便车策略面前同样不堪一击——执行该策略的人不但避免欺骗和惩罚欺骗者的行为，还放弃惩罚那些不惩罚欺骗者的人。博伊德和里克森（Boyd and Richerson, 1992）认为，一般性的惩罚规则能跳出这种无穷后退模式，并让社会规范在群体内变得真正稳定。我们对此深表怀疑。我们的猜想是，社会规范最终建立在很弱的利他主义性状上。但不管谁对谁错，只要低成本的次要行为存在，多种多样的主要行为就会具有内在稳定性。

建立起了一个人人都很和善的社会。人们会惩罚那些不善之人，并惩罚那些没有实施惩罚行为的人。她还让其他一些人确信了其观念当中的智慧，那些人前往另一个山谷，建立起了他们的乌托邦。接下来便是这样的历史发展过程：乐于助人的斯圭布人步入了繁荣，并最终取代了好勇斗狠的斯瓜布人。

或许在很多情况下，我们都能用理性思想来解释群体间的表现型差异。但在人类学家中间，这一点并没有得到足够的重视——它并没有被看作文化演变的推动力量（Boehm, 1996）。在下一章中，我们将给出一些关于新社会规范的例子。这些社会规范是通过高度理性化、集体化的决策过程创造出来的。它们不但规定了群体中的每个人应当如何行动，还说明了这些规范的强制力将如何得到保证。然而，正如勃姆所小心强调的：如果我们由此推断说社会规范的**所有**适应特征都是在有意识的、理性的设计下产生的，那就大错特错了（Boehm, 1996）。人类心智并没有强大到能理解行为所衍生出的所有后果（Simon, 1983），而且非理性的信念也可能因种种理由兴起、延续。许多行为在群体层面确实具有适应性，但人们不知道它们为何具有适应性，甚至可能不知道它们是否具有适应性。亚当·斯密“无形之手”的暗喻所强调的便是这件事。要将这些行为整合进社会规范中，盲目变异与选择性保留的机制（Campbell, 1974）是必需的。让我们修改一下先前的案例。假设那个在清早起床时突发奇想的斯瓜布人并不是有意识地思考要如何设计一个乌托邦社会，事实上，她只是在吸食一种强效大麻后看到了一些她无法解释的幻象。尽管如此，她还是说服了其他人，让他们满怀信心地迁去了新的山谷。接下来的事取决于新社会规范系统相对于旧系统来说运作得怎样。群体层面功能设计的好坏会决定最终结果的好坏，至于社会规范是由理性设计出来的还是通过非理性的启示得到的，这根本就无关紧要。

至此，我们已经构想了因突变事件而发生的群体间变异——整 154
件事都源自一个能迅速吸引到追随者的个体。群体间社会规则的继发性变异同样可能产生这种效果。让我们再来修改一下先前的案例。假设占领新山谷的并不是先知和她的“羊群”，而是一部分决定移民的斯瓜布人。虽然这个新群体想要完全遵循旧法，但光是记忆上的偏差就足以导致社会规范发生某些变异。如果这些变异在功能上具有重大意义，那么它就会在群体层面上被选择。人类学家已经记录了许多这样的小规模文化变异（e.g., Barth, 1989, Hudson, 1980; Jorgenson, 1967）。

总而言之，群体间变异既可能来自有意识的设计，也可能源于某些任意的过程。它的起源可能像巨大的飞跃，也可能像在以不可觉察的脚步前行。虽然这些确实是会对进化过程造成重大影响的重要差别，但是它们都为在群体层面运作的自然选择过程提供了“可遗传的表现型变异”这个原材料。与个体层面的自然选择进行类比能再度帮助我们澄清上述观念。在基因进化过程中，一个新的突变可能会与野生型（wild type）彻底不同（一次大突变），也可能仅与之存在微小差别（一次小突变）。我们通常认为突变是随机产生的，但我们至少能设想某种与拉马克主义近似的过程——其中基因突变就像能够预期环境变化一样（e.g., Steele, 1979）。大突变、小突变、任意突变、定向突变会对进化过程产生不同影响，但它们都能为个体选择提供原材料，从而创造出在功能设计上能满足它们在其所处环境中生存、繁衍需要的有机个体。同样，我们上面描述的所有能在群体层面上产生变异的机制，都能创造出（相对于其他社会群体而言）在功能设计上能满足它们在其所处环境中生存、繁衍需要的社会群体。经由这样的过程，群体也能进化为适应性单元。

群体选择与文化多样性

博伊德和里克森的群体选择理论在对“由非亲缘个体构成的大群体何以进化为具有功能组织性的单元”这一问题进行解释的道路
155 上迈进了一大步。此外，他们的理论还牵涉到如何看待文化多样性之本质的问题。在标准群体选择模型中，群体内选择会将自私行为发扬光大。但在博伊德和里克森的理论中，基于不同的社会规范，群体内选择几乎能推行**任何**一组主要行为。如果我们撇开作为推动力量的社会规范去审视这些主要行为，就会发现它们或利他，或自私，或者根本就是愚蠢透顶。就像博伊德和里克森 1992 年那篇论文的标题所说："惩罚能让合作（或其他任何东西）在具有相当规模的群体中得以进化。"当主要行为的成本和收益被维系于社会规范之中的奖励和惩罚所掩盖时，它们顿时就变得无关大局了。

对人类行为感兴趣的进化生物学家会时不时地强调社会规范的重要性，但他们一般会假定个体有自由选择主要行为的能力——这些主要行为的成本和收益并没有受到次要行为的影响。该假定大大削减了可能在群体内受到青睐之行为的多样性。于是人们便会用狭隘的功能主义来诠释那些实际得到进化的行为。适应主义的批评者们往往会强调跨文化行为的多样性——这些行为似乎不可能在文化规范的语境之外获得功能上的意义。这两个立场之间的差异通常被看作天堑鸿沟，以至于两边的成员几乎不愿相互交流。博伊德和里克森对社会规范的分析或许能让这两派重归于好。

可能受群体内选择偏爱的行为多样性在经历群体间选择的修剪后只会剩下一个在群体层面具有适应性的子集。然而由于一系列原因的存在，我们依然应期待人类社会群体间存在行为多样性——这种多样性只能在社会规范的语境下得到说明。首先，群体选择可能是文化进化过程中一股强大的力量，但它并不是唯一的力量。让我们回到那个斯瓜布先知在吸食强效大麻后创建斯圭布群体的例子中来。她所看到的关于新社会的幻象中可能包含了一些能用以说明斯圭布人之成功的利他主义要素，但可能还会囊括其他一些对群体来说无意义的，甚至会导致其功能失调的其他要素。由于所有这些要素都是因斯圭布的社会规范而在群体内受到青睐的，它们只能作为一个内容良莠不齐的组合套餐而得以进化。这与种群遗传理论中"搭便车"的概念很像——它说的是坏基因和中性基因会因其与好 156

基因之间存在关联而得到进化。当个体没有意识到何谓适应性行为（或者不关心这种能用于排除其他行为的想法）并完全尊奉传统时，尤其可能导致搭便车现象在文化领域发生。

其次，那些在群体层面具有适应性的行为可能是由不止一组规范造就的。与个体层面的进化进行类比可以再次帮助我们澄清上述观念。假设我们以十个孤立的果蝇种群为对象开展筛选翅膀长度的人工选择实验。每个世代中，只有那些翅膀最长的个体才会被选作下一代的父母。世代几经更迭后，十个种群全都进化出了长翅膀。现在让我们来看看每个种群为保证翅膀长度而进化出来的遗传发育机制。这些种群不一定要进化出相同的机制。人工选择过程只会“看到”长翅膀，而不会去管那些造就长翅膀的直接机制。因此我们所能预见的是：尽管这些种群在表现型层面上会十分相似，但它们在创造表现型的直接机制层面上并不必然存在相似性。其实已经有人在实验室中开展了这类实验（Cohan, 1984），但它是在自然种群这个更宏大的规模上进行的——人们称之为“趋同进化”（convergent evolution）。自然界中到处都能找到那些在进化后通过不同方式来完成同一项工作的物种。

同理，即便群体选择已通过进化将人类社会群体塑造为适应性单元，那些确保群体福利得以提升的文化性状也可能呈现出高度的多样性。在某些文化中伴随亲社会行为产生的可能是警觉性和公开羞辱；而在其他文化早期，与之相伴的或许是价值的内化。群体选择只会“看到”行为的产物，而不会去管创造该产物的过程。在下一章中，我们将通过证据表明，人类群体中产生亲社会行为的机制比亲社会行为本身更具多样性。

巩固我们的结论

我们在前四章中谈到了许多内容，如今是时候再回顾一下之前
157 我们已经取得的进展了。我们从达尔文最初认为人类美德在群体内

"几乎毫无优势"，却能在群体层面通过自然选择得以进化的猜想出发，介绍了能以数学模型抓住达尔文思想要领的标准利他主义模型。我们已经说明，群体选择的基本要素与个体选择的构成要素相同：它们都要求有一个由某种单元构成的种群，其中单元之间存在可遗传的变异，而这些变异又会带来与之相应的适应度上的变异。

我们还说明了这样一件事：当利他主义因群体选择而得到进化时，人们总是能通过对个体的跨群体适应度进行平均化计算而使其呈现出自私自利的形式。我们称之为"平均化谬误"，因为它将自私性空洞地定义为"得到进化的任何事物"。没有人会捍卫一般形式下的平均化谬误，但在许多特殊案例中，人们都犯下了此等过失，并因而导致"我们研究性状之进化时不应将群体看作进化力量之一"的错误结论。如果人们能及早地避免平均化谬误，那么进化生物学过去整整三十年的历史都会变得全然不同——拒绝群体选择，并把其他框架当作社会行为研究基础的事件将不复存在。讽刺的是，尽管汉密尔顿（Hamilton, 1975）是第一个发现多个理论间存在正当关联的人，但即使是他，也无法改变群体选择及其所谓替代选项在观念上的"人格分裂"状态。

在第三章中，我们讨论了要如何从多层选择理论的立场出发来思考与适应器相关的问题。我们提出了一个程序。步骤 1，群体将被看作适应性单元——它们在功能设计上的目标是最大化这些单元相对于其他群体的适应度。步骤 2，个体将被看作适应性单元——它们能最大化这些个体相对于同一群体内其他个体的适应度。这两个步骤还算比较简单，因为它们所涉及的都是从功能设计的角度进行思考的做法，而这种做法是非常符合直觉的。就"性状由自然选择进化而来"这一点而言，步骤 1 和步骤 2 归纳了不同的可能性——真正的种群通常介于这二者之间。步骤 3 就是要在每个层面上调查自然选择的基本要素，看看种群最有可能落在"纯粹群体间选择"和"纯粹群体内选择"这两极之间的哪个位置。

这个三步式程序清楚地告诉我们：群体选择在无须由遗传近亲

158 构成群体的情况下也能成为一股重要的进化力量。就其所有洞见而论，亲选择理论只是成就了这样一种狭隘的观点：谱系相关度是唯一一种能让利他主义得以进化的机制。由于该理论被广泛接受，此时的利他主义让适应器不再成为社会生物学当中的核心问题。多层选择理论通过以下做法扩展了上述观点：它把注意力集中在了作为核心问题的**适应器**身上，并审查了自然选择的诸基本要素——表现型变异、可遗传性、适应度后果——这些要素对于生物层级系统中所有层面上的适应器进化而言都是必需的。只有在这个更大框架所提供的语境中，我们才能真正理解利他主义。

该框架与人类行为之进化尤为相关。人类社会群体**看似**具有高度组织性——数个世纪以来，它都被诠释为超个体。许多进化生物学家都不认同这种诠释，其原因在于，人类群体并不拥有像蜂巢或珊瑚群那样的遗传结构。多层选择理论对这种反对意见提出了质疑，它要求人们以自然选择的诸基本要素为基础来评价人类群体。照这些标准来看，群体选择是一股始终贯穿于人类进化历史的强大力量。取代谱系相关度的机制很可能在许多物种那里都在发挥作用，尤其是在人类种群当中，因为它们要求复杂的认知能力以及（在某些情形下要求）行为的文化传播。因此，多层选择理论不但可能解释人类为何具有超社会性，还可能解释人类为何经历了一种独一无二的群体选择过程。

第五章　作为适应性单元的人类群体

我们已将人类群体描绘为在功能组织性上能与蜂巢、珊瑚群、 159
单一个体相媲美的潜在适应性单元。该图像与某些思想传统相一致——数个世纪以来，人们都用超个体的暗喻来描述人类社会。但该图像也与另一些思想传统相冲突，其中包括人文科学方法论上的个体主义以及进化生物学中的个体主义视角。

至此，我们的图像都建立在理论模型之上，这些模型说明了何以连非亲缘个体构成的庞大群体也能进化为适应性单元。在这一章中，我们所要调查的是这些模型能在多大程度上描述真实的人类社会。评估这些模型的一种方式就是选择人类行为的一个特定方面，并依第三章中我们所勾画的三步式程序来进行验证。比如说，决策制定是一种与适应度密切相关的认知过程。制定决策往往需要包含以下行为：设想一系列可能用于解决问题的方案、收集相关信息、评价相关替代项。所有这些步骤都可能从联合行动、劳动分工、平行处理，以及群体协同式互动的其他优点那里获益。我们可以设想生物和文化上的进化都将人类群体塑造成了具有功能一体性的决策制定单元（这是第三章所说程序当中
的步骤 1）。同样可能的是，个体像自给自足的决策制定者那样运 160
作——他们只会试着最大化其群体内的相对适应度（步骤 2）。威尔逊（Wilson, 1997）回顾了有关决策制定的心理学文献，并在此基础上估算了人类群体处于上述两种极端可能性之间的哪个位置。与人类行为相关的大量科学文献至少能让我们沿着同样的思路对

许多其他主题做出初步评价。

在这一章中，我们要采用一条不大一样的研究进路——我们要以全世界人类文化为对象进行一次调查（survey）。我们的目标并不是关注人类行为的某个特殊方面，而是评估那些能让群体选择成为人类生物进化和文化进化过程中一股显著力量的模型所指认的重要因素。其中包括能以低成本强制执行的社会规范、由选型互动引发的群体形成，以及群体间由高适应度群体取代低适应度群体的过程。我们的分析将以对二十五种文化的调查为基础，这些文化都是从“人类关系区域档案”（Human Relation Area Files，简称：HRAF）所记载的数百个案例中挑选出来的。HRAF 是为了使跨文化比较研究更加便利而设计的人类学数据库（Murdock, 1967）。在那之后，我们将通过回顾针对几个文化而开展的细致研究，来详尽阐述我们最为重要的一些观点。

对随机选定文化的调查

有时人们会说，人类文化如此复杂多样，以至于任何对其进行概括的尝试都注定要失败。这样的评价过于悲观了，不过它也提醒我们必须避开因偏倚而产生的陷阱。其中最常见的偏倚就是在这些文化中挑挑拣拣，以找出那些能佐证我们观点的内容。既然有选择地使用统计数据能支持任何论证，那么有选择地使用人类学文献中的逸事也能支持几乎任何一个有关人性的说法。避免该问题的方案就是去研究世界文化中的**随机**样本。为使该计划便于实施，人类学家开发出了一个名为“人类关系区域档案”（HRAF）的数据库。HRAF 囊括了来自全世界数百文化的人种志，这些人种志会根据为
161 数众多的范畴而被阅读、编码、索引。[1] 其中一个范畴就是“规范”

[1] HRAF 并不是世界文化的随机样本。它显然偏向于那些已经在人类学家那里得到充分研究的文化。同时，它的绝大部分都由传统社会而非现代国家构成。(转下页)

（编号 #183）。它的定义如下：

> 对风俗习惯的原生（native）定义与科学定义（例如理想模式、某些限度内的变异范围、以已观测行为为基础的统计归纳）；积极与消极的规范（例如民俗、禁忌）；成文规范和隐藏规范；能带来影响和符号价值的规范方面的投入（例如风俗、理想化）；理想与行为之间的矛盾；规范的结构（例如文化复合体、公共机构）。

要查看 HRAF 所记载的任意一种文化中有关规范的部分，我们只需在那个文化中查找编号 #183 就行了。你所看到的是一页页人种志原件的缩印照片，在那些描述规范的段落边上会有手写的数字 183。这数千页人种志的页面边缘还会有关于数百个其他主题的编码。编制 HRAF 确实是一项无比艰巨的任务，尤其是在计算机时代降临之前。

为完成调查，我们首先要在所获的 HRAF 记录的 354 种文化中随机挑选出 25 种文化。[1] 随后，我们收集了每种文化中带有 #183 编号的书页，其页数要求最少为 5 页，最多为 10 页。记录少于 5 页的文化会被舍弃，再随机选择另一种文化取而代之。对于那些记录多于 10 页的文化，我们则不管其中内容如何，都只收集前 10 页。

（接上页）尽管这不是一个随机样本，但 HRAF 当中所包含的传统社会不太可能在我们所要处理的问题上有所偏倚。换言之，我们没有理由认为 HRAF 中所记录的社会在群体层面上比那些没有在 HRAF 中出现的社会具有更好的适应能力。传统社会与现代国家之间的比较则是另一回事。现代国家与传统社会在规模上和文化历史的新近程度上都有不同。生物进化所产生的群体层面的适应器——那些在面对面的小群体中能起到良好调节作用的机制，很可能会随着社会规模的扩大而土崩瓦解。同样，经年累月积淀下来的那些群体层面的文化适应器，也可能在大规模社会形成之初便分崩离析。我们将尽自己最大的努力来说明这些问题，但其中许多问题依然无法得到解决。

[1] HRAF 的内容会得到周期性的更新。有些图书馆的版本比其他图书馆更新、更全。我们使用的是宾汉顿大学图书馆收藏的版本，其中包含了 354 种文化。

该随机样本所包括的文化如表 5.1 所示。其范围从与人类祖先条件相仿的狩猎者－采集者群体 [1] 到高度阶层化的社会，如印度的种姓制度和太平洋西北部的美洲原住民。作为人类物种之印记的惊人文化差异，在我们的样本中得到了充分体现，从这次调查中得出的任何一般结论都应适用于 HRAF 数据库中的绝大多数其他文化。我们在一点上无可指责：并没有刻意挑选某些文化来支持所要提出的观点。[2]

即使拿到了随机文化样本，我们也还可能通过挑选某些特定
163 的段落来支持某一观点。人们已经开发出用以避免这类偏倚，并将对人类行为的文字描述转化为可供统计分析的数字形式的方法。比如说，有一种被称为 Q 分类（Q-sort）的方法，它所做的是对一叠印有陈述句的卡片进行分类（Block, 1978; Tetlock et al., 1992）。阅读过档案中文字描述的人会将这些卡片归入若干范畴，这些范畴根据卡片上所印陈述句与文字描述的契合程度，在“高度符合”

---

[1] 根据进化论的标准，农业和畜牧业是极为新近的事物。在人类进化的大部分时间里，我们的祖先都在搜寻自然食物资源。因此，人们认为现代狩猎者－采集者社会与我们进化历史中多数时期的物理条件、社会条件都很相近。然而在今天，狩猎者－采集者社会自身也呈现出多样性，而且他们的栖息地都被其他文化限制在了边缘地区——位于富饶地区的狩猎者－采集者社会可能与之相差甚远。

[2] HRAF 中各种文化人种志材料的数量也会有所不同。有 13 种随机选择的文化因为材料不够充分而被舍弃了（贝都因、白俄罗斯、比哈尔、伊拉克、堪察加、立陶宛、莫哈维、莫西、普什图、塔拉曼卡、泰卢固、特鲁西尔阿曼、沃利埃）。在对这些文化的记录中，大多数范畴（而不只是社会规范）的信息都少之又少；因此，就我们所提出的问题而言，将它们排除在外的决定并不会造成取样上的偏差。另一种可能造成取样偏倚的可能性与诸文化间的历史联系有关。历史上源自同一种先祖文化的诸文化无法提供在统计上独立的观测报告，这就像系统发生上（phylogenetically）具有相关性的物种没有统计上的独立性一样。为解决该问题，人类学家区分出一系列与生物学中高阶系统发生单元类似的“文化簇”（culture clusters）。为将历史的影响降到最低，人们在勘察时应注意只在每个文化簇中选择一种文化。然而，该程序可能会带来其他形式的偏倚，即让小文化簇比大文化簇处于更有利的地位。考虑到这一点，我们并没有以文化簇为依据来挑选样本。不过，加入具有历史相关性的文化簇只会缩小有效样本的规模；就我们正在研究的问题而论，这样做并不会产生取样上的偏倚。

和“高度不符合”之间分为几档。因此，像“个体行为受社会规范严格控制”这样的陈述句，可能会被评定为符合或不符合的。该评价建立在整个描述而非某个段落的基础上。

像 Q 分类这样的量化方法并不能消除阅读者的偏好。不同人在阅读同样的材料时依然可能以不同方式对卡片进行分类。此外，最初由人类学家撰写的记录也并不完全是客观的——它们有时也会带有很强的意识形态偏倚。自由意志论者、自由主义者、女权主义者对同一种文化的描述可能会截然不同。人们可以让多名读者对同一文化的多个描述进行 Q 分类，以部分地克服这类偏倚。高要求的调查应将对象限定为至少被三名不同的人类学家研究过的文化。每个人种志还必须被不曾知悉调查目的的三名不同读者阅读过。这样的设计能让文化间的差异与描写同一文化的不同人种志间的差异以及阅读者间的差异区别开来。[1]

即使我们做好了所有这些预防措施，另一些偏倚还是可能悄悄混入我们的研究，并导致错误结论的产生。比如据我们所知，大多数早期人种志学者（他们的作品在 HRAF 中所占的比例异乎寻常地高）会过分强调部族社会中社会规范的重要性。对同一社会的进一步研究通常会揭示出那些行为更具灵活性和个体性的一面。或许人类学家在过去数十年间真的改变了他们诠释其他文化的方式——这一点只要通过对比某个文化样本早期人种志与近期人种志的 Q 分类就能得到确证。然而，我们必须注意避免做出“知识总在进步”以及“现代人种志学家必定比他们的先驱更有知识”这样的假定。最近受进化论启发的人类学研究，常常将所有文化中的人都描绘成能通过精明地估算各个选项而使内含适应度最大化的自由行

[1] 我们能通过考察多个人种志来缩小人种志学者那里可能产生的偏倚；但这种偏倚不可能被完全消除。从人种志学者来自同一文化并阅读过彼此作品这一点上说，他们的描述无法被看作在统计上独立的事件。

162* **表 5.1　由人类关系区域档案中随机挑选的二十五个文化样本**

（表中编号指的是 HRAF 为每种文化所定的识别号）

文化	编号	地区	生计
瑟诺伊	AN6	亚洲	狩猎、采集、火耕、农业
阿富汗	AU1		放牧、农业
泰米尔	AW16		农业
比尔	AW25		农业、采集，曾狩猎
姆布蒂	FO4	非洲	狩猎、采集
克佩列	FD6		农业
塔伦西	FE11		农业
索马里	MO4	中东	游牧
阿姆哈拉	MP5		农业、畜牧
费拉欣	MR13		农业
努特卡	NE11	北美	捕鱼
阿米什	NM6		农业
纳瓦霍	NT13		农业、抢劫
梅斯卡勒罗	NT23		狩猎、采集、抢劫
帕帕戈	NU28		沙漠农业
马努斯	OM6	大洋洲	捕鱼
新爱尔兰	OM10		农业
特鲁克	OR19		捕鱼、农业
雅浦	OR22		捕鱼、椰子种植
萨摩亚	OU8		捕鱼、农业
吉利亚克	RX2	俄罗斯	捕鱼、狩猎海洋哺乳动物
楚科奇	RY2		狩猎、驯鹿放牧
多巴	SI12	南美	狩猎、采集、农业
库那	SB5		捕鱼
帕兹	SC15		农业

* 因排版原因，页边码顺序有变。——编者注

动者（e.g., Betzig, 1997; Betzig, Borgerhoff Mulder, and Turke, 1988）。这并不是与真理相符的更好的人种志所孕育的视角，而是从由进化生物学那里引进的概念框架中获得的观念，它就像用以观察所有情报的透镜。在注意自己可能出现的偏见时，我们还要注意前辈可能持有的偏见。稍后我们将看到，在这次调查当中，许多人种志学者不但会强调社会规范的重要性，而且会把握那些规范下自由发挥的空 164
间。

我们目前正在开发一种能用于处理理论模型之主要议题的Q分类法，这种方法能帮助我们实现上面所说的那种高要求调查。但这一章所描述的是不太正式的调查所呈现的结果，做法是通过引用某些段落来说明那些似已浮出水面的一般趋势。也就是说，虽然完成了“随机挑选文化样本”这重要的第一步，却还**没有**采用后续的步骤来规避其他偏见，其中就包括有选择地引用调查材料而造成的偏倚。当然，我们并未刻意歪曲调查结果，但科学方法论的根本目的正是消除无意识的偏见。因此，除非有人通过完成高要求的调查来印证我们的看法，否则这些都还只是初步的结论。

至此，我们已经对自己这边潜在的偏倚进行了探讨，除此之外，还需思考读者那边可能产生的偏见。导论曾说，本书的读者很可能来自三大思想传统：个体层面的功能主义、群体层面的功能主义，以及反功能主义。每个读者都有可能觉得我们的结论中有一些是可信乃至于自明的，而另一些则是值得商榷的。可惜的是，从这三大传统而来的读者很可能在“哪个结论是可信的”这一点上产生分歧！近三十年来，个体层面的功能主义一直都在进化生物学和人文科学中占统治地位。因此我们的主要目标是通过说明人类群体能够且常常扮演适应性单元的角色，来修正该传统所造成的偏见。而对于群体层面的功能主义者而言，我们所要传达的信息是：人类群体并不**总**（invariably）像适应性单元那样运作。作为地球上最具兼性的物种，人类不但能提升其群体内的相对适应度，**还**能将自己融入群体层面的有机组织中去。其最终结果取决于人们或自然邂逅，或自己建立的种群结构。至于反功能主义者，我们得说他们在某些地方确实很对。许多人类行为都不能在脱离文化系统这一语境下用狭隘的功能主义进行解释，但承认这一点并不需要反对进化论。我们所主张的是，在达尔文式的理论框架下研究人类行为会取得丰硕的成果。可见，这三大理论传统中的诸要素都被囊括进了多层选择理论之中。

165 在将这些警示铭记于心后，我们现在就能接着问“对全世界人类文化的文字描述在何种程度上契合于理论模型的假定和预测”这一问题了。

社会规范的重要性

社会规范能通过以下两种方式促成群体层面适应器的进化：一是改变与利他的主要性状相关的成本、收益；二是在内部创建一系列能被群体选择筛选的、内部稳定的社会系统。所有文化中都存在社会规范，但“它们的强度以及群体内行为受它们调控的程度究竟有多大”就是更开放的问题了。当前流行的人类行为进化观趋于将个体视作能采取他们想要施行的任何策略以最大化其内含适应度的自由行动者。该论点虽未否认社会规范的存在，但的确会使社会规范的行为调节作用变得微不足道。

与之相反，我们的调查所展现的结果是：在全世界大多数文化中，人类行为都受到社会规范的严格调控。在我们样本的大多数文化中都能找到诸如此类的段落：“任何违反受社会承认的生活方式或生活价值的行为都可能被视作犯罪……不管它是多小的行为……他们有一个很大的民法体系——一个规定生活、经济、社会、宗教等各方面权利和义务的系统——所有人都小心谨慎地遵循其中的规则。”（这里提到的是比尔文化；Naik, 1956, p.223）“所有对社会生活而言比较重要的行为，甚至包括在为氏族成员复仇的战斗中牺牲某人生命的行为，都是宗教世界观中不许犹豫也无须强迫的绝对命令（categorical imperatives）。”（吉利亚克；Shternberg, 1993, p.116）“即便是家庭日常生活中最稀松平常的行为也可能成为整个族群关注的焦点……至关重要的是，必须存在着一种得到普遍承认的行为模式——它得涵盖所有可构想的活动。”（姆布蒂；Turnbull, 1965, p.118）

美国西南部帕帕戈人的观测者们对小型部族社会中有关社会控制的一般动态做了如下概括：

> 公众舆论会对那些背离公认行为标准的人进行责难。在一 166
> 个小到所有成员及其私务都会为人所知的共同体内，这无疑是一股强大的力量。在帕帕戈人当中，几乎不存在任何偏离标准行为模式的约定俗成的异常行为，共同体中的指导原则适用于每个人。没有人能因为他的财富，或作为村干部的地位，或某项特殊技能而无视这些原则……如果有人未按社会公认的方式行动，那么这件事难免会成为众所周知的传闻，随之而来的一般责难能够有效阻止那些伤风败俗的行为。（Joseph Spicer, and Chesky 1949, p.166）

我们强烈怀疑有些读者会将这些叙述看作自明的真理，另一些读者则会视之为人类学家愚蠢的表现——他们会认为这些人类学家根本没有理解他们所研究的文化的真正本质。如果这些叙述真是不正确的，那么这就是件牵连甚广的蠢事了。因为我们随机取样当中的绝大部分文化都有类似记录，这就意味着（很有可能）整个 HRAF 数据库中的大多数文化也是如此。如果这些叙述大体上是正确的，那么我们就能得出这样的结论：或许在全世界贯穿于人类历史始终的大多数文化中，人类行为都受到社会规范的严格调控。对一些依据常识经验来理解人类行为的人而言，这样的结论或许再明显不过了；但对那些尝试用正规科学理论来解释人类行为的人来说，它们无疑会产生深远的影响。尤为重要的是，它能为那种替代谱系相关度的机制提供证据，从而使群体选择成为人类进化过程中一股强大的力量。

强制执行社会规范所需的成本

我们曾在第四章中主张：个体通常能在仅付出微小代价的情况下大幅增加或减少他人的适应度。低成本的奖惩措施对于维护社会规范以及放大由非亲缘个体所构成群体中的利他主义来说都是至关重要的。我们调查中的许多例子都能说明，即使最强的生理冲动（biological urge）也能被低成本的奖惩措施压制。一个在东西伯利亚吉利亚克人中间生活了许多年的人种志学者只碰到了三例明显违反禁止性规范的事件（Shternberg, 1933, p.184）。在第一例事件中，有位老人买了一个与自己儿子年龄相仿的新妻子。当这位父亲去世之后，他
167 的儿子与继母共同生活了一段时间（他们之间大概还发生了性关系）。对我们来说，这个儿子对同龄女性具有吸引力是非常自然的，但他显然震撼了整个“将他视作禽兽”的共同体。在第二例事件中，有个男人娶了一个来自其他氏族的女人。不巧的是，该氏族曾从他所在的氏族中娶亲。这违背了该文化的婚姻规范，即使它并不构成我们意义上的乱伦行为。在第三例事件中，有个哥哥娶了一名寡妇，这个寡妇是他已过世弟弟的妻子，而决定寡妇再婚事宜的常规程序是集结氏族成员，让他们对此事做出决定。依照吉利亚克社会的规矩，哥哥没有对他弟弟的遗孀“做任何事的任何权利”。[1]

上述三个事件都与繁衍也就是生物适应度相关。这些违规者似乎只是在做一件很自然的事——为那些从生物学立场上看非常合适的配偶而竞争。交配的欲望是最强的生理冲动之一，男人们

[1] 从群体层面上说，允许所有男人为所有适意的女人而竞争的社会规范，很可能会引起高度的功能失调。在此意义上，决定谁能与谁婚配的规则很有可能为群体带来收益，尽管这些规则本身具有任意性。某种程度上，传统文化中的婚姻规则与现代国家中的驾驶规则情形相似——不管这个国家的习惯是靠左行驶还是靠右行驶，只要它能让每个人都待在同一侧就行。

为女人而展开的竞争也是社会生活中最具破坏性的方面之一（Daly and Wilson, 1988）。社会规范何以能抑制如此强大的冲动？那些执行规范的人又要付出多大的代价？根据斯藤伯格（Shternberg, 1933, p.184）的记载："前两个案例中的违规者不得不进行自我流放（voluntary exile），即生活在定居点之外，成为孤家寡人。他们还被剥夺了所有与放逐相关的氏族祝福。"[1]"不得不进行自我流放"这个绝妙的措辞很好地体现了我们在第四章中提到的实施奖惩行为时所需的低成本。[2]社会规范的强制执行者并不需要与这些离经叛道之人进行打斗，或者以其他什么方式花费许多时间、精力，承担某些风险。他们只需要**判定**违规者必须被放逐，事情就算是完成了。对任何特殊个体来说，群体都具有明显的优势——在力量差距如此悬殊的状况下，他们之间甚至不存在所谓的较量。

同样令人惊叹的还有这类事件的稀有性。事实上，这三名违规者中有两人都被称作"俄罗斯化的吉利亚克人"——他们往往以目空一切的态度看待自己人的习俗。斯藤伯格认为他们是"因在外来文化影响下改变心智而产生的特例"。根据斯藤伯格的说法，通常情况下，吉利亚克人对"在被禁止的范畴之间进行通婚"这一想法所做出的反应，与许多人在他们自己的社会中对乱伦或同性恋所感 168
到的发自肺腑的嫌恶是相同的。这些规范被内化的程度如此之高，以至于他们根本就不需要采取任何强制措施。

另一个与规范实施之低成本相关的案例来自美拉尼西亚乐苏（Lesu）岛上的社会（Powdermaker, 1933, p.323）。有个人养的猪闯进了另一个人的菜园，吃掉了后者的庄稼和芋头。受害者并没有生气，违规者反倒对由该事件引发的闲话感到恼怒不已，因为这些话败坏了他的声誉。因此这名违规者试图将一头猪送给受害者来"平

[1] 有关第三个案例的记载只是说它引起了"共同体的激烈反应"，却没有给出具体细节。

[2] 译者注：之所以说它是一个"绝妙的措辞"，是因为英文原文"had to go into voluntary exile"中表示被迫的"had to"与表示自愿的"voluntary"被放到了一起。

息这些流言”。受害者回复说，这种做法实在太蠢了。随后，他凭借一个“该事件应被遗忘”的声明止住了流言。我们的调查当中有许多案例都表明流言似乎是作为一种强大的社会控制形式发挥效用的。在这个案例中，强制执行规范所需的成本有多大呢？受害者除了原谅违规者并拒绝领受赔偿之外，没有做任何事。若非如此，制造流言的那些人就又有谈资了。违规者如此急着想要恢复的声誉简直就像是能被任意予夺的魔法物质。

社会规范并非无所不能

尽管大多数文化中都存在着强有力的社会规范，但我们的调查结果还是清楚地说明了这样一件事：个体确实会为了自身利益而违反规范——如果违规行为会被处罚，那么他们就会偷偷摸摸地进行违逆；如果违规行为不会被处罚，那么他们就会堂而皇之地实行违抗。如果不存在与社会规范力量相当的违规行为，那么这些规范就是毫无必要的。我们并不想主张人类群体总像适应性单元那样运作，我们调查的结果也不支持这种主张。许多撰写 HRAF 人种志的人类学家显然不是盲目乐观的浪漫主义者，他们很快就意识到，事实上还存在着一些能暗中破坏群体福祉的自利行为。类似于这样的段落在我们的调查中十分常见：“尽管有着来自神明的仁慈关怀以及由仪式和传统带来的有益影响，大多数人也都从事着高尚的职业，但阿帕切人仍然面对着一个充满巫术、欺骗、忘恩负义、不端行为的世界。”（Hoijer and Opler, 1938, p.215）“那些作为政治事务管理者的负责发言的酋长（talking chiefs）非常容易被贿赂、操控。
169 头衔较小并想提升自己地位的人都会心甘情愿地行贿。”（萨博亚；Mead, 1930, p.21）“当地人对社会义务重要性的强烈意识掩饰了人们以颇具侵略性的方式独断专行的倾向……据他们所说，首先，无耻之徒为了达到自己的目的，都会毫不犹豫地打破习惯规则。”（塔伦西；Fortes, 1945, p.9）“通过与系统规范决裂，通过肆意的索取，通

过以尖叫的方式进行情绪强迫，这些人能更多地获得食物。”（多巴；Henry, 1951, p.218）

一名观测利比里亚中部克佩列人的人类学家对获准行为与未获准行为之间的永恒冲突做了很好的描述：

> 有两条通向这些目标的林荫大道：一是努力工作、对自己的资源进行有效管理、获得与他人进行公平交易时所需的声誉；二是人们也可以采取利用妖法、巫术，或是偷盗、利用自身优势欺压他人等方式。后面这条路显然是权宜之计，且充满危险。但大多数野心勃勃之人都会通过将获准手段与未获准手段相结合来篡取权力。最后，过分的野心会被各种惩罚力量遏止。辩论会和镇长法庭会以罚金和公众羞辱的方式来处罚那些野心过大之人。秘密结社和“巫医”（Zo）有权对他们处以迅速且通常是致命的惩罚。末了，公众舆论的力量会通过绯闻和其他形式的骚扰倾泻出来，以保证该个体受到控制。（Lancy, 1975, p.29）

这个段落中讨论的“两条林荫大道”对应于能为整个群体带来收益（或不会对群体造成破坏）的行为，和能以同一群体内其他个体为代价而使自己获益的行为。人种志学者的说法很自然地贴合于多层选择理论当中的那些重要范畴。

社会规范与文化多样性

至此我们已经确立了社会规范的重要性，下面我们将转而探讨它们所许可的主要行为。在很大程度上说，规范的内容取决于我们所要调查的具体文化。在埃及的费拉欣人那里，“不同性别成员的服饰都具有或多或少的相似性，我们观察到的这个习俗是社会平等问题中一个非常重要的因素。与之相关的格言是‘你自己爱吃什么 170

就去吃什么，但别人穿什么你就得穿什么’”（Ammar, 1954, p.40）。而在太平洋的萨摩亚群岛上，“不存在任何对新观念的制约，任何看起来可能还不错的全新观念都会被人急切地采纳”（Grattan, 1948, p.117）。对北美的阿米什人而言，“婚姻规范不是爱，而是尊重”（Hostetler, 1980, p.156）。而对居于哥伦比亚高地的帕兹人来说，“妻子会努力做出多彩的‘科坦雅哈’（keutand yahas）以作为对丈夫爱的象征”（Bernal Villa, 1953, p.188）。对努特卡人人格的描述是“毫无侵略性、相当和蔼可亲，他们不喜欢也不赞成在冲突时使用暴力”（Drucker, 1951, p.456）。相反，阿姆哈拉的男性则“认为斋戒这种无情的制度是抑制他们敌对冲动的唯一方式。他们认为必须对孩子严加管教，以免他们将来变得粗鲁且富有侵略性”（Levine, 1965, p.85）。

有些社会规范似乎在所有层面上都完全是功能失调的。下面这个来自埃塞俄比亚的案例就是很好的证明：

> 其他一些更为具体的规范也都有压制阿姆哈拉人创造力的效果。对物质进行实验研究这件事因为要用某人的双手磨磨蹭蹭地做事而遭到蔑视——任何与社会上落魄工匠和奴隶所从事的活动相似的事都会受到此等待遇。因此千年以来，农民都在使用从自然界中获取的原始工具来维持生计，他们总是四处搜寻形状合适的木块，而不是提高自己干木工活的手艺。（Levine, 1965, p.87）

该案例与我们样本中许多其他文化形成了鲜明对比。在那些文化中，工艺得到了极大发展，创新也在一定范围内受到鼓励。

行为多样性作为我们这个物种的标志在我们的调查中得到了充分体现。造成多样性的原因并不像多样性存在的事实那样明显。其中有些原因或许可能获得功能上的解释，但功能主义似乎并不足以解释所有原因。幽默感是否在努特卡人那里具有功能，而在阿姆哈拉人那里就不具有功能？对婚姻中情感的表达是否在帕兹人那里具有功能，而在阿米什人那里不具有功能？时尚感是否在萨摩亚人那里具有功能，而在费拉欣人那里不具有功能？那些时刻提防着“用 171
进化论解释人类行为”这一做法的人，常常会认为功能主义（包括进化论上的功能主义）不足以解释与人类行为多样性相关的所有细枝末节。我们深以为然，但问题在于，我们得为此提供一种别的解释方式，而不是将一切都诉诸“文化”这个含混的概念草草了事。我们的想法是：低成本的次要行为在创造和维持那些文化系统语境之外毫无功能可言的主要行为之多样性的过程中，扮演了至关重要的角色。换言之，如果我们能取消以较低成本来奖励、惩罚主要行为的能力，那么我们就能见证行为多样性的急剧崩塌。从这个意义上说，比起对文化过程的模糊诉求，低成本的次要行为或许能为无功能行为提供更好的解释。

为了对无功能行为的进化有一个完整的理解，我们必须给出两类解释。首先，我们要知道一个没有功能的行为何以能在种群中进化出来。其次，在理解这一过程后，我们就得进一步明确为什么某些而非另一些无功能行为得到了进化。与博伊德和里克森（Boyd and Richerson, 1985, 1990a-b, 1992）一样，我们通过说明次要行为如何能推进无功能的主要行为来给出第一类解释。如果人类比其他物种更倾向于利用次要行为，且更易于对它们做出回应，那么我们就能预测：人类的主要行为会比其他物种的主要行为更多地违背功能性解释。这是一项能用于支持反功能主义者的重要预测。无论如何，我们提供第二类解释的能力比较有限。我们确实能说，相比于其他物种，无功能行为在人类身上更普遍地存在。但我们无法解释为何某些特殊的无功能行为会在某个特殊的文化中得到进化。这类理解很可能会牵涉到与某一文化相关的详细历史知识。我们或许会发现，有些行为的进化基本只是出于意外。

社会规范与群体层面的功能性组织

尽管强调了不必获得功能性解释的文化多样性，但从某种意义
172 上说，我们样本中的二十五种文化似乎并没有多大差别。在每个案例中，许多社会规范都像为了把一组组个体塑造成功能健全的单元而被设计出来的。该结论如此鲜明地从人种志中浮现出来，而且它如此牢固地扎根于当地人的心智之中，以至于功能性诠释看上去显得十分正当。在每种文化中，人们都要求个体避免发生冲突，并对符合社会定义的群体中的所有成员仁慈、大方。下面这些引文正是对此事的印证：

> 有一条每个人都信奉的公理是：人们的存在与福祉完全掌握在诸神手中，尤其掌握在将仁爱播撒到每个人身上，而不是只给予一人的氏族之神手中。任何想要垄断神恩的行为都必然招致由该氏族的共同施恩者所带来的惩罚。（吉利亚克；Shternberg, 1933, pp.115-116）
>
> 忠诚一直以来都被广为宣扬。友善交往是同辈间的规范，尽管阿姆哈拉家族独裁主义的特性会禁止年龄差距极大的两人萌生友情。“在他人患病、死亡期间无条件伸出援手”以及“在幸福之时慷慨与人分享”对于阿姆哈拉农夫来说都是重要的价值——这些都是他们能自己意识并清楚描述出来的价值。（Levine, 1965, p.83）
>
> 大家庭在这里并不是自给自足的经济单位，尽管从理论上说这是可能的。家庭群体通常会成为更大营地的一部分，营地成员都因亲缘关系、朋友关系、近亲关系而相互关联。在营地中，要求人们分享食物的规范如此明确，以至于整个共同体都能被看作一个单独的“生产－分配－消费”单元。（阿帕切；Basehart, 1974, p.139）

> 社会成员的行动都以规范的秩序、公认的价值与信念、为一致性而进行某些裁判的正确性为目标……人们在“以亲缘关系和姻亲关系为基础，通过建立颇具弹性的特定群体内合作模式来解决经济生活、杂居、性满足、育儿等方面的问题”这件事上达成了共识。他们在“获取财产、辛勤劳动、互惠互利、慷慨大方具有何等价值”的问题上……也意见一致。争端应以仲裁和让步的方式进行解决。强制力只应被用来对抗巫师与外 173
> 邦人。一致性应经由尊重、赞美、合作而获得保障。离经叛道之事应以蔑视、嘲弄、撤销合作等方式予以惩罚。（纳瓦霍；Shepardson, 1963, p.48）
>
> 像皮拉加（Pilaga）那样的经济系统所具有的主要功能是将个体产品转化为具有社会形式的东西。个体捕获的鱼和在森林中采摘的水果都被赋予了社会意义——它们必须从私有财产变为公共财产。（多巴；Henry, 1951, p.218）

在随机样本的其他文化中，也就是在 HRAF 的大多数文化中，我们都能找到类似的段落。因此，我们能得出这样的一般性结论：**社会规范的作用大体上是（尽管并非完全是）让人类群体如适应性单元般运作，甚至当成员之间不存在亲密关系时也是如此。**有些读者或许会觉得这样的陈述根本就是自明的，但其显著性并不会削弱它在多层选择理论框架当中的重要性。

群体间取代过程的证据

博伊德和里克森（Boyd and Richerson, 1990b, 1992）已经告诉我们，社会规范不会自动使有利于群体的行为得到发扬。如果社会规范总是表现出这种属性，那么它们必然已经历了群体间选择的扬弃过程。[1] 或许群体选择是一个持续的过程，但也可能它只在过去出现，并产生了引发扬弃过程的心理、文化机制（请参阅第三章中有关兼性行为进化的小节）。在我们的调查中，有一大批人种志学者不但描述了某种文化的社会规范，还认为这些规范是通过持续的群体间选择过程而得以维持的。换言之，对人种志学者，并且通常情况下对原住民自身来说同样显而易见的是，社会规范的作用在于维持群体存在。如果它们做不到这一点，那么群体就会解散，并被其他社会结构更健全的群体取代。

群体间选择的特定形式似乎会随文化的变化而变化。在长期
174 斗争的社会中，世系之间的竞争是残酷无情的。这种斗争会青睐于那些能促进世系内部团结的社会结构。在我们的调查中，不论是由战争还是由绝对经济优势引起的“强世系”取代“弱势系”的过程，都受到了人种志学者的关注。比如说，在特鲁克的密克罗尼西亚群岛上：

> 也存在着强世系从无力反抗的弱势系那里抢夺地块的案例……在所有这些案例中，抢夺的一方会通过让合法享有剩余所有权的人无法维护自身权利的方式来获得全部所有权。特鲁克人似乎认为通过征服获得所有权是一种合法的财产转移方式。然而，如果强势群体在没有发生争执的情况下以别种方式从弱势群体那里夺取了财产，那么这样的行为并不能得到他们的认可。（Goodenough, 1951, p.52）

这段话中所揭示的世系**间**互动并非完全不受社会力量约束，只是与世系**内**的互动相比，该互动更多被“强权即公理”的思想支配。世

[1] 有时候，群体层面的收益可能会作为群体内选择偶然的副产品出现（G. C.Williams, 1966）。因此，我们最好在群体层面收益那种复杂、普遍的模式出现时再调用群体选择过程，光靠群体层面收益本身并不足以证明群体选择存在。

系就像团体单位一样相互竞争，这与个体在作为自由行动者时相互竞争的情形十分类似。然而个体并不是自由行动者。它们在每个世系中都被社会规范调控得如此到位，以至于其运作方式看上去更像是器官而非有机体。

从这个案例中我们明显可以看出，多层选择理论并不会导致“普遍友善”这种浪漫情景的实现。冲突与竞争并没有被消除——它们只是在生物等级系统的较高层级中上演——社会困境会再度于一个更宏大的（同时也可能是更具破坏性的）尺度内出现。人类种群结构通常具有许多层级，群体还会形成像团体单位一样竞争的元群体（metagroups）。由于篇幅的关系，我们在此处无法详细探讨多层级等级系统的问题。我们只需知道：检查每个层面上自然选择的基本要素是一项必要的工作。

另一类群体间取代过程会于个体自由变换他在某个群体中的成员身份时发生。如果个体或家族并不喜欢当前所在的群体，那么他们通常能自由离开，加入另一个群体或以他们自己的方式生活。这就像我们在第四章中介绍的选型互动模型所表现的一样。长此以 175
往，那些总是试图剥削其他群体成员的个体最终会被遗弃。即使在看起来如此与众不同的非洲姆布蒂社会（Turnbull, 1965）和太平洋西北部的努特卡社会（Drucker, 1951），这类取代过程也都得到了记录。有个姆布蒂传说的内容是这样的：曾经有个猎象人因为不接受别人施与食物、拒绝与人交谈而“丧失了他的常态”——他很快就因为被认作危险的同伴而遭到抛弃。在姆布蒂人的现实生活中，社会组织中发生的口角和其他一些决裂都会导致群体分裂。努特卡则是一个等级森严的社会。他们的酋长似乎拥有巨大的权力，其中甚至包括“对所有重要经济权和仪式权的绝对占有”。然而，他们的权力源自住民的拥戴——这些住民能像姆布蒂人抛弃那个猎象人一样抛弃他们的酋长。

现存社会规范在某些群体取代其他群体的过程中所产生的可能性，在我们这次调查中的一个人种志学者那里得到了尤为清晰的叙述：“查科（多巴）印第安人社会生活的一个显著特征是，他们对于将共同体所有成员联合起来的团结性怀有强烈的情感。该团结性似乎是达尔文式规律的自然结果——在为生存而进行的艰难斗争中，这类共鸣感得到最大发展的社会最有机会生存下来。”（Karsten, 1923, p.29）

这些案例并没有证明社会规范是通过群体间选择进化出来的。尽管如此，下面这件事依然值得惊讶：在我们的调查中，对社会规范的描述经常伴随着对**选择过程**的描述——这些选择过程被认为是规范出现的原因。稍后我们将对一项更详细记述一种文化取代另一种文化之过程的研究进行回顾。

适应性群体的设计特征

通常来说，适应器只有变得相当复杂、精密才能完成其功能。眼睛只有足够复杂才能实现视觉器官的功能，心脏只有足够复杂才能像泵一样运作，等等。设计的复杂性与精密性不太可能是因意外而出现的，因此我们往往将它们看作自然选择导致适应过程
176 发生的证据。在第三章中，我们曾鼓励大家思考群体和个体两个层面上的功能设计，本着这种精神，认为社会规范是一种用于将群体打造为整体单元的复杂、精密的机器，这种想法应是颇有助益的。

在我们的调查中，许多人种志学者都表达了将文化看作精密机器的观念：“健康、完整、全面发展的人格与完备的宗教 – 社会世界观一起，正在创造个人利益、社会利益，以及生命驱动力之间的完美和谐——这便是氏族机制隐秘而又强大的主要动力。”（吉利亚克；Shternberg, 1933, p.116）“祖先崇拜作为集信念、仪式、庆典于一身的复杂整体，不断被融入他们的日常存在，但它并不像恐怖的幽灵般时刻追赶着他们。相反，这是塔尔文化用来维持个体与群体间均衡的主要手段。”（塔伦西；Fortes, 1945, p.9）“然而，这类基本控制不存在于他身上，就这一点来说也不存在于社会的**任何人**身上。毋

宁说，它们存在于作为整体的社会组织当中——或者更具体地说，它们存在于有关互动个体的想象中——其中社会组织作为符号系统而存在。”（多巴；Henry, 1951, p.218）

不管在生物学还是在人类学中，当功能性解释在没有证据的情况下被提出、接受时，人们往往会批评它们是“假设的故事”（just-so stories）。我们的调查只能对每种文化的社会规范做一番概览，这并不足以**证明**任何功能性解释的正确性。尽管如此，除了上面所引用的一般观点，我们的调查还提供了一系列关于具体设计特征的有趣暗示——为了让这些内容在未来得到更广泛的研究，我们理应在此对其进行探讨。

群体在来自内部的各种颠覆力量面前显得极其脆弱。许多剥削形式都需要一定程度的隐私性。权力的不平衡很容易导致强者剥削弱者的情况产生。“相互援助”这个简单的伦理规范会招来“只进不出”的搭便车者。如果适应性社会规范要使整个群体获益，那么它们就必须具备能够防范这些可能性的具体设计特征。

处理隐私性问题。规范的实施通常以监视个体行为的能力为前提。如果一个群体的成员都能随心所欲地自行其是，那么像肉类分享这样的行为就很难实现。在成员面对面交流的小型群体中，隐私 177
性会自然而然地受到限制；而在社会规范的作用下，它甚至会受到更大限制。在许多狩猎者-采集者社会中，独自进食被认为是最坏的行为——只有丧失理智之人才会那样做。在马来半岛瑟诺伊人的神话中，有个神明通过告诫人们“独自进食不是体面的人类行为”而使他们脱离了前社会状态（Howell, 1984, p.184）。在萨摩亚人看来：“那些私自完成之事即使不是彻底错误的，至少也是有些可疑的。孕妇、青年首领、待嫁新娘任何时刻都不得独处。言行举止会对他人产生重要影响之人都会受到‘让他免受孤独之苦’的保护——除非受到邪恶的歪曲，否则很难想象有人希望孤身独处。”（Mead, 1930, p.81）

在我们的调查中，诸如此类的例子都说明社会规范不但能让具体行为得以施行，更能控制它们实现的条件。社会规范不仅能限制隐私，还能让个体在共同相处时更加合群。对姆布蒂人来说，“任何沉默不语、不善交谈之人都会被认为是异常和不幸的”（Turnbull, 1965, p.118）。从前面所引的那个关于猎象人的姆布蒂传说中，我们可以看出，“不能加入谈话”是人们将其认作危险同伴，并抛之不顾的理由。如果一个群体的社会规范具有某种物理上的呈现形式，且全社会都参与到尊奉规范的活动当中，那么从一开始亲社会行为就会获得青睐。对那些钟爱隐私性的人而言，这样的规范可能会显得骇人听闻、强人所难，但在该规则管制之下的人并不一定如此想。如果所有社会生活中的奖励都以个体的时刻在场及其社会互动为必要条件，那么或许人人都会由衷地想要时刻在场并参与社会互动——他们可能做梦都没想过要在树林中独自散步。

处理权力平衡问题。有权有势的个体无须以隐私性为条件就能剥削群体当中的弱势成员。因此，社会规范最重要的设计特征之一或许就是它能维持群体成员间的权力平衡。就像隐私性在小型面对面群体中会自动受限一样，任何一名个体在与整个群体相比时都会
178 显得十分弱小。无论如何，社会规范似乎通常都会被用来限制群体中任一个体所能拥有的权力大小。尤其在那些与人类祖先条件相似的狩猎者－采集者社会中，社会规范的作用是抑制而非强调权力差别，至少就性别相同、年龄级相同的成员而言确是如此。特恩布尔（Turnbull, 1965）对姆布蒂的经典人种志记录恰好出现在我们调查的范围中，它生动地说明了最有天赋和权势的个体应做出怎样的行为，以及群体内其他成员会如何对待他们：

> 毫无疑问，纽波是一名伟大的猎人，他像其他人一样了解地域情况，并轻而易举地杀死过四头大象。他是一个很好的姆布蒂人——在森林里，他不会试图主导任何有关狩猎的讨论，而只是扮演普通的角色。如果他显得过于咄咄逼人或固执己见，那么不管他多受欢迎，都会被喝止、讥讽。此外，他还

> 被选作村民中游群（band）代表。埃基安伽则没有那么广受追捧。他曾经引发了某些摩擦，并且有三个妻子（其中一人是游群中另一个杰出成员的姐妹）。但他是一名优秀的猎手，拥有超乎常人的好体力，同时也十分了解地域情况。即便如此不受欢迎，他在狩猎活动中依然是最具影响力的“领导者”之一。尼基亚波也是如此，他因少年时杀死了一头水牛而十分出名。尽管是个单身汉，但他也有自己的社交网络，这使得他在所有狩猎讨论中都占据主导地位。马库巴斯这名年轻的已婚猎人也凭借他卓越的狩猎技巧、强健的身体素质，以及对领地的了若指掌而备受尊崇。尽管这四人往往被认为是最出类拔萃的，但在投票时，他们中的某一人或某几人并不会获得比其他猎人更多的票数。在这样的情况下，他们要么被迫同意多数人的决定，要么就会被排除在当天的狩猎行动之外。他们当中没人拥有哪怕一丝丝能够以势压人的权威。此外，也没有任何道德上的压力会使个人因情面或敬意而影响其决定。对他们来说，唯一值得一提的道德考量是：当游群做出决定时，该决定就会被认为是“好的”，是能够“取悦这片森林”的。因此，任何背离决定的人都会触怒这片森林，并被认为是“坏的”。如果个体想要加强自己论证的效力，就必须将理由诉诸森林，说明他的观点是“好的”且“令森林愉悦的”。尽管如此，只有最终的全体决定才能判定其主张的有效性。（Turnbull, 1965, p.180）

诸如此类的平等主义似乎是大多狩猎者－采集者社会的写照（Boehm, 179
1993; Knauft, 1991）。不过我们调查中的许多文化更具层级性，“酋长”“大人物”“长老”似乎比其他人享有更多特权。我们可以用两种截然不同的方式来诠释社会分层的出现。一方面，某些个体可能会摆脱社会控制，并成功地凌驾于其他个体之上。在这种情况下，社会分层就是群体内竞争的产物（这是第三章所刻画的程序中的步骤 2），我们不应认为它在群体层面具有功能性。另一方面，各种功能系统都共有的一个特点是：当其规模增大时，它们就会变得更具层级性和差异性（Simon, 1962, 1981）。如果将这条规则应用到人类社会上，那么分层事实上可能会为群体带来收益（步骤 1），因此它并非自然而然地预示着群体内竞争过程的出现。[1]

调查（以及常识经验）告诉我们，大型分层社会的确难以抑制强势个体的剥削行为，因此程序中的步骤 1 并不能完美地对其做出解释。不过同样显而易见的是，社会分层往往会在群体层面上带来成功，因此我们也不能完全用程序中的步骤 2 对其进行说明。或许当人类社会群体规模扩大时，它就必须通过区分等次来维持其功能性。大人物、酋长等看似有权有势之人通常并不是完全摆脱社会控制的独裁者——这些领导人受到的控制至少与他们所能施行的控制一样多。比如说，在克佩列人那里，较年长的兄弟常常会成为家族首领，但他们在拟定重要决策时必须与长老议会商量。据富尔顿（Fulton, 1969, p.70）所说："克佩列所有阶层的领导人都必须这样做。"阿帕切的领导人则应以训诫和示范的方式来表明分享的价值。领导人收到的礼物大多会被再分配或用于宴请。领导人可以提出建议，但不能下达命令。"领导人不享有任何能供其自由支配的强制力量，不管是用来控制他人的力量还是用来维持自身地位的力量。"（Basehart, 1974, p.145）努特卡的酋长应是和蔼可亲、毫无侵略性的，而且他必须受到所谓"服从者"的尊重，否则这些人在经济、仪式等事务中便不会与之合作。如果酋长参与了群体内部的肢体冲突，
180 那么这会被认为是一件极不光彩的事（Drucker, 1951, p.453）。

就那些用以制约领导人权力的社会规范而言，我们的调查至少指出了其中两个具体的设计特征。第一，只有"无可指责"之人才

[1] 除社会系统因规模扩大而需要变得具有层级性的情况外，其他类型的非平等主义社会系统也能在群体层面保持其适应性。比如说，崇高的地位只会被授予那些为群体带来收益的个体。这样一来，群体内选择的力量依然会很强大，但它会与群体间选择结成同盟。当我们要解释为何有利于群体的性状而不是其他各种性状被用作获得崇高地位的标准时，就必须涉及群体选择过程。

能成为领导人。领导人以及其他位高权重的个体似乎得坚持比一般人更高的道德标准。从“在群体层面具有适应性”的角度看，这一点确实是合理的，因为一个长期做出榜样行为的人不太可能在身居高位时以权谋私。考虑到绯闻在作为社会控制机制时所体现的重要性，“绯闻往往聚焦于**重要**人物的道德行为”这件事就非常耐人寻味了（Barkow, 1992）。[1]

第二，不管其行为多有榜样作用，这些拥有权势之人通常还是无法决定他所在群体中其他成员的命运。“没人能指使其他人行事”这一有关个人自主性的规范，与相互援助、相互合作的规范并肩而立（Boehm, 1993; Knauft, 1991）。至少在社会规模变得异常巨大之前，群体中似乎不太会出现由专制个体做出决断，并对群体中其他成员横加干涉的现象。[2] 相反，重要的决定必须在一个力求达成一致意见的群体内得到讨论（同时参阅 Boehm, 1993, 1996）。背离一致决定的个体会丧失其道德地位并受到惩罚，而在未经一致同意的情况下强制实施的决定自身就是不道德的——它会受到人们的全力抵抗——尤其当这些决定从群体内选择的立场来说不甚公平之时。领导者和其他貌似位高权重之人并没有完全逃离这些社会控制力量的束缚。

社会规范并不一定能成功阻止群体内剥削现象的发生。的确，当社会越变越大时，规范会越来越难以实施，自然选择的天平也会向群体内选择那一方倾斜。由于文化进化是一种快节奏过程，我们

---

[1] 在现代社会中，将注意力集中到领导人的道德行为上似乎并不是提高其道德行为水准的有效手段。这种关注在小规模社会中大概更为有效——这就反映了我们之前讨论过的社会规模问题。同时，在断定控制领导人行为的机制于大规模社会中完全无效前，我们应当去思考这样一件事：如果选民们真的完全不关心领导人行为的道德性，那么领导人会如何行动？

[2] 大规模社会中个人自主性以及直接参与决策制定权的丧失，进一步说明了社会规模所带来的问题。让小型群体作为适应性单元运作的机制根本无法使大型社会群体维持其功能性——它必然会被其他制度取代。然而在大型群体中运作的机制可能更难对行为进行调控，因此群体内产生剥削现象的机会也将随之增长。

应该很容易就能在历史中找到许多有序社会因群体内选择的发展和激化而土崩瓦解的例子。接下来，这些功能失调的社会可能会退而求其次，采取在面对内部颠覆力量时显得不太脆弱的其他社会组织形式。我们的目标并不是说明任何事物都有利于群体，而是要在各
181 种错综复杂的情形中展现多层选择过程的作用。我们既要避免将任何事物都与群体福祉挂钩的极端群体层面功能主义，也要避免毫不理会群体福祉的极端个体层面功能主义。

处理搭便车问题。除了要应对隐私性和权力分布的问题，具有适应性的社会规范还必须预防普通搭便车现象的发生。不管对人类社会还是非人类社会而言，搭便车问题都是用于反对利他主义的经典论证。我们先前讨论过的许多能用以提升慷慨性与合作性的社会规范在搭便车行为面前都不堪一击。然而，如果我们更仔细地审视这个问题，就会发现：当我们同时强调群体福祉和个人自主性时，自然就能抵制对他人援助和物质资源的无度索求。纳瓦霍人为我们提供了一个很好的案例：

> 所有成年纳瓦霍人都有合作的义务，不管其亲缘地位或亲缘状况如何。同时，不但受到请求的个体应出于慷慨和善意完成这项任务，而且几乎不存在任何对有关两人间交换总量的“借代”或“信用”进行计算的尝试。另一方面，个体应自由、自主地决定是否尊重某项请求；反之，请求者也有不“催促他人接受请求”、不侵犯他人自主权的义务。这一悖论的后果是：从一般意义上说，所有人都有合作的义务，但个体却能自行做出决定——整个关于请求的情形都充斥着含混性。（Lamphere, 1977, p.57）

这种含混性所导致的一个后果是，个体不会轻率地请求帮助，以免因请求被拒绝而遭到当众羞辱。我们的调查中还有其他一些例证，它们都包含了用于限制搭便车者利益的社会规范。

我们很清醒地意识到，不管在生物学中还是人文科学中，功能性解释都处于“发明容易证明难”的尴尬境地。以调查中所含的暗示为导向，我们也只是在对适应群体的设计特征进行推断而已。进化生物学已经开发出了一整套用于评估某个性状是否是适应器的方法（Endler, 1986），这些方法同样适用于文化性状。我们相信，上面这些假说都是可检验的——它们将在未来更严格的测试中受到检验。

文化多样性与适应功能

我们已在第四章中说明，像果蝇翅膀长度这样的性状能由多种 182
多样的直接机制进化而来。自然界中到处可见那些在进化后通过不同方式来完成同一项工作的物种。同样，人类文化也可能通过多种直接机制进化成如适应性单元般运作的样子。

在我们调查的某些文化当中，亲社会行为似乎是以持续不断的监管和羞辱为基础的。据说阿姆哈拉农夫避免实施不道德行为的主要原因在于，他们不想在被抓住时蒙受羞辱（Levine, 1965, p.82）。在其他文化中，亲社会行为看起来得到如此之强的内化，以至于它成为人们的第二天性。记录中的库那人都是率真之人，他们都能真诚地和睦相处（McKim, 1947, p.44）。在某些文化中，用暴力来维护荣誉是最高的美德之一。对无礼行为进行复仇的阿姆哈拉农夫都“遵从了最为重要的伦理”（Levine, 1965, p.83）。而在另一些文化中，以暴制暴是被禁止的。纳瓦霍人应接受为错误所做的补偿；纳瓦霍人永远不应用肢体暴力来对付另一个纳瓦霍人（Shepardson and Hammond, 1970, p.129）。有些文化，比如说乐苏文化，严格受到以下互惠原则的支配：“除却亲朋好友间的食物赠予，没有任何物件的施与、任何事情的完成是不必回报的。”（Powdermaker, 1933, p.210）在另一些文化，比如说在纳瓦霍人文化，“几乎不存在任何对有关两人间交换总量的‘借代’或‘信用’进行计算的尝试”（Lamphere, 1977, p.57）。

甚至于像基督教这样一种宗教的各种变体，也会用截然不同的规范来孤立亲社会行为。我们的随机文化样本中包含阿米什人，他们对宗教信仰的理解与其他基督教教派有很大不同。根据霍斯泰特勒的记载："大多数基要主义者的教会和独立的宗教复兴运动都更强调个体从原罪中获得解脱，而不是对信者社团共同体的服从。他们强调享乐而非受苦，强调对救赎的确信而非对救赎的希望，强调主体的而非顺从的经验、有声的而非无言的（沉默的）经验。"[1]（Hostetler, 1980, p.298）

我们调查中的这类例子再次说明了文化多样性是我们这个物种的标志。然而，产生亲社会行为的直接机制可能比这些行为所促进的适应功能更具多样性。

总结调查结果

我们的调查只是对全世界人类社会的匆匆一瞥。这是一幅基于不到二百五十页人种志材料的文化拼贴画。尽管如此，它也是有其优点的——它是一幅**随机的**拼贴画。为了防止取样过程中产生某些奇怪的意外，我们甚至可以废弃整个调查，并从 HRAF 中再随机挑选二十五种文化——几乎相同的图像会再度得到显现。此外，尽管我们用作调查基础的材料数量很小，但是从中显现出来的模式似乎非常鲜明。在大多数人类社会中，个体并不能肆无忌惮地采取任何他们喜欢的行为策略。他们的行为受到社会规范强有力的调控——这些社会规范明确了相应文化中可接受行为的范围。社会规范的强大源于奖惩措施的低成本。只要能得到社会规范的认可，各种各样

[1] 基督教的各种变体可能不仅在如何提升群体层面的适应器这一点上有所不同，还会在群体层面适应器提升程度上有所不同。回想一下，许多群体层面的适应器有时会在同一个单元（比如一个有机体或一个蜂巢）中被绑在一起，有时候则会在组织上显得更为松散。宗教群体（不论是基督教还是其他宗教）也可能具有类似的连续性。

的行为都能变得有优势。一旦这些行为被确立起来，它们就会向观测者呈现出一种违背狭隘功能主义解释的文化多样性。尽管存在着上述多样性，但是几乎所有文化都拥有看上去用于提升群体福利的强社会规范。我们的调查为适应性社会系统之进化所需的那种实际发生的群体间选择过程，提供了一些证据。所有这些模式都支持我们前面几章的理论模型中所蕴含的基本假设和预测。尽管如此， 183
如果我们要划分群体选择的过程与产物，那么还有许多工作有待完成。

群体作为适应性单元的更多证据

从我们调查中浮现出来的模式已经足够鲜明了——我们相信它能经受住本章开头所描述的那些更严格分析方法的检验。此外，只有在以个体主义为背景时，我们的结论才会显得出乎意料。相比于人文科学的其他分支，人类学更少受到个体主义影响，许多人类学 184
家在经过大量研究后也得出了与我们相近的结论。本章开头没有直接讨论这些研究内容的原因在于，我们希望避免为证明某些特殊观点而在文化样本中挑挑拣拣而产生偏倚。现在，随机文化样本已支持了我们的主张，接下来我们将要考察两名人类学家的作品——他们所接触到的信息比上述文化拼贴画所能提供的东西要多得多。

小规模社会中的平等主义

克里斯托弗·勃姆（Christopher Boehm）在“对人类社会行为之进化进行评价”这件事上具有独一无二的资格。在职业生涯初期，他是一名文化人类学家。他花了三年时间研究黑山共和国长期争斗的社会（Boehm, 1983, 1984）。随后，他转而研究灵长类动物，探索人类道德的生物学根源（Boehm, 1978, 1981, 1992），他现在是南加州大学珍·古德研究中心（Jane Goodall Research Center）主任。此外，他还继续通过回顾、综合全世界与文化相关的人种志来继续研究人类道德（Boehm, 1993, 1996, 1997a-b）。勃姆对人类学文献的把握程度确实会让我们的文化取样工作显得微不足道，因此我们很高兴看到他得出了与我们相同的结论。

根据勃姆（Boehm, 1993, 1996）的说法，大多数人类群体都会维护那些列有可取与不可取行为的特定榜单。这些东西或许可以被称作道德价值（Kluckhohn, 1952），而特色鲜明的地方性主题就相当于是“民族精神”（ethos）（参阅 Kroeber, 1948）。在这种广泛共识的武装下，人们用各式各样的法令来支持恰当的行为、阻止不当的行为。作为道德共同体，大多数人类群体都会像受外部环境影响那样受价值判断影响。勃姆的观点显然类似于我们对社会规范和低成本奖惩措施的聚焦。

在一篇对小规模人类社会的评论中，勃姆查询了记录“所有看起来只具备低水平等级排序或阶级分层，且缺乏权威领导的小规模区域自治社会”的人种志文献（Boehm, 1993, p.228）。他从这些文
185 献中挑选了四十八个能为进一步分析提供足够信息的社会。他所调查的并不是随机样本，其分析建立在定性解释而非定量方法的基础上。但正如我们的调查一样，勃姆的研究中显现出的模式如此鲜明，以至于它们有很大概率经得住更严格方法的检验。尤其值得注意的是，这些小规模自治社会大多具有平等主义特征，至少就成年男性的互动而言确是如此（同时参阅 Knauft, 1991）。这些社会之所以是平等主义的，不是因为人们缺乏支配的欲望，而是由于“支配他人”在不道德行为榜中名列前茅。

尽管勃姆将分层明显的社会排除在样本之外，但人们依然会猜测，或许样本中所含的社会已经显现出了一系列非平等主义的社会结构。比如说，群体内部或许会存在一定数量的公开竞争，而这就会导致由少数个体垄断资源的强大统治阶层诞生。这是非人类灵长类动物中最常见的社会组织形式。因此，勃姆（Boehm, 1993）和克瑙夫特（Knauft, 1991）所记录的小型人类群体中的平等主义特性，

彻底背离了我们祖先所展现出来的社会生活形式。

为使平等主义的伦理规范生效，社会必须强调两种看似互相矛盾的价值。首先，社会必须存在有关群体福祉的伦理规范——它会让个体为公共利益服务，同时防止剥削现象的产生（尽管其他群体的成员往往会被视作猎物）。其次，社会必须存在有关个人自主性的伦理规范——它能让人们避免被他人指使。社会规范必须是强有力的，但它们也必须得到一致同意，而且不能强加于道德共同体中的任何成员。废弃个人自主性就等于为群体内的剥削行为敞开大门。

勃姆提供的许多例子中都有限制人类社会群体内社会地位差异（因此也是适应度差异）的行为和社会习俗。其中包括绯闻、批评与嘲弄、反抗、放逐、遗弃，以及死刑。喀拉哈里沙漠的桑族人会“砍杀吹嘘者”；在哈兹达人中间，“如果一个准‘酋长’试图让另一名哈兹达人为其工作，那么人们就会公开表示：他这样做真是引人发笑”；在伊班人那里，“如果酋长试图下达命令，那么根本没人会搭理他”；对南比夸拉人来说，“如果酋长不能保证食物供给，或过度占有、垄断女性，那么他旗下的家族就会前往另一个游群”； 186
同样，梅斯卡勒罗人“在发现其酋长不是诚实可靠之人或者是个骗子时，就会加入另一个游群”；澳大利亚土著的“传统就是消灭那些试图支配他们的好勇斗狠之人”；在新几内亚，“那些逾越其特权的人物会被多氏族共同体的其他成员秘密处死——他们会说服受刑者亲属来完成这项任务”。这样的例子在勃姆所回顾的文献中比比皆是，他用下面这段强有力的陈述对其发现做了总结：

> 对我们来说，这些材料确实具有某种程度的含混性。但我相信，直到四万年前，那些继续过着小群体生活，还没有驯养动植物的解剖学意义上的现代人类出现为止，所有人类社会很可能都在实践平等主义行为，而且在大多数时候，他们在这件事上做得非常成功。（Boehm, 1993, p.236）

正如我们所见，当平等主义社会的规模不断扩大时，它们就会被更具阶层性的社会所替代。但我们应当从多层选择的角度去诠释这样的社会分层。蜂巢、珊瑚群、单个有机体都会因其部分分化而获益，或许人类社会也是如此。勃姆（Boehm, 1997a）也同意我们的这个结论：对平等主义的背离常常会——尽管并不总是会——有助于群体层面的功能运转。就像格德里耶（Godelier, 1986；在 Boehm, 1993, p.237 中被引用）在观察新几内亚的巴鲁亚人时所说的那样："个体间差异只有在为公共利益服务时才会得到认可。"

正在起作用的文化群体选择：确凿的证据

我们的调查仅为这个问题提供了线索：让人类群体作为适应性单元进化所最终需要的群体间选择过程。或许得到最透彻研究的文化取代事件是努尔人的案例。努尔是非洲的一个牧民社会。当英国人类学家 E. E. 埃文斯－普里查德研究它时，它正在通过吞并与之接壤的丁卡部落而迅速扩张。埃文斯－普里查德（Evans-Pritchard, 1940）对努尔人的分析成为激发众多后续研究的经典人种志。
187 在《努尔人的征服》（*The Nuer Conquest*）一书中，雷蒙德·凯利（Raymond Kelly, 1985）综合了四十年来对努尔－丁卡互动的研究，并令人信服地找出了群体互动过程中帮助一种文化战胜另一种文化的要素。

乍看之下，凯利这本书对我们的进化论视角来说似乎并不怎么友好。该书写于 E. O. 威尔逊（Wilson, 1975）《社会生物学》一书所引发的尖锐争论达到顶峰之时——对于那些强调"文化高于生物学"的人来说，凯利的作品几乎被看作他们的胜利宣言。马歇尔·萨林斯（Marshall Sahlins）是一名长期批判社会生物学的杰出人类学家，他评论该书时欢呼雀跃。我们可以在简装版的封底看到这段引自书评的文字："从很多方面看这本书都是一部惊世之作——才华横溢的论证、小心细致的研究——它对文化人类学领域来说具有极其普遍，甚至至关重要的价值……除此之外，它会让生态学家（不管是自然的还是文化的）、社会生物学家、唯物主义者和其他一些人痛苦地呼号。”尽管如此，凯利的分析还是能很好地融贯于我们的进化论研究方案。

从历史学和语言学证据看，我们几乎可以肯定，努尔和丁卡之间的相互关系比它们与其他任何文化之间的关系都要密切。努尔是源自丁卡的一个分支，最终，它变得如此独树一帜，以至于可以被认作另一个部族。这就让人对努尔所拥有的竞争优势更感兴趣，因为它反映了历史上较新近的社会组织变革。

努尔人和丁卡人都以牛和谷物（小米）的混合经济维生。领土扩张的主要动机是掠夺牛群，其最终目标是占有更多牧场。当然，两个部落都有从对方那里夺得牛群和土地的动机，但努尔人的动力比丁卡人更强。这种不对称性源自社会组织上的差异，而不是两个部落所居住的自然环境上的差异。两个部落都有要求结婚的两家人交换公牛的彩礼系统，但努尔人的彩礼数额比丁卡人要高，因为他们得送出更多公牛。因此，两个部落以不同的方式管理着他们的牛群——努尔人的牛群规模比丁卡人的牛群更快超出了原有牧场的负荷。

尽管这种社会组织上的差异为努尔人入侵丁卡人领地的行为提 188
供了额外的动机，但它无法解释为何努尔人获得了成功。事实上，每场婚姻中都要送出多头公牛这件事，反倒使努尔人的人口密度在两个部落毗邻的地区比丁卡人低了36.5%—45%。然而，即使在数量上落于下风，努尔人在侵略丁卡人领地以及抵抗报复性袭击时始终占据优势。其原因在于，虽然努尔人人口密度更低，但他们善于调集规模较大的战斗部队。努尔的突袭由一千五百人组成的部队执行。他们被分成五个纵队，同时袭击多个丁卡人的定居点。随后，他们会集中到一起，抵御对方可能发起的反击。不论是为了进攻还是为了防守，丁卡人从来都无法组织起这样庞大的军队，除非他们得到殖民地政府的援助。

努尔人的优势完全建立在人数的基础上，它和新颖的军事战略或战斗技巧没有太大关系。熟悉努尔人策略的丁卡人能击退他们的小型突击部队，并在他们为数不多的突袭中使用与之相同的多纵队体系。在努尔人和丁卡人口口相传的民间叙事中，从来就没有提到过任何一次靠锦囊妙计取胜的战斗。努尔人只不过是通过几代人的数百次突袭，依赖具有人数优势的军队赢得了他们的领地。

虽然他们的军事策略基本相仿，但努尔人和丁卡人的突袭部队在社会组织性上存在一些重要差异。请思考下面这段记述，当时丁卡人实现了一次难得成功的突袭（源自 Titherington, 1927, p.199, 在 R. Kelly, 1985, p.53 中被引用）：“一支（莱克丁卡的）突袭部队对努尔人的村庄发动了奇袭。随后，像丁卡人平时所做的那样，他们坐下来享受为争夺战利品而吵闹的美好一天。但这也是他们最后一个好日子，因为与此同时，努尔人已经包围了他们。在接踵而至的一片恐慌声中，努尔人已将他们屠杀殆尽。”

相比之下，努尔突袭部队一直要等到反击的危险过去后才会对牛群进行分配。到那时，他们会以竞赛的方式在各户人家之间分配牛群。在这个竞赛中，任何抓住动物、用绳索套住它，并割下其耳朵的人对它拥有绝对的所有权。正如我们所预料的那样，当两个人同时抓住一头牛时，他们之间会发生打斗，不过“只准使用棍棒，
189 不准使用长矛”的规则让严重受伤的情况变得十分有限。在这个记录了有组织的混乱的有趣案例中，人们其实并没有一丝不苟地去调节对资源的公平分配。然而，当竞争被推迟到共同目标到手之后时，争论的成本也被包含在内。其结果是，这种战利品分配方式比其他任何做法都要平等。

从总体上说，努尔人因其纪律性、勇敢度，以及他们能经受住战斗中重大人员伤亡的能力而闻名。凯利报告了这样一桩事件：一支努尔突击部队被政府巡逻队拦截，在初次交火中，努尔军损失了八十四人。然而他们在当晚就发动了反击，并于第二天撤回自己领地前又进行了一次反击。相比之下，丁卡人不但在战斗中缺乏组织

性，而且他们还倾向于从彼此的不幸中赚取好处。在殖民记录中总有这样的报告：那些被迫从其领地中迁徙出去的人总会被其他丁卡人掠夺剩余的牛群。努尔人也会窝里斗，但他们有能力化解因差异而产生的问题，并在面对外敌时团结一致。根据埃文斯－普里查德（Evans-Pritchard, 1940）的描述，努尔社会的分割方式能让各个水平的层级系统出现功能组织性。依其所面临威胁的规模不同，其单位会从一个村庄延伸至整个部落。

总而言之，努尔社会系统取代丁卡社会系统的原因在于，它**在大群体这个层面上具有更好的组织性**。我们必须强调的是丁卡人没有能力在这个层面上获得组织性，即使他们对此有需求。丁卡人作为文化的存在性已经受到了威胁，但他们仍旧无法召集大型作战部队或者压制住人们的内部矛盾。与努尔社会系统相比，丁卡社会系统中似乎有些什么东西在妨碍该层面的功能性组织。其中最重要的一个差异在于：在努尔人那里，世系起到了让较小社会单元保持团结的作用，而在丁卡人那里，事情并非如此。[1] 丁卡社会系统的最小分块是一组农业定居点——其居民会一起在公有雨季牧场区放牧。这种最小分块的规模受环境限制，它取决于可供放牧的高地面积及其分布。相比之下，努尔社会系统的最小分块是由世系系统决定的，它并没有跟公有牧场的使用状况捆绑在一起。由此，努尔人最小分块的规模不会受环境限制。由于同样的原因，努尔人的分块式 190
社会组织还会额外多出一个层面。简言之，努尔的世系系统使社会群体能在因分散放牧而变得孤立的情况下，保持其功能上的整体性。

尽管有大量丁卡人涌入努尔社会，但这两个部落间的文化差异并没有发生改变。根据埃文斯－普里查德（Evans-Pritchard, 1940,

[1] 努尔人和丁卡人的社会系统都是分块的——他们将其理解为包含型等级系统（nested hierarchy）。其中最小的分块尽管比村庄稍大，但还是位于等级系统的最底层。就日常经济活动而言，它是主要的“法人单位”。与此相关的更深入探讨请参阅埃文斯－普里查德的作品（Evans-Pritchard, 1940）。

p.221；在 R. Kelly, 1985, pp.64-65 中被引用）的记载，来自丁卡的俘虏、移民，及其后代至少占到努尔总人口的一半。但同化过程完成得如此之快，以至于埃文斯－普里查德觉得他很难将丁卡人的第二代后裔与其他努尔人区分开来。然而，在两个部落间发生大规模**个体**迁徙的情形下，两个**部落**在文化上和行为上的差异依然照旧。根据凯利（R. Kelly, 1985, p.65）的描述："在对来自丁卡和阿努亚克的部落成员进行大规模同化后，有助于努尔实现领土扩张的那些社会、经济组织的关键特征仍然保持不变。"这项观测报告很好地支持了我们在第四章中提出的观点，即群体间表现型差异比个体间表现型差异更具可遗传性。

凯利描绘了许多帮助努尔在大规模适应性单元方面胜过丁卡的其他特征。他还试着追溯它们之间的相互关联，并在此基础上解释努尔系统如何从丁卡系统中进化出来。凯利研究文化系统的进路与那些强调生物系统历史性、复杂性、发展性的生物学家极其相似（e.g., Gould and Lewontin, 1979）。二者都对单因素解释方案持怀疑态度，并倡导万事万物普遍联系的观点。文化系统并不总是具备适应性，如果没有努尔社会系统的偶然出现，那么丁卡部落就还能继续维持下去。努尔社会系统并未完美地适应环境，它只是比它所取代的系统更具竞争力而已。像"突袭部队规模"这样的表现型特征根本无法被概念化为单个的"文化基因"（Dawkins, 1976），至少这远不像生物学中将某一性状概念化为单个基因那么容易。这些表现型性状是因多个以复杂方式相互影响，并带来许多副作用的低级性状而出现的。所有这些观点都是正当的——我们自己也曾试着将它们带到聚光灯下。然而，正如凯利所意识到的那样，尽管造就群体表
191 现型文化机制十分复杂，但是这些表现型自身依然能得到功能性解释。努尔文化系统一步步取代丁卡文化系统的原因在于，它能让人类社会群体在群体冲突的过程中更好地发挥作用。

凯利的分析阐释了我们理论模型当中的许多假设和预测，但我们之所以就此展开详细的讨论，还有一个尤为重要的原因。进化生

物学家往往不得不在无法直接接触到发生于过去的实际自然选择**过程**的情况下，研究自然选择的**产物**——适应器。虽然用于表明某一性状是适应器的方法确实存在，但终极证明方案还是对其进化过程进行观察。凯特威尔（Kettlewell, 1973）对飞蛾工业黑化现象的研究之所以能在教科书中占据一席之地，是因为它第一次记录了正在起作用的自然选择过程。更近些时候，对达尔文雀（Grant, 1986）以及其他物种的调研，更仔细地观察了整个自然选择过程（Endler, 1986 对此进行了回顾）。我们的调查与勃姆更全面的研究都将重点放在了群体选择的**产物**上，即似乎会像适应性单元那样起作用的群体。我们认为，人类社会在群体层面的绝佳设计使其必然能因群体选择而得到进化。我们只能像之前那样对群体间取代过程做些猜测，却无法通过描述正在起作用的群体选择过程来提供确凿的证据。但凯利对努尔人征服过程的分析正是这样一个确凿的证据——这是一个社会系统正在取代另一个在大规模群体层面上适应性欠佳的社会系统的过程。我们或许还能在历史记录中找到其他许多记录得同样详细，甚至于更加面面俱到的案例。正如达尔文在很久以前就已经意识到的那样：“在所有时代中，世界上的一些部落都在取代另一些部落。”（Darwin, 1871, p.166）

总结

地球上生命历史发展的标志似乎是一系列由较低级的独立单元结合为具有功能一体性的较高级单元的重大转型（Maynard Smith and Szathmary, 1995）。最近，一些昆虫，甚至有几种哺乳动物，比如裸鼹鼠（Sherman, Jarvis, and Alexander, 1991）都完成了这样的转变，结合而成具有功能一体性的集群。至于“该名单中 192
是否能加上人类社会”的问题，或许会因人们思想背景的不同而显得或似是而非，或离经叛道。人们对这个问题的看法的多变性说明我们的学问（包括科学）未能对有关人性最基本的问题之一做出解答。

到目前为止，用于**反对**“人类群体是适应性单元”这一看法的最强理论依据来自进化生物学领域。其主张是：因为人类群体不具备像其他超社会物种那样的基因结构，所以它无法作为适应性单元而得以进化。我们已经详细检查了该论证的性质。我们的第一个任务是复活 20 世纪 60 年代被进化生物学家贸然拒斥的群体选择理论。我们的第二个任务是从多层选择理论的立场去审视人类群体——该立场描述了谱系相关度以外的诸因素。我们的结论是：自然选择的基本要素——表现型差异、可遗传性、适应度后果——对人类群体而言似乎都存在，这些要素能让人类群体进化为适应性单元。

这一章试着通过回顾记录全世界人类社会的部分文献，把经验内容填充到我们的理论框架之中。对社会规范的调查能够支持我们模型中的假设和预测。在缺乏谱系相关度的情况下，让群体选择成为强大选择力量的因素似乎大量存在，尤其在进化历史绝大多数时间所处的小型面对面社会中。人类群体并不总是像适应性单元那样运作，人性也可能非常适合于最大化个体在群体内的相对适应度的工作，就像它适合于在群体层面塑造出有机组织的工作一样。然而，大多数传统人类社会似乎都在设计上抑制那些会导致群体功能失调的群体内选择过程。因此自然选择能在群体层面发挥作用，适应器也能在群体层面得以累积。人类社会群体通常会像适应性单元那样运作——原住民和以其为研究对象的人种志学者都察觉到了这一点。

我们的调查规模适中，而诠释还需要经受更严格方法的检验，但我们的确避免了因在各种文化中挑拣证据来支持自己观点而产生
193 的最为严重的偏倚。因为我们的调查建立在随机文化样本的基础上，所以得出的结论或许也适用于人类关系区域档案中的其余数百种文化。此外，有些对人种志文献更加了如指掌的人类学家也得出了相同的结论。我们的证据不单包含群体选择的产物——作为适应性单

元而发挥功能的群体——还囊括了确凿的证据本身，即某些群体取代其他群体的过程。尽管从个体主义的背景出发，将人类群体看作适应性单元的观念显得有些异想天开，然而它不但能从进化论中获得论据，还能从全世界文化中与人类社会群体相关的大量经验材料那里得到支撑。或许我们这个物种也能进入低级单元（个体）有效地结合为具有功能一体性的高级单元（群体）的案例列表中。

必须强调的是，我们目前所说的**一切**都没有涉及引导人类行为的思想与情感。进化生物学家的分析通常都是由表及里的。最开始时，他们会试着理解那些决定了现实世界中生存、繁衍能力的表现型。对表现型的研究不必涉及造就的直接机制。只要直接机制能导致可遗传变异的出现，自然选择力量就能进化出适应器来。从某种意义上说，这些具体的直接机制根本无关紧要。如果我们希望选择翅膀较长的果蝇，而且确实获得了较长的翅膀，那么谁还去管那些与之相关的具体发育途径呢？如果脑虫已经进化出了通过牺牲自己的生命而使其所在群体最终到达牛类肝脏的性状，那么谁还去管它在钻入蚂蚁脑部的路上有怎样的（或是否有）思想和感觉呢？同样，如果人类通过进化已经聚合为具有功能组织性的群体，那么谁还去管他们的想法和感受呢？重点在于他们确实完成了这件事，就像脑虫钻入了蚂蚁脑部以及果蝇发育出了较长翅膀那样。人们很难接受这种机制无涉的态度，但如果想要像研究其他物种那样研究人类，我们就必须如此行事。

当然，在某些情况下，我们的确想要通过理解这些直接机制来获得更多与表现型及进化过程相关的知识。对人类行为感兴趣的进化生物学家大约在十年前做出了这样的转变。起初，他们跳过心理学主题，尝试直接用生物学上的适应度来解释人类行为。这条进路 194
给出了许多洞见，但它终究会受到许多局限。为继续向前迈进，我们必须研究直接机制的进化，于是进化心理学诞生了（e.g., Barkow, Cosmides, and Tooby, 1992; D. M. Buss, 1994, 1995）。现在是时候钻入行为以下的层面，去考察那些促使人类结合为功能组织性群体的心理机制了。人们是否会直接想要关心他人？我们通常将这一点联系于心理上的利他主义。或者说，我们是否完全能用与心理上利己主义相关的机制来解释个体层面和群体层面的适应器？为了回答这些问题，我们必须知道哲学家和心理学家迄今为止在心理上的利他主义与利己主义的研究方面取得了怎样的进展。随后，我们会开发一个超越传统方案的心理机制进化理论。不过即使在开始第二部分之前，我们也可以用这样一句有关人性的重要陈述来总结第一部分的内容：从行为层面上看，或许人们因进化而产生的许多做法都是**为了给群体带来收益**而存在的。

第 二 部 分

心理上的利他主义

196*

* 因排版原因，页边码顺序有变。——编者注

第六章　作为直接机制的动机

在本书第二部分中，我们将把问题的重心从作为进化论问题的 199
利他主义转换到作为心理学问题的利他主义。这种再定位不只是简单地从不同视角看待同一个问题，毋宁说，我们所研究的现象也发生了转变。

如果一个有机体以自身适应度为代价来增大其他个体的适应度，那么从进化的意义上说，它的行为就是具有利他性的。反之，心理上的利他主义首先适用于动机状态，它只是在衍生的意义上适用于由那些动机所引发的行为。这种从“作为行为之属性的利他主义”到“作为动机之属性的利他主义”的转变看似十分琐屑，实则引入了一组新问题。从某种程度上说，这是因为心理学家和哲学家已经在不涉及进化论的框架下讨论过有关动机的问题。因此，我们首先要对已在心理学和哲学中被提出的利他主义概念进行评估。在此之后，进化观念会逐渐发挥作用。然而，如果不事先描述利他主义在进化生物学之外的发展状况，引入该观念的效果就会适得其反。

直接机制与终极机制

当一个行为得到进化时，让有机体产生该行为的直接机制也
必然会得到进化。常春藤类植物在生长时会表现出向光性。从广义 200
上说，这也是一种行为。要使向光性得以进化，常春藤类植物内部必然存在着某些让它们朝一个方向而非另一个方向生长的机制，由

此，我们可以得到一个从进化过程到内部机制再到行为的三步式因果链：

对向光性的选择→内在机制→朝有光的方向生长

该行为因受到自然选择青睐而在其祖先的世系中得以进化。就有机体的一生而论，该行为出现的原因在于有机体内部存在着某种能导致它产生的内在机制。

这条因果链告诉我们：有两种方式可以回答如何解释行为的问题（Mayr, 1961）。常春藤类植物为何会朝有光的方向生长？其中一种回答方式是将这个行为追溯到与该有机体个体发生学相关的事实中去。它们之所以朝某个特定方向生长，是因为它们含有某些能导致它们如此行动的内在机制。第二种回答方式是将该行为追溯到更早的、与该有机体种系发生学相关的事实中去。常春藤类植物现在之所以会朝着有光的方向生长，是因为自然选择青睐于它们祖先的这类行为。这两个答案并不冲突，它们只不过是分别谈到了因果链中相对直接的和相对终极的环节。

常春藤类植物大概是没有心智的，但我们可以把相同的观点应用到有心智的生物所表现出来的行为上。就像常春藤类植物从阳光中获得能量那样，人类也从他们所在的环境中摄取营养。如果那些帮助我们获取营养的行为是进化的产物，那么人类个体内部就必然存在着一个让我们将某些而非另一些东西认作食物的装置。这是心智为我们做的工作之一。人们之所以食用现在所吃的这些东西，是因为他们具有与之相关的信念和欲望。要从进化的视角看人类行为，我们就必须将人类心智看作让有机体产生适应性行为的直接机制。[1]

---

[1] 我们并不是主张**所有**人类行为都是自然选择的产物，我们也不是在说，**每个**信念和**每个**欲望都是为了产生适应性行为而进化出来的适应器。就现在的问题而言，我们只想说明在将心智看作控制行为的直接机制时，这些东西意味着什么。第十章将澄清我们在讨论心理学上的利己主义和利他主义时所包含的进化论承诺。

在解释了进化论者对直接原因和终极原因的区分究竟意味着什么之后，我们现在要说明的是心理学上对人们终极欲望和工具欲望的区分。这并不是什么富有技术性、隐秘性的观念，而是日常生活中耳熟能详的概念。有时人们会纯粹因某件事本身而想去做它；有时做某件事的原因在于认为它是达成某些更终极目标的手段。比如说，请思考一下人们为何想要避免疼痛。如果说试图避免疼痛的原 201
因在于人们认为这样做有助于其脑海中**其他**目标的达成，那就大错特错了。事实正与之相反：人们只是不喜欢疼痛而已，避免疼痛感是我们纯粹因其本身而想要去做的事情之一。

尽管就人们对疼痛的想法而言，避免疼痛的欲望是一个终极目标，但从进化的意义上说，它并不具备终极性。我们避免疼痛的欲望有其进化上的原因。疼痛通常与身体损伤相关联。今天的有机体之所以想要避免疼痛，是因为该策略受到自然选择青睐。避免疼痛的欲望在心理学上具有终极性，在进化论上却只具有工具性。为明确**终极性**在进化论和心理学中的意义差别，我们来看看下面这个逻辑链条：

为避免身体受伤而进行的自然选择→避免疼痛的欲望→避免身体受到伤害

从某种意义上说，避免疼痛的欲望**不是**终极的，可以再向上追溯到更早发生的进化过程。从另一种意义上说，避免疼痛的欲望又**是**终极的，其存在**无法**继续追溯到该有机体所拥有的更基本的**欲望**。这两个观念并不存在冲突。避免疼痛的欲望是进化形成的直接机制，但从心理经济（psychological economy）的角度看，它同样是有机体的终极欲望，其存在并不取决于有机体认为避免疼痛会帮助它们达成其他目标的想法。

我们将在本章末尾处进一步澄清终极欲望和工具欲望在心理学上的区别。现在我们要做的是，利用这一区分来阐述本书剩余部分所要回答的主要问题，即有关心理学上利己主义与利他主义的问题。人们是否有过在心理上具有终极性的利他主义欲望呢？或者说，人们之所以希望他人过得好，是否只是因为他们认为这样做会为自己带来好处呢？**心理学上的利己主义**是一种认为人们所有终极欲望都以自我为中心的理论；被称作**心理学上的利他主义**的动机理论则坚持认为，有时人们会为关心他人而关心他人。上述理论都同意“人们有时会希望他人过得好”这一观点。其争论点在于，这类欲望到底是一直都只具备工具性呢，还是说它有时也会表现出终极性？

心理学上的概念如何与进化论上的概念相关联

202 心理学上的利己主义和利他主义与我们在前面讨论的进化论上的自私性和利他性概念之间的关系是怎样的呢？这种动机上的区分如何能联系于因适应度后果不同而产生的区分呢？

我们或许能用进化论概念与心理学概念之间的一个显著区别作为引子。有机体不必拥有心智就能成为进化上的利他主义者，我们在第一章中探讨的例子就阐明了这个要点。脑虫会钻进它所寄生蚂蚁的脑部，通过牺牲自己的生命来帮助该蚂蚁体内的其他寄生虫生存、繁衍。同一宿主中比其他病毒毒性更低的黏液瘤病毒繁殖率也更低，这就能让病毒群体有机会散播到新宿主体内。如果两只雌性黄蜂共同筑巢，那么所生雌性数量比雄性数量多的雌虫就会比生产出均衡性别比的雌虫适应度更低，尽管拥有更多雌性后代的雌虫会提高群体的生产力。由此可见，对进化论上的利他主义者来说，信念和欲望并不是必需的。

即便我们只将注意力限定在**确实**具有心智的有机体身上，我们也必须看到，利己主义和利他主义的心理动机与自私性和利他性的适应度后果之间并不存在一一对应关系。为把该要点完全说清楚，我们将描述四个案例，这些案例会说明，心理上的利己主义 / 利他主义可任意与进化上的自私性 / 利他性进行组合。在前两个案例中，进化论范畴与心理学范畴具有一致性；在后两个案例中，二者则会分道扬镳。

案例 1：假设有一种想尽可能多地为自己收集食物的有机体，它的这个欲望是以自我为中心的。如果有机体将该目标当作目的本身，那么根据迄今为止的描述，它就是心理上的利己主义者。如果一个种群中某些有机体具有这种欲望，其他个体则不然，那么这种差异性会带来怎样的适应度后果呢？尽可能多地为自己收集食物的有机体在进化上是自私的，而抑制自己收集食物的行为，并为其他个体留下更多口粮的有机体则是进化上的利他主义者。因此，尽量为自己收集食物的欲望所表现的就是一种心理上利己、进化上自私的动机。

案例 2：假设有一个关心其所在群体成员福祉，并以此为目的 203
的人。这样的欲望是心理上的利他主义的一个例子。如果将该性状对比于“除非关心他人会为自己增加群体内相对适应度，否则就不在乎其他人”的性状，那么我们就会发现，心理上具有利他主义的性状在进化过程中要求群体选择的参与。在这种情况下，关怀他人这个作为终极目的的行为就是进化上的利他主义的一个案例。

案例 3：有个人总是帮助群体中的其他人，但他这样做只是因为帮助他人会使自己感到快乐。这种人就是进化上的利他主义者和心理上的利己主义者。不过我们还想描述一个更微妙的例子——它能让我们更好地看出进化上的概念和心理上的概念为何背道而驰。

假设有个想要帮忙一起修栅栏的人，再假设这个要塞能为所有人提供保护，使之免受捕食者和掠夺者的侵袭——但这并不是我们的主人公想要提供帮助的原因。他之所以帮忙仅仅是因为该要塞会因此变得更坚固，他唯一的终极关怀是自身的安全。这名个体显然是心理上的利己主义者。

现在让我们来考虑一下帮助建造要塞的适应度后果与不帮忙建造的适应度后果。由于群体中的所有人——不管是建造者还是非建造者——都能享受由这座要塞带来的好处（经济学家称之为**公益事业**），因此建造者是进化上的利他主义，非建造者则是搭便车之人——从进化的角度看，他们是自私的。在任何群体中，建造者的适应度都比非建造者要低。因为尽管只有建造者为构筑它而付出了精力上的成本，但是所有人都会从栅栏中受益。单纯觉得帮忙修建要塞会让自己更安全而想要实施这一行为的动机是心理上自利、进化上利他性状的一个案例。

当心理上的利己主义者仔细思考是否施行帮助行为的问题时，他们会对实施帮助行为所能获得的好处与不实施帮助行为所能获得的好处进行对比。这就涉及对两个假想情形所做的评估——其中只有一个情形会变为现实。有关栅栏的案例告诉我们，那些致力于最大化其**绝对**适应度的心理上的利己主义者，有时会决定采取一些降低它们群体内相对适应度的行动（Wilson, 1991; Sober, 1998b）。我们这个案例中的利己主义者只关心自己的绝对福利，却没有去想他是
204 否会比其他人过得更好或更差。这便是心理上的利己主义者所关心之事与群体内选择过程所“关心”之事最为重要的区别。

尽管利己主义者在慎思过程中会对不同的**假想**情形进行对比，但“哪种性状会得以进化”的问题却牢牢扎根于**现实**领域。在思考到底是帮助行为还是不帮助行为会得以进化时，我们所要比较的是帮助者和非帮助者实际上过得如何，人们会对比两种性状在当前实际种群中的适应度。生物学家有时会以心理上的利己主义为启发法（heuristic）来预测哪种性状将获得进化。显然，斑马种群会进化出较快的奔跑速度以取代较慢的奔跑速度，因为致力于最大化其适应度的利己主义者会想要跑得更快。然而，关于栅栏修建的例子告诉我们，上述经验法则可能令人误入歧途。如果进化过程受群体内选择力量管控，那么**不提供帮助的行为**就会进化出来；如果群体选择扮演着决定性的角色，那么**帮助行为**就会得以进化。如果群体选择与个体选择都发生了，那么我们能通过评估每种力量的大小来回答“哪种性状能获得进化”的问题。由心

理上的利己主义者所做出的选择并不总是对应于群体内选择所青睐的性状。[1]

案例 4：设想有一个“不可还原地”（irreducibly）关心其子女福祉的母亲。这是对行动者自身以外个体的关怀，因此是一个利他主义的心理动机。现在假设有一群人，其中有些父母关爱其子女，另一些父母则不然。假设第一组父母在繁衍后代这件事上比第二组父母更为成功，那么这就意味着关爱自己子女的行为是在进化上带有自私性的案例，因为该性状比其他替代性状更能提高其携带者的适应度。[2]

我们可以用表 6.1 来总结上述四个案例：

---

[1] 该观点与布勒顿–琼斯（Blurton-Jones, 1984, 1987）的食物分享模型有关——我们已在第四章中对此做了简要介绍。在该模型中，如果个体能从捕猎和分享行为中获得（比他不那么做时）更大的好处，那么捕猎和分享行为就会被认作进化上自私的行为。此处，进化上的自私性与心理上的利己主义者会选择的性状被等同起来。布勒顿–琼斯对该问题的分析有时无法精确预测哪种性状将得以进化。当它确实做出正确预测时，它会认为个体选择是在其中起作用的过程；可事实上，该性状在进化上具有利他性，它需要群体选择的参与才能得到进化（Wilson, 1998）。就像平均化谬误一样，以心理上的利己主义为启发法来思考与进化相关的问题，也会让人对利他主义和群体选择视而不见。

[2] 根据亲选择理论，帮助后代与帮助其他亲属的行为具有相似性，因为在这两种情形中，施惠者与受惠者都共享某些基因。根据多层选择理论，亲属间的利他主义行为是通过群体选择进化出来的。这就触发了一种可能性，即亲代抚育中也含有群体选择的要素。尽管这种意见可能听上去很奇怪，但它在概念上有恰当的产生动机，而且可能引发一些有意思的洞见。如果父母双方都提供了关爱，但其中一方比另一方付出得更多，那么这些行为就可能是利他主义和剥削利用的体现。亲代抚育中的利他主义并非来自后代获得收益的事实，而是源于父母当中的一人给予另一人的好处。如果这对父母没有遗传相关性，那么上面所说的就是为**非**亲属带来的好处。一对父母是一个规模大小为二的群体，其中可能会有零个、一个或两个利他主义者。彻底思考上述观念可能带来的影响会是未来研究中一项有趣的任务，但现在我们会依惯例来处理亲代抚育问题，将其视作个体层面的适应器。为了在当前语境中（即在思考进化上的自私性能受心理上利他的直接机制驱使的问题时）更好地理解我们的观点，请设想问题所涉及物种进行的是无性繁殖。

表 6.1　利己主义 / 利他主义 / 自私性 / 利他性四个案例总结

	进化上的自私性	进化上的利他性
心理上的利己主义	1. S 想要尽可能多地收集食物	3. S 想要帮忙修建要塞
心理上的利他主义	4. S 关心其子女的福祉	2. S 关心群体中其他成员的福祉

205 此处的要点在于：每个动机都能从两种截然不同的角度获得评估。某个动机会产生进化上自私或利他行为的事实，并不能决定该动机在心理上是利己的还是利他的。与产生某一行为的心理动机相关的事实也无法回答“为何该行为得到了进化”的问题。

我们曾在第二章中讨论过弗兰克的评述：“群体选择模型受到那些认为人类真的具有利他性的生物学家和其他研究者的青睐。”（R. H. Frank, 1988）不假思索地认为进化生物学中的个体主义与社会科学中的利己主义必然互为补充的想法是一种相当普遍的误解。当我们将因多层选择进化出来的行为与为激发那些行为而进化出来的心理机制相关联时，要更加小心谨慎一点。既然行为的进化和与动机相关的心理之间存在多种关联，那么本书第二部分就能以两种方式展开。一种方式是将人类心智的整个架构看作多层选择的产物；不管该架构是否可能包含心理上的利他主义，它几乎肯定会包含比这多得多的内容。另一种方式——也就是我们所采纳的选项——是去评价那些赞成或反对（本质上属于）心理上的利他主义的论述。把关注范围从“所有可能产生一般意义上帮助行为或适应性行为的动机”，缩小到“心理上的利他主义”的好处在于，这样能使内容更容易被驾驭，而且它也是一个独立的重要话题。许多人将真正心理上的利他主义看作人们浪漫幻想中子虚乌有的事物，如果能够废除这种立场，并让人们相信心理上的利他主义能作为人类心智架构的一部分存在，那么我们也就心满意足了。

关于功能等价物的问题

我们还能用另一个观念来对“进化而来的行为要以进化而来的直接机制为基础”的观念进行补充。如果进化使一个有机体在一系列环境状况下产生一系列行为，那么从原则上说，许多直接机制都可能让该有机体实现上述行为与环境之间的配对。

比如说，假设有一种需要避开氧气的海洋细菌——如果做不到 206
这一点，它们就会死亡。进化显然会为这类有机体提供一种让它远离氧气高度集中区域的行为控制装置。我们不难想象出许多能够达成这一目标的手段。首先，最显而易见的是，进化可能会为细菌装备某种氧气侦测器。不过很多间接机制也能完成这项任务。比如说，我们知道，氧气更为集中的区域一般都位于接近水面的高海拔位置。这就意味着，任何能用于侦测上下差别的装置都能让该细菌避开氧气。不少厌氧类细菌都通过侦测地球磁场来辨别上下方位（Blakemore and Frankel, 1981）。[1]

该要点或许能被推而广之。假设某种有机体在环境 E_1，E_2，…，E_n 中分别进化出了用于产生行为 B_1，B_2，…，B_n 的策略。从原则上说，任何能使行为与环境配对的直接机制都有可能出现。这类机制会让有机体能够直接侦测到 E_1，E_2，…，E_n。然而，如果 E_1，E_2，…，E_n 与环境中的其他属性 I_1，I_2，…，I_n 相关联，那么该有机体就可能实施“侦测这些 I 属性”的间接策略。因为 E_1，E_2，…，E_n 可能与**许多**其他属性相关联，所以一般来说，有机体可能进化出**许多**迂回的直接机制。这些替代机制或多或少地**在功能上等价**——它们在相同境况下都会产生大体相同的行为。尝试解析“该有机体究竟使用了其中哪些直接机制”就是在回答一个标准的生物学问题。

与心理上的利己主义和利他主义相关的动机问题会涉及这类议

[1] 这个例子源自德雷茨克（Dretske, 1981）。

题。比如说，当自然选择让父母去照看其子女，它可以通过多种多样的心理机制去促成这种结果。许多设法完成这件事的有机体并不具备人类那样的心智能力。但在人类亲代抚育的案例中，有一个复杂的认知、情感系统在起作用。人们照看子女的原因来自他们所持有的信念和欲望。那么哪类信念、欲望可能为人类亲代抚育提供直
207 接机制呢？首要也是最明显的策略就是让父母对其子女产生利他主义倾向——让他们希望子女过得好，并以此为目的本身。不过我们也能设想一种能生成同样行为的利己主义动机机制。假设该有机体在子女过得不好时会感到痛苦，而在他们过得好时会感到快乐。如果这个父亲或母亲唯一的终极欲望就是享受快乐、避免痛苦，那么他或她就会照看自己的子女。心理学家所要做的就是在如此多可构想的动机机制中找出该有机体实际调用的那一种。

在海洋细菌的案例中，我们可以用两种方式来确定它究竟进化出了哪种直接机制。首先，我们可以做一组实验。在该实验中，磁场与氧气浓度之间的联系被切断，看看该有机体会如何行动。如果我们将该细菌放入一个上下氧气浓度相等的水池中，那么它是否还会向下游动？如果将磁场翻转过来，该细菌是否会向上游动？其次，我们可以通过解剖该有机体并观察它所含有装置来进行确认。如果我们拥有足够多的细菌解剖学知识，那么或许就能通过观察该有机体的内部构造来判断它所携带的到底是氧气探测器还是磁小体。

我们是否能依照上述程序来研究人类动机呢？第一个程序已被屡次使用。心理学家做过许多旨在为“人类是否具有利他主义或利己主义动机”这一问题提供相关证据的实验，哲学家们也为处理该问题建构了思想实验。我们将在第八章和第九章中回顾他们所做的努力。反之，第二种程序——剖开有机体并注视其内部构造的做法——目前并不可行。即便真的剖开人脑（或者以不太会造成创伤的形式，使用 PET 扫描或 fMRI 设备）检查其中的物质，我们也不知道究竟该找些什么。怎样的脑部结构才能显示出利他主义与利己

主义动机的不同之处？就算神经生物学家能在未来某天回答这个问题，但在今时今日，这种做法不具备任何指导意义。

在第十章中，我们将再度回到海洋细菌趋磁性与心理动机问题的对比上来。我们现在提到它只是为了指出这样一件事：心理学家和哲学家提出的有关心理上的利他主义与利己主义的问题，并非只在心理动机这一领域中出现。只要人们试着去确认支撑着一系列行 208
为的直接机制到底是什么，有关**功能等价物**的问题就总会在其中若隐若现。

信念和欲望

我们已经强调了将心理动机看作用于调节行为的直接机制这一做法的重要性，从这方面说，它们类似于海洋细菌的磁小体，以及常春藤类植物中使其具有趋光性的装置。然而，尽管存在着这类一般意义上的相似性，我们依然应当注意到这样的事实：心理动机构成了直接机制中一个与众不同的类别。在本章剩余部分，我们将探讨以心智为行为控制的直接机制有何特殊之处。这个承上启下的小节所要阐发的观点，描述了一个心理上的利己主义与利他主义理论都能在其中得到建构的共享框架。

利己主义－利他主义之争的一个预设是：**信念和欲望是产生行为的心智中所包含的事物**。关于我们终极动机的争论实际上预设了两件事：我们有动机，以及动机是我们如此行动的原因。尽管这项假说没有受到过任何挑战，但我们还是会（不出所料地）在此处将其视为合理的可行假说（working hypothesis）。如果科学有一天确定信念和欲望并不存在——就像它之前确定燃素和鬼魂并不存在那样——那么我们相信，有关心理上的利己主义和利他主义的争论也会被扔进历史的垃圾堆。[1]

---

[1] 20 世纪更早些时候，有几种行为主义拒绝将内部心智状态看作行为的原因。(转下页)

尽管我们接受信念和欲望会引发行为的观点，但并不认为每个行为都能被追溯到信念和欲望那里。正如大家所见，一旦以足够广义的方式来界定行为，这件事就不会为真。当医生用锤子敲打你的膝盖时，你的膝盖就会抽搐，但这并非由你当时正好持有的信念和欲望决定。同样，当常春藤类植物向着有光的方向生长时，这也是该植物**所做的行为**，但它之所以做出这一行为，并不是因为它具有思想和欲望。如果不是所有行为都由信念和欲望产生，那么是什么使信念和欲望显得别具一格呢？我们希望在此处指出的特征是：**信念和欲望具有命题内容**，相信和期望则是**命题态度**。[1]

请思考一下，当我们说杰克相信玻璃杯中有水时，这意味着什
209 么。如果仅从表面上看这句话，我们会说，这意味着杰克和某个命题（由“玻璃杯里有水”这个短语所表达的命题）之间存在某种特殊关系，即相信的关系。欲望也同样是一种命题态度。当我们说吉尔希望玻璃杯中有水时，我们是在说吉尔和某个命题（由“玻璃杯里有水”这个短语所表达的命题）之间存在某种关系，即希望其为真的关系。此处，杰克和吉尔对同一个命题具有不同的命题态度。

尽管“玻璃杯里有水”这个句子是某种人类语言（英语）[2] 的一部分，但这个句子所表达的命题就不再是英语或任何口头语言的一部分了。杰克在巴黎的表亲雅克可能也相信玻璃杯中有水，尽管他并不会说英语。当我们说他具有这个信念时，我们并非在说他与某个特殊英语句子之间存在关系，而是在说他与该英语句子所表达的

（接上页）更近些时候，斯蒂克（Stich, 1983）和 P. M. 丘奇兰德（P. M. Churchland, 1984）认为，由信念和欲望构成的心理学应被拒斥，并被某种与之大相径庭的框架（如联结主义）所取代。我们同意没有任何先验的理由能保证信念和欲望存在并导致行为发生。但**目前**似乎没有理由拒绝“关于行为成因的科学应预设内部表征状态存在”这一观念。

[1] 在接下来的内容中，我们并不想试着为“什么是信念和欲望”以及“它们有何区别”提供一套完整的理论，只是想指出它们所具有的某些显著特征。

[2] 译者注：因为原文中所说的是英语，再考虑到杰克在说英语的设定，故而没有改译为“汉语”。

命题之间存在关系。某个语言中陈述句的真假取决于它所表达的命题的真假。命题与句子之间的差异就如你与你的名字之间的差异一样大。[1]

当我们将信念或欲望归于某些人时，便是借此在说，他们正以某种方式与命题相关联。那么我们此处所说的是哪类关系呢？这种关系是**表征性的**——相信和期望的行为都包含形成与对应命题相关的心智表征的过程。[2] 该要点能帮助我们准确地将信念和欲望与行为的其他诱因区分开来。常春藤会向着光亮处生长，但它不会形成关于它想要达成什么目标以及它将如何着手达成该目标的表征。同样，用锤子进行敲击也是为了在没有心智表征介入的情况下引发膝跳反射。

只有当有机体有能力表征作为命题构成部分的概念时，它们才能明确表达某个信念或欲望。为明确表达一个命题内容为“玻璃杯里有水”的信念或欲望，你必须要有“**水**”的概念和“**玻璃杯**”的概念（以及“**物理容器**”的概念和“**存在**”的概念）。不具备上述概念的个体无法拥有这些思想和欲望。这对于将信念和欲望归于非人类有机体的做法来说颇有些有趣的寓意。当我们说一名个体相信（或期望）某个命题（为真）时，我们难免会用人类的某种自然语
言来描述该命题。如果一条狗无法理解“**水**”和“**玻璃杯**”这两个 210
英语词项所表达的概念，那么从严格意义上说，我们就不能说这条狗形成了命题内容为“玻璃杯里有水”的信念。然而，我们并不能由此推出非人类生命体不具备信念和欲望的结论。毋宁说，由此可知，人类的自然语言或许不太好描述这些有机体用来阐发其思想和

[1] 尽管“信念和欲望是命题态度”这一观点还需要命题如何得以个体化的理论才能完全展开，但我们不会尝试在此处提供这类阐释。我们所要捍卫的主张能被构造为不必依赖于该议题便能进行讨论的形式。

[2] 尽管“约翰让苹果掉落”意味着约翰与“苹果掉落”这个命题之间以某种方式相关联，但这个句子并不能说明约翰形成了某个心智表征。所以我们才会说“相信和期望是命题态度”的观念，超越了“信念和欲望的归赋在个体与命题间设立了某些关系”的观点。

欲望的表征。或许有一天，认知动物行为学（cognitive ethology）能发展出某些可以更准确地刻画非人类有机体思想世界的方法。如果日常生活中的语言无法为此提供现成的资源，那么我们就只有指望科学家发明出相应的概念了。

信念和欲望何以能协同工作

一个有机体会有一组用于明确表达其信念的概念，也有一组用于明确表达其欲望的概念。我们可以认为这两组概念构成了一种语言——通过这种语言，该有机体能建构出用于表达命题的各种表征。有个至关重要的理由可以说明为何这两组概念理应相同。当该有机体明确表达其信念和欲望时，它必须借助于某种共同的语言——只有这样，该有机体才能进行手段－目的**慎思**。亚里士多德讨论过这样一个例子：有个人想要一个掩盖物，而且他相信斗篷是一种很好的掩盖物。上述欲望和信念一起，使他形成想要获取一件斗篷的意图。在这个案例中，用于建构欲望的概念和包含于信念的概念**重叠**在了一起。如果欲望和信念分别建立在两组毫无交集的词语上，那么我们很难看出它们如何能在慎思过程中协同工作。如果吉尔想要 *X*，但是没有任何一条信念能告诉她获取 *X* 的手段，那么她如何还能知道自己该怎么做呢？

来自不同分支的心理学家都为**模块论**（modularity thesis）做了辩护（Fodor, 1983; Barkow, Cosmides, and Tooby, 1992）。相比于假设有一种管理所有心智活动的通用机制存在，许多心理学家更倾向于捍卫这样的观念：人们拥有一些分别用来处理语言获得、面部识别，以及其他一些任务的独立模块。然而我们现在想说的是，信念
211 与欲望的形成过程并不是严格分离的，必须要有一些通用的词语来为构建信念的装置和形成欲望的装置提供相同的（或大致相同的）概念资源。尽管相信和期望是不同的活动，但它们并非分别存在于两个完全独立的模块中。

当我们谈论从“慎思”和“手段－目的推理”当中可以得出什么的问题时，我们并没有将这些术语的意义限定为自我意识反思的冗长过程。通过推理来决定应该做什么也可能是几乎发生于一瞬间的事。设想当一名救生员看到有儿童溺水时立刻跳入水中实施救援的情形。尽管该行动很快就发生了，但我们还是能想象在此过程中，救生员“咨询”了信念和欲望，并依据某些决策规则对它们进行了处理。行动者的行为如此契合于他所要完成的目标，以至于我们很有理由认为其中存在着某些理性过程。为什么救生员要游过去对溺水儿童施以援手？为什么救生员在从平台跳到水中时要拿起身边的救生圈？这些问题都向我们说明，救生员的行动取决于他相信的内容以及他想要达成的目标。[1]

一些在危急情况下见义勇为的人在事后接受采访时常常会说，他们“不假思索”、不由自主地实施了帮助行为。如果从字面上看，那么不管是心理上的利己主义假说，还是与之相反的认为我们有时具有利他主义终极动机的假说，都会受到挑战。这两种理论都假设人们的行为建立在其欲望的基础上，他们之所以如此行动，不但**因为**他们想要达成某些目标，还**因为**他们拥有某些可以告知如何才能达成那些目标的信念。我们认为，对大多数危机干预行为做出最佳解释的方法是设想帮助者对手段和目的进行了思考。转瞬即逝的思考同样也是一种思考。

欲望及满足的概念

至此，我们在描述欲望概念时还没有提到任何与感受或感觉相关的事项。诚然，感受有时会与我们所拥有的欲望相伴，比如饥饿感有时就伴随摄食的欲望，但稍加反思我们就会发现，它们二者

[1] 我们并没有排除这样的可能性：救生员在过去就做好了援救溺水人员的计划，因此在相应的时刻到来时，他只是在没有进行细致思考的情况下将计划付诸行动而已。

都能单独出现。欲望不必与那些当其被满足时才会消失的负面感觉相伴。[1]

212 “**满足**”一词有两种使用方式。我们可以说人们**感到**满足，也可以说他们的欲望**得到了**满足。如果南希希望明天下雨，那么当且仅当明天下雨时，她的欲望才会得到满足（Stampe, 1994）。当然，即使第二天确实下雨，南希也有可能不知道这件事——因此她可能无法感到满足。此时，她的欲望得到了满足，但她并没有获得满足感。为了判断南希是否感到满足，你必须知道她的心智中发生了什么。而为了知道她对于下雨的期望是否得到满足，你必须得看第二天的天气如何。

如果没有看到这个与满足概念相关的问题，你就可能在关于人类动机的论证中出现谬误。要知道，我们从“人们希望自己的欲望得到满足”这个前提中无法推出任何能够说明其终极欲望究竟具有利己性还是利他性的结论。尤其是，我们不能从“人们希望自己的欲望得到满足”这件事推出“他们真正想要的是获得某种感受（‘满足感’）”的结论。要捍卫心理上的利己主义，我们就必须为此提供更好的论证。

欲望始终是命题态度吗？

尽管我们已经宣称欲望是一种命题态度，可是人们谈论欲望的方式有时还是会让这个观点变得模糊不清。比如说，当我们看到一条狗在讨要主人手中的骨头时，我们会说：“菲多想要这块骨头。”这句话的意思似乎是在说，与菲多产生关联的是某个特殊的物理对象，而不是某个命题。对菲多而言，说它**想要**这块骨头似乎并不比

[1] 这是一个概念上的问题——欲望不应被定义为某种必须与情感状态相伴的东西。当然从经验上说，的确存在这样的可能性：许多，甚至所有欲求事件，实际上都带有情感值，不管它是正面的还是负面的。

说它在**咀嚼**这块骨头蕴含更多概念上的复杂性。

我们会回应说，像“菲多想要这块骨头”这样的陈述省略了一些东西，该陈述中蕴含的某些语义成分没有得到明显的表达。如果我们说“简想要这杯水”，那么这句话实际上是对“简**想要拥有这杯水**”的缩略。“**拥有**”这个词不会告诉我们当杯子在她手中时她想要对它做什么。当我们说“简**想要拥有这杯水**”时，这句话的作用只是让人更快捷地意识到，简希望“简拥有这杯水”这个命题为真。[1] 同样的论证也适用于菲多的例子。“它想要这块骨头”只是“它想要拥有这块骨头”的简略说法。我们不得不从中推出它希望某个命题为真。或许我们难以确切阐释菲多欲望中所含的命题内容，213
不过只要菲多所拥有的确实是欲望，而不仅仅是捡起骨头的“倾向”（tendency），那么它就必须形成具有命题内容的表征。

在英语中，当我们描述那些想为自己做某事的行动者时，就会发现刚才所说的那种缩略现象。“简想要拥有这杯水”这个句子可以被缩写为“简想要这杯水”，但对“夏娃想要亚当吃掉这个苹果”这样的陈述而言，我们却不能那样节省笔墨。此处夏娃的欲望和简的欲望多半属于同一类心智状态，正如夏娃想要亚当完成某事时所希望的是某个命题成真，简想为自己完成某事时所希望的同样是某个命题能够成真。[2]

我们的结论是：那种让人以为非命题欲望存在的表象也就只是个**表象**罢了。当人们想要（为自己或他人）做某事时，他们实际上是在希望某个命题成真。进一步说，如果某一个体希望某个命题成真，那么该个体就必然能够使用那些在具有命题的表征中起作用的

[1] 或许我们应当更确切地说，简为她自己所表征的那个她希望为真的命题是“我拥有一杯水”。我们稍后便会谈到这一点。

[2] 麦考利为“欲望是命题态度”这一观念提供了另一种论证（McCawley, 1998, p.146）。当我们用“**它**”而非“**她**”时，下面这句话才符合语法规则：“约翰想要一个情妇，但他的妻子绝不会容忍**它** / **她**（won’t allow it/her）。”这暗示着“**想要**”的对象不是某个阴性单数名词，比如说“**情妇**”；“**他拥有一个情妇**”显然才是更好的候选项。

概念。尽管我们在说有机体想要某个对象时并没有确切指出它在使用什么概念，但这不应让我们误以为世界上存在着所谓“非概念欲望”（nonconceptual desire）。欲望会以表征的形式出现，而这些表征都是具有命题内容的。[1]

欲望及“我”的概念

约翰·佩里（John Perry, 1979）讲述了一个他去超市购物的故事。当推着购物车穿行于过道时，他发现地上有砂糖的痕迹。于是他开始意识到这样一件事：这个商店一定有人买了一包袋子上有洞的砂糖，当这个人走动时，漏出的砂糖会在他身后留下一条细细的痕迹。当佩里在商店内来回走动时，他逐渐形成了这样一些信念：这个洒落砂糖的人经过了好几个过道，但完全没有意识到他留下的烂摊子，等等。通过观察这些线索，有关该洒落砂糖之人所做之事的画面在佩里脑海中变得愈来愈清晰。最后，当佩里瞥见自己的购物车时才猛然发现——“原来洒落砂糖的那个人是**我**”。这个故事的重点在于，佩里的最后一个信念——那个凸显了“我”这个概念的信念——提供了一条**新**信息，它与佩里之前拥有过的所有信念都存
214 在决定性的差异。佩里的论点是：不论采用多精妙的手段，我们都无法将第一人称信念与各种第三人称信念的合取等同起来。用更概括的话说，他所主张的是这样一件事：用“索引式”（indexical）表述（“我”“这个”“这里”“现在”等等）塑造的信念会带有一些非索引式信念无法携带的信息。

当简想要喝水时，她会如何向自己表征那个她希望成真的命题呢？一种显而易见的猜测是，她会使用这样一个第一人称表征：“我

[1] 从物（de re）信念、欲望惯用语的存在能够完美地兼容于“欲望和信念始终是命题态度”的主张。假设我们在谈论菲多时指向一块骨头说“它想要那个东西”，虽然这样的表述无法告诉我们菲多如何对它想要的东西进行概念化，但这也不意味着有所谓非概念欲望存在。

喝了水。”简不太可能会用她自己的名字来表征她所欲求之事。而且即使她确实用这种别具一格的方式来思考与自身相关的问题，把她的意图说成是“简将会喝水”，那么这句话也无法完整表述出她心中所想的全部内容。毕竟我们会问：“简是谁？”如果简想要通过“希望‘简’喝水”来表达自己的欲望，那么她就必须意识到**她**就是简。不管是当简表征她所欲求之事时，还是当洒落砂糖之人表征他所发现之事时，对“我”这个概念的使用都显得至关重要。

如果人们想为自己做某事，那么根据我们的预期，他们会希望某些以“我”这个概念来表征自己的命题成真。尽管如此，要是宣称只有那些能够使用这一概念的有机体才具有欲望，那就显得言过其实了。在欧登奎斯特（Oldenquist, 1980）所描写的有趣案例中，他假想了一种完全只具有一般性和非亲身性（impersonal）欲望的有机体。比如说，假定这种有机体希望绿色的东西得到食物。如果该有机体自身就是绿色的，那么该欲望就会促使它为自己提供食物。此外，如果在该有机体所处的环境中，它是**唯一**一样绿色的东西，那么它就**只会**为自己提供食物。即使它没有“我”这个概念，其行为依然可以指向自身。现在让我们想象一下，该有机体还有其他许多类似的欲望，它们全都带有一般性和非亲身性，这些巧妙的欲望令该有机体能成功处理它所在环境中出现的各种问题。尽管该有机体具有欲望，但我们并不能说它具有利己的动机（Oldenquist, 1980）。该有机体的欲望没有为自身利益带来任何能使其凌驾于他人利益之上的优先地位。但这也并不是说该有机体会首先认识到你我之间的差别，然后赋予二者相同的重要性。毋宁说，它对所有绿色的东西全都一视同仁，它根本就无法对自我和他者进行概念上的区分。

既然有机体在不具备“我”这个概念的情况下也能通过上面所
说的那种欲望来维持生计，那么为什么它们还会进化出构造索引式 215
欲望的能力呢？其中一个理由可能是：使用“我”这个概念的欲望自然只适用于该有机体自身，而非索引式欲望只有当它们碰巧能够充分决定其外延时才能做到同样的事。如果该有机体想的是“我想要食物”，那么它就会试着为自己提供食物，而不会为它所处环境当中的其他任何对象提供食物。然而，如果该有机体欲望的内容是“绿色的东西得到食物”，那么只有当它相信自己是其所处环境中唯一一样绿色的东西时，该信念才能达成相同的目标。这样的条件终究过于严苛了。如果出现了其他绿色的东西，那么该有机体要怎样才能具有仅适用于自身的非索引式欲望呢？一种显见的策略是让该有机体构造出概念更为丰富的欲望。或许当它希望所有绿色、左利手、灰色毛发、带有粉色圆环的个体获得食物时，它就能成功地仅为自己提供食物。但这样的方式缺乏稳定性。即使上述欲望真能完成仅挑出该有机体自身的工作，我们也还要问：当它自身的特征发生变化时又该怎么办呢？怎样的欲望才能驱使其子嗣为自己提供生计？在有性繁殖的状况下，后代并不会与其父母完全相似。如果对食物的欲望是由遗传获得的，那么父母与子女要如何才能将各自表征为应当接收营养的个体呢？一旦引入“我”这个概念，上述问题就能得到直截了当的回答。[1]

认为索引式欲望会在心智进化早期出现的另一个理由在于：就像我们之前提到的那样，有机体的信念和欲望是由某些通用词语（common vocabulary）建构出来的。索引式概念是知觉信念的重要构成部分。假设菲多正看着一棵树，并形成了“树后面有根骨头”的信念。那么菲多要如何对该信念所涉及的那棵树进行概念化呢？一种较为合理的猜想是这样的：它通过将这棵树与**它自己**相关联来对其进行表征，它会将这棵树看作位于**它**前方的树。菲多将“我”这个概念（或某种与之类似的东西）用作了明确其知觉信念的装置。如果“我”这个概念（或某种与之类似的东西）在知觉信念形成过程中发挥了效用，且知觉信念在心智能力进化早期便已浮现出来，

---

[1] 该结论蕴含着一件具有小小讽刺意味的事。人们通常会用“我”这个概念来构造一种思想，即他们都是独一无二的。然而，人们拥有这一概念的部分理由却在于，他们并**不是**独一无二的——至少从远古时期可能出现的简单概念结构来看，情况确实如此。

那么“我”这个概念很早就能被用来建构欲望了。一旦此类概念出现，心理上的利己主义就会随之成为可能。

那么拥有“我”这个概念对有机体而言究竟意味着什么呢？如
果我们要理解这个问题，那么首先必须明确一个重要区分。在《猴 216
子如何看世界》（*How Monkeys See the World*）一书中，切尼和赛法斯将**自我觉知**（self-awareness）区别于**自我识别**（self-recognition）（Cheney and Seyfarth, 1990, pp.240-242）。自我觉知要求个体形成一些关于他们自己心智内容的信念和欲望，能做到自我觉知的个体可以说就是“心理学家”了。他们不但具备信念和欲望，还能在此基础上将自己看作拥有信念和欲望的个体。

自我识别则是另一回事——它不需要个体成为心理学家。切尼和赛法斯用一个让黑猩猩看镜子和电视的实验对这个观念进行了诠释。如果一只正在熟睡的黑猩猩被人在前额上涂了一大片亮色颜料，那么当这只黑猩猩醒来后，它能够利用镜子或电视中的图像来弄清在它身上所发生的事。我们从黑猩猩的行为中似乎很容易看出，当它看向镜子或电视时，并不只是在想“**某只黑猩猩**的前额上有颜料”，而是在想“**我**的前额上有颜料”。该实验中的黑猩猩与佩里故事中推购物车的人，经历了大体相同的发现过程。切尼和赛法斯会说，这些黑猩猩识别了它们自己，但这并不意味着它们会认为自己拥有包含着信念和欲望的心智。自我识别并不要求相关个体成为心理学家。这便是自我识别与自我觉知之间的区别。

尽管镜像测试往往被认为是有机体具有“我”这个概念的证据，但我们并不觉得该行为是有机体拥有相关概念能力的必要条件。即使狗在看到镜子或电视屏幕中呈现出它们的图像时毫无反应，它们依然可能具备在知觉信念中以索引化方式表征自己的能力。诚然，我们仍旧无法确定要使用怎样的科学基本准则才能将思想归于人类以外的有机体。但当看到菲多想要主人手上拿着的骨头时，我们似乎会很自然地将内容为“我拥有这块骨头”的欲望归赋给它。同样，当看到菲多朝着那些过于靠近其生活区域的犬类狂吠时，我们也不禁会将“这是我的地盘”这一信念归赋于它。或许这些归赋行为无法确切反映菲多心中所想，但很显然，将“我”这个概念归于菲多时的理想化程度，并不比将“骨头”或“地盘”这样的概念归于它时更高。

在这场关于利己主义与利他主义的争论中，所有人都会同意这
217 样一件事：人们持有的某些欲望具有利己主义特征。我们的看法是，唯有当个体具备“我”这个概念时，他们才能拥有这类无可争议的欲望。只要个体能够自我识别（不需要自我觉知），他们就能使用这类概念。如果有机体在形成知觉信念时会通过识别其所处环境中的对象如何与自身相关联的方式来表征那些对象，那么我们或许就能认为他们使用了“我”这个概念。

终极欲望与工具欲望

利己主义与利他主义之争中最为重要的概念区分，便是我们先前提到的终极欲望与工具欲望之间的区分。利己主义者不会否认这样一件事：人们有时的确希望其他人过得很好。比方说，如果苏珊和奥托是生意伙伴，那么兴许苏珊就会希望奥托事业有成。然而利己主义者会坚持认为，苏珊希望奥托顺利发展的欲望只不过是工具性的。苏珊希望奥托取得成功的唯一理由在于，她认为这件事最终会使自己获益。

利己主义假说的捍卫者会以这样的形式来坚持他们的主张：“*S* 希望 *O* 获得成功的欲望，只不过是让 *S* 获得利益的手段。”利他主义假说的支持者们则会反对某些具有这类形式的陈述，他们所提出的主张有时会以诸如此类的形式出现：“*S* 希望 *O* 获得成功的欲望是目的本身，它并不仅仅因为能给 *S* 带来收益而存在。”由此可见，这两种理论都要求我们理解终极欲望与工具欲望之间的差异。我们是这样理解这件事的：

1. 当且仅当下列三个条件得到满足时，S 对 M 的欲望只是为满足 S 对 E 的欲望而存在的手段：S 想要 M；S 想要 E；S 想要 M 的唯一理由在于，S 相信获得 M 有助于他获得 E。

我们说“有助于”的原因在于，行动者并不需要认为得到 M 足以使其收获 E。比如说，假设爱丽丝驾车时关注路况信息的唯一原因在于她想要避免交通事故。尽管关注路况信息并不足以避免事故发生，但它的确是促成该后果的原因之一。

这样的手段–目的关系会使各种欲望被串联在一起。一个相对来说更具工具性的欲望会被追溯到一个更具终极性的欲望，而这个更具终极性的欲望可能会被追溯到第三个比它更加终极的欲望。阿 218
诺德之所以想开车是因为他想去面包店，他之所以想去面包店是因为他想要买些面包，他之所以想买面包是因为他想做些三明治。如果一个欲望不是因为纯粹工具性的理由而存在的，那么我们就会说这个欲望是“终极的”，或“不可还原的”（irreducible），或“以自身为目的的”。[1] 正如我们先前一个例子中所说的那样，人们之所以想要避免肉体上的疼痛，并不是因为它是达成其他某件事情的手段，而仅仅是因为人们不喜欢疼痛的感觉，避免疼痛便是目的本身。当然，即使这的确是人们所拥有的一个终极目标，我们也还需要进一步观察才能知道是否还存在别的终极目标。或许包括我们在内的一些有机体有着好几根欲望的手段–目的链，每根链条都有其作为起点的一环。[2]

---

[1] 或者更确切地说，当 S 将 U 作为终极欲望时，S 想要 U，并且对于 S 具有的其他所有欲望而言，S 并非因为 U 是满足一个或多个其他欲望的手段而想要 U。S 或许能意识到 U 有助于其他一些欲望的实现，但如果 U 具有终极性，这件事就不能成为 S 想要 U 的唯一理由。

[2] 尽管“人们到底只拥有一个终极欲望还是拥有多个终极欲望”仍是一个有待商榷的问题，但这并不影响我们清楚地认识到人们至少拥有一个终极欲望。我们可以通过模仿阿奎那“证明上帝存在的五种方式”来洞悉其中的缘由。试想一下手段–目的欲望是如何被连成一根链条的：S 对 A 的欲望仅仅是作为他得（转下页）

命题 1 界定了“某人对 M 的欲望只是为满足其对 E 的欲望而存在的手段”这句话的意义。我们可以通过简单修改这个定义来界定一个略微不同的概念。假设某人因为**两个**原因而想要 M——因为 M 有利于 E_1 且 M 有利于 E_2。倘若如此，我们就不能说对 M 的欲望**只是**作为达成 E_1 的手段而存在的；然而，我们依然能说对 M 的欲望是作为达成 E_1 的手段而存在的。对下面这个问题来说，上述对比显得尤为重要。利己主义者坚持认为，我们之所以帮助他人，**仅仅**是因为这样做会为自己带来好处。利己主义的反对者可能会承认渴求自身利益是我们实施帮助行为的**一个**原因，但他们会反对将其看作**唯一的**原因。

命题 1 以静态“快照”的形式描述了手段－目的关系。当且仅当有机体对 M 和 E 的欲望在**那个时候**以某种方式联系起来时，该有机体对 M 的欲望是作为它获得 E 的手段存在的。现在我们要用一种动态描述来充实上述图像，我们可以通过考察有机体**变化**的倾向来刻画手段－目的关系：

> 2. 如果 S 对 M 的欲望仅仅作为其获得 E 的手段而存在，那么当 S 逐渐相信 M 不会使其获得 E 时，S 将不再想要 M，却会继续想要 E，并会试着寻找获得 E 的新途径；S 不会不再想要 E 却继续想要 M，并试着寻找获得 M 的新途径（Batson, 1991）。

定义 1 讨论了个体**相信**获得 M 有利于达成 E 时的情形。定义 2 则通过询问“当有机体开始**不相信**上述关系存在时会发生什么”来提供一个崭新的视角。

（接上页）到 B 的手段存在的，S 对 B 的欲望仅仅是作为他得到 C 的手段存在的，等等。如果这些链条不能首尾相连，而且人们不会具有无穷多的欲望，那么这些链条就必定是有限的，而且每根链条都必然存在能被追溯的第一环。

手段－目的关系还有另一种动态含义。它涉及当一个欲望被满 219
足而另一个欲望没有被满足时会发生什么：

> 3. 如果 S 对 M 的欲望仅仅作为其获得 E 的手段而存在，那么如果 S 得到 E 而未获得 M（或者更确切地说，如果 S **相信**事实如此），那么 S 将不再想要 M；然而，如果 S 得到了 M 却未获得 E，那么 S 就会继续想要 E。

命题 2 描述了行动者既未获得 M 又未获得 E 时的情形，命题 3 描述的则是行动者只获得其中一项时会采取的行动。[1] 如果阿诺德去面包店只是因为他想要一个面包，那么根据命题 3，我们可以做出两个预测。如果有人送了一个面包到他家，那么他就不会再想出门；如果他去了面包店后发现面包已经卖完了，那么他依然会想要得到面包。

命题 2 和命题 3 共同描述了工具欲望区别于终极欲望的一个重要标志：**当某人对 M 的欲望仅仅作为其获得 E 的手段而存在时，他或她会更倾向于放弃 M 而非放弃 E。** E 的根基比 M 更深——当主体获得新信息时，他更不愿意对 E 进行撤换。任何能使 E 从行动者的欲望组中移除出去的东西都很容易导致 M 被撤换；相反，将 M 移出欲望组这件事则多半不会熄灭行动者对 E 的欲求。

但这并不意味着个体的终极目标是全然不可动摇的。由头部撞击、精神药物、正常发育而引起的变化，都可能改变个体的终极欲

---

[1] 我们必须把持续性的欲望（ongoing desires）和那些可能在单一场合完全得到满足的对某个具体事物的欲望区分开来。命题 3 适用于后者而非前者。我们设想有一个非常希望得到他人称赞的人——亚瑟。在单一场合获得称赞并不足以（完全）满足他的欲望，因为这个欲望是持续性的，而不是特殊性的。如果亚瑟想要帮助他人的原因仅仅在于这样做能使他从第三方那里得到赞美，那么即使在某个单一场合，他在不曾实施帮助行为的情况下也受到了赞扬，他也可能继续希望帮助他人。其原因在于，仅凭一次在未曾实施帮助行为的情况下获得称赞的经历，并不足以抹杀“帮助行为会提高得到称赞之概率”的信念。人类和非人类主体或许都要在一系列“削弱练习”后才可能改变上述信念（Slote, 1964）。

望。没错，就算只是时间的漠然流逝也能让终极欲望无疾而终。假设有个叫旺达的人，在 20 岁时，她希望成为一名古钢琴家兼画家。她将二者都看作目的本身，而不是用于获取其他任何东西的手段。但最后，旺达逐渐意识到她必须在这两个目标之间做出抉择，因为她没有足够的时间来同时完成这两件事。假定她选择成为古钢琴家，那么旺达绘画的欲望将何去何从？她可能会继续保留这个欲望，而绘画的欲望将始终无法得到满足。反之，旺达也可能会越来越深地沉浸于音乐的海洋，她绘画的欲望将慢慢衰退，直至最终消失于无形。

220 在《人性论》(*Treatise of Human Nature*, 1739）中，休谟主张："理性事实上是，并且也应当是情感的奴隶。"对该见解一个很自然的解读是：理性不能使人采纳、改变或放弃终极欲望。尽管理性能够帮助我们决定追求当前目标的手段，但是我们的终极欲望本身却在理性的管辖范围之外（Enç, 1996）。休谟用了"是"和"应当"两个词。由此可见，他事实上有两个主张，而不只是一个：一个是与推理的心理机制所具有的实际效用相关的**描述性**主张；还有一个是关于推理**应当**实现何种目标的**规范性**主张。我们认为这个描述性主张很可能是错误的。

让我们设想有个叫塞拉斯的人，他渴望得到财富，并将这件事作为目的本身，而非通达任何更终极目标的手段。假设有个哲学家对塞拉斯说，他应该改变自己对待金钱的态度，因为以财富自身为目的去追求财富不会使人变得幸福。此时，塞拉斯很可能会觉得这类论证与他无关。毕竟，如果塞拉斯真像我们所描述的那样，那么这类论证就不应对他造成什么影响，因为他根本没有把追求财富看作获得幸福的手段，金钱无法买到幸福的事实不应让他产生任何触动。然而，这个关于塞拉斯**应当**如何对该论证做出反应的观点，并不能保证他**事实上**真会如此做出反应。或许该论证会触发某些能诱使塞拉斯对钱财之事发生改观的心理过程。

我们并不想在"休谟的规范性论点是否为真"的问题上明确表

态。如果推理确能改变一个人的终极欲望，那么究竟是什么样的错误导致了这类情况的发生呢？难道我们清楚地知道，由推理过程导致的终极欲望变化必定是某种故障造成的结果吗？但不管怎么说，我们都觉得休谟的描述性主张很可能为假。正如塞拉斯的例子所示，理性似乎的确可能改变一个人的终极目标，终极目标并不能**完全**抵制理性反思的渗透。毕竟，命题 2 和命题 3 所反映的重要观点是，相比于我们用于达成终极目标的手段，终极目标本身往往**更不易**发生变化。

命题 2 和命题 3 说明了手段 – 目的关系何以能**起到预测作用**。如果我们知道莎莉对 M 的欲望仅仅是她获得 E 的手段，那么我们就能预测她**将**如何行动。[1] 就这方面看，宣称主体的欲望以这种方式排列就像将某种倾向性——某种以特定方式行为的趋势——归派给某个对象。当我们说方糖**现在**可溶于水时，我们说的其实是当方糖 221
被浸在水中时**将**会有怎样的表现。有趣的是，无论是从一般意义上说倾向性主张，还是从特殊意义上说将手段 – 目的关系归于某人欲望的行为，它们所涉及的都不是**倒推**（retrodictive）过程。说某个物体可溶于水，就是在说当它被浸入水中时**将**会有怎样的表现，从本

---

[1] 其实我们还需要再添加一个假设才能使该预测具备有效性。为理解其中的原因，让我们假定莎莉对 M 的欲望仅仅被看作她获得 E 的手段，但如果莎莉不通过得到 M 而获得 E，那么她就会发生改变。或许在没有得到 M 的情况下获得 E 让她开始觉得 E 其实一文不值，M 却隐藏着她之前从未意识到的价值。尽管莎莉在获得 E 后觉得它索然无味，但这并不意味着在此之前她不是由衷地想要 E。M 脱离它对于 E 的贡献而成为独立存在的欲望这件事，也不意味着这两个目标之间的关系始终是这样的。

一般来说，实验中都会包含干涉和操控的过程——这些过程不可避免地会改变实验所针对的对象。然而，实验所具有的这种性质并不妨碍我们利用实验方法发现干涉过程发生前该物体是什么样的。比如说，假定温度计会让被测物体的温度上升两度，如果我们知道温度计具有这样的效果，那么我们就能利用温度计来确定物体在测量前的温度。与我们对命题 2 和命题 3 的讨论相关的一个问题在于，测量过程也可能会以我们无法预计的方式改变受到测量的系统。由于这是所有实验都要注意的事项，它并不会在我们讨论“当一个欲望对于另一个欲望只具有工具性，这对前者而言意味着什么”时扮演什么特殊角色。

质上讲，它说的不是该物体过去一定也如此。可以说，这些归派都是指向未来而非过去的。或许一个物体现在可溶于水的原因在于它过去一直如此；但同样可能的是，该物体现在溶于水的原因在于它历经了一系列改变其内部构造的过程。

这一点对于利己主义与利他主义来说尤为重要。如果弗雷德现在希望内德事事顺心，并且这对于弗雷德来说是一个终极欲望而不是工具欲望，那么此刻弗雷德就是一个利他主义者。从另一方面看，如果弗雷德现在对于内德过上好日子的欲望纯粹只是弗雷德为自己带来利益的手段，那么根据现有描述，弗雷德就是一个利己主义者。我们或许能用命题 2 和命题 3 提供的工具来测试上面哪组命题为真。然而，即使我们通过测试确定弗雷德现在是利他主义者，这个结论也无法告诉我们究竟是什么令他成为利他主义者。或许弗雷德自诞生之日起便具有利他主义倾向（就像那些在其存续期间一直可溶于水的物体），也可能他在其成长过程当中的某个时间点获得了这种利他主义倾向。我们甚至能构想出这样的情形：起初弗雷德关心内德只是因为这样做能让他获得奖励，但后来这些关怀拥有了“自己的生命”，起初作为纯粹工具欲望出现的事物随后也可能转变为**功能上自治的**欲望（Slote, 1964; Kavka, 1986）。

欲望可能发生“身份转变”这件事并不是什么晦涩难懂的理论可能性。我们常常会因为一个原因开始从事某项活动，却因为另一个原因继续坚持下去。对于亲子关系和其他关怀、恋爱关系来说，这样的事情根本不足为奇：人们通常会因为一个原因开始关心他人，却因为另一个原因继续关心他们。一对父母开始关心他们的婴儿而非产科病房内其他婴儿的原因在于，他们相信**这是他们的孩子**。然而如果在跟这个孩子共同生活了数年之后，他们突然得知当
222 时医院弄错了——他们带回家的是别人的孩子——那么有多少父母会不再关心这个孩子呢？确实会有父母选择不再关心，但问题在于，更多的父母会做出相反的选择。起初，父母关心子女的原因在于这个孩子跟他们之间有着特殊的生物学关系，可是后来，他们关

心其子女的理由几乎与之毫不相干。

上述情境也给了我们另一种暗示。在人们的一生中，早期关怀他人的行为或许会受到享乐主义理由的驱使，但后来他们的欲望会发生改变——他们会逐渐将关怀他人作为目的本身。即使儿童都是享乐主义者或利己主义者，这也并不意味着他们成年后无法成为利他主义者。[1] 当然，尽管这种变化是可构想的，但我们却不知道它是否会实际发生。然而，我们还是必须认识到这样一件事：因享乐主义理由而产生的欲望或许会，也或许不会在之后的岁月中保持先前的身份。[2]

---

[1] 这便是霍夫曼（Hoffman, 1976, 1981b）在其发展理论中所假定的那类转变。艾森伯格（Eisenberg）及其同事已着手对这类转变进行记录；请参阅艾森伯格、列侬（Lennon）等的作品。

[2] 如果利他主义可能始于享乐主义，那么兴许与之相反的过程也会出现。纯粹因为关心他人福祉而实施帮助行为的人，或许会发现他们能从这类活动中获得快感，这可能会使他们产生希望在未来保证这类快感出现的享乐主义欲望。在上述情形中，最初的利他主义欲望没有消失，而是得到了补充。或许我们可以用上述观念来解释屡次献血之人在动机上的转变；参阅皮里亚文和卡勒罗的作品（Piliavin and Callero, 1991）。

第七章　三个动机理论

223 在这一章中，我们将刻画三个有关动机的心理学理论——享乐主义、利己主义、利他主义。我们希望在推进这个话题的过程中始终保持谨慎的态度，因为人们在评价这些理论时往往会因带有偏见的定义和具有欺骗性的论证而造成误判。就像将“自私性”定义为“**所有由进化得到的产物**”能轻而易举地解决利他主义问题一样，将“自身利益”定义为“**所有人们想要的东西**”，也能如探囊取物般解决与动机相关的心理学问题。在讨论这一心理学问题时，人们可能，也确实会掺杂一些更难察觉的偏好。现在我们构想假说时的谨小慎微会在后续章节中获得回报——在那里我们会仔细检查用于解决动机问题的各种尝试。

在界定这三个动机理论的过程中，我们必须处理一系列与之相关的问题。比如，利他主义如何与道德相关？它如何与共情、同情等情感相关？利己主义是否会假定行动者永远理性地计算其最大收益？这些细节对我们的研究项目来说至关重要——它们能帮助确定哪些才是研究者需要仔细考察的性状。在评估人们是否具有利他主义终极动机，或询问进化论能在该动机问题上做出什么贡献之前，我们必须清楚地知道哪些才是有待分析的表现型。

定义享乐主义

224 上一章结尾处对于“欲望在作为终极欲望或工具欲望时究竟意

味着什么”的讨论，能帮助我们轻松定义享乐主义。享乐主义说的是人们唯一拥有的终极欲望就是获得快乐、避免痛苦。相对于这两个目的，其他所有欲望都只是工具性的。根据这种解释，享乐主义是描述性理论，而非规范性理论。它没有告诉我们应该如何行动，也没有说明人们这样遵从本能究竟是善是恶。该理论只不过是在尝试对心智构造做一番描述。[1]

说到对痛苦的反感，享乐主义者其实是在很宽泛的意义上使用“**痛苦**”这个词的。在日常用语中，我们会说除了痛苦之外，还有许多令人厌恶的感觉——恶心、眩晕、焦虑、抑郁等许多感觉都能被归入该范畴。享乐主义者不会认为将避免恶心感看作目的本身有什么问题。然而，要说恶心是一种痛苦，那就显得有些古怪了。该问题的解决方案是在理解“**痛苦**”一词时，将其含义扩大为所有令人生厌的感觉。享乐主义者会将任何人们不愿体验的感受都看作某种“痛苦”。

这样的说法也适用于“**快乐**”一词。如果快乐是一种感觉，那么我们很难界定它究竟是哪种特殊感觉。人们在体验很多事物时都会感到“快乐”。我们会享受桃子的美味，也会因为得知他人最近过得很好（或不好）而感到开心。我们要从什么意义上才能说这两种体验是“相同的感受”呢？享乐主义者不必坚称它们涉及同一类感受。如果“快乐”指的是所有人们乐于享有的体验，那么上面两件事就都能被看作某种快乐（Sidgwick, 1907）。

享乐主义所独有的特征是：它认为终极欲望永远是**唯我论的**。终极关怀的对象被局限于我们自身的意识状态，外部世界发生的一切都只有工具上的价值。

[1] 我们所刻画的利己主义和利他主义也具有这种特征。

定义利己主义

利己主义者坚持认为，个体所有终极目标都是**指向自我的**（self-directed）；人们只会把自己的福祉而非其他任何东西看作目的本身。如果你在关心他人的福祉，那么这只是因为你认为他人福祉与你
225 自身的利益之间存在工具上的关联。严格说来，利己主义所假定的终极欲望根本就不会提到他人处境。对他人的恶意和对他人的善意一样，都是与利己主义者的基本观念格格不入的事物（Butler, 1726）。

或许利己主义者对“**指向自我**”一词的使用方式还有待澄清，但我们打从一开始就清楚地知道利己主义理论的两个性质。首先，那些不可还原的对他人幸福的关怀与利己主义不兼容；其次，那些“不可还原的”对趋乐避苦状态的向往与利己主义的关系则十分融洽。换言之，利他主义假说与心理上的利己主义不兼容，而享乐主义却是利己主义的一种。尽管所有享乐主义者都是利己主义者，但并非所有利己主义者都是享乐主义者。利己主义者可能会把积累财富的欲望视为目的本身，但享乐主义者多半不会那样做。当我们把攀上珠穆朗玛峰看作终极目标时，情况也是如此。利己主义者不必把自身的意识状态当成自己唯一需要作为目的本身来关心的事物。

为确定一个欲望是否“指向自我”，我们必须把注意力放在该欲望的命题内容上。如果山姆想吃苹果，那么这就是个指向自我的欲望，因为“**山姆吃苹果**”这个命题没有提到任何山姆以外的人。同样，如果山姆希望艾伦吃苹果，那么这就是个指向他人的欲望，因为“**艾伦吃苹果**”这个命题提到的不是山姆自己，而是艾伦。利己主义的终极欲望是指向自我的，利他主义的终极欲望则是指向他人的。

但当我们思考那些既提及自己又谈到他人的欲望时，这种对于利己主义的解释就会遇到麻烦。假设艾伦希望变得出名，并将这件事看作目的本身，而非获得任何其他事物的手段。只要略一思索

“出名”的含义，我们就会发现，艾伦欲望的对象包含了一个自我与他者之间的关系，艾伦希望别人知道他是谁。尽管艾伦的欲望并不完全是指向自我的，但我们也会觉得“艾伦不是利己主义者”这样的结论很奇怪。[1] 如果我们将利他主义界定为宣称“我们某些终极欲望完全指向他人”的主张，那么也会出现类似的困境。假设山姆希望他能和艾伦平分苹果，并将这件事看作目的本身，而非获得更大目标的手段。尽管山姆的欲望不完全指向他人，但我们也会觉得“该欲望不是利他主义的”这一结论让人感觉怪怪的。

如果刚刚提到的这些欲望只具备工具性，那么上述问题便会烟消云散。如果艾伦想出名只不过是因为他觉得出名会为他带来愉悦
的体验，那么他就是一个利己主义者。同样，如果山姆希望他能和 226
艾伦平分苹果的部分原因在于他把艾伦处境的改善作为终极目标，那么他就是一个利他主义者。但遗憾的是，这些做法都回避了实质问题。我们想知道的是：**当欲望具有终极性时**，我们要如何对以关系事实为命题内容的欲望进行归类。

如果将这类终极欲望强行归为利己主义或利他主义，似乎都有失公允——这样的尝试看起来总像是在偏袒其中一方。有鉴于此，我们提议新增一个与利己主义和利他主义并列的范畴——**关系主义**。它说的是，人们有时会具有希望关系命题（联结自我与特定他人的命题）成真的终极欲望。如果有读者觉得关系主义的某些情形能被恰当地看作利他主义或利己主义的某个子类，那么我们建议这些读者以我们提议的方式来调整概念分类。我们对这两个理论的评估不会受到上述修正方案的影响。[2]

---

[1] 卡夫卡指出，我们无法清楚说明“希望死后名垂青史的欲望”何以能与利己主义相容（Kavka, 1986, p.41）。

[2] 卡夫卡认为，既然关系欲望会带来种种问题，这就说明利己主义天生就是一个具有模糊性的（vague）理论（Kavka, 1986, p.41）；在许多例子中，利己主义者会乐于将某些欲望看作终极欲望，但我们无法以某种具有原则性的方式来将其划入利己主义的范畴。卡夫卡认为这是利己主义理论的一个缺陷，我们则将其看作利己主义和利他主义都必须解决的一个问题。

在我们对利己主义的定义中，有意识欲望和无意识欲望之间的区分没有扮演任何角色。只要终极欲望仅仅且完全指向自身利益，那么不管这些终极欲望是**有意识**还是**无意识的**，具有这些欲望的个体都是利己主义者。即使个体真心想要帮助他人，并且在他们的意识经验中，这类欲望从未被看作一种牺牲性或与真我相冲突的东西，我们也无法从中推知他们的终极动机究竟是怎样的。利己主义假说当中不存在任何阻止将指向他人的欲望整合进行动者人格的东西。当然，这些欲望必须是工具性的，但它们并不需要在人们的体验中被觉知为某种由外部侵入的事物。

我们希望读者很容易就能看出，根据我们的描述所得到的利己主义假说完全不同于那种可被称作“庸俗利己主义”（vulgar egoism）的东西。庸俗利己主义者坚信，人们只会为获得**物质**利益而行动。在我们看来，这个版本的利己主义显然过于狭隘了。对物质利益的追求确实是人们所具有的诸多动机**之一**，它也确实有助于解释人类行为的**某些**方面，但还有许多行为是它无法解释的。不同于庸俗利己主义，利己主义采用了更为宽泛的利己概念，它包括内在（心理上的）收益和外在（物质上的）收益。

227 人们有时批评利己主义将幸福看作某种单维度状态（one-dimensional state）（LaFollette, 1988），但这类批评不适用于我们所描述的版本。当说到有人想要找到治愈癌症的方法，或想要攀上珠穆朗玛峰，或想要体验浪漫爱情所带来的愉悦感时，利己主义者无须声称这三个目标能以某种方式被归结为同一个东西，这些欲望全都是指向自我的。如果它们能穷尽行动者终极欲望的内容，那么不论这些欲望是否在更深的层次上具有统一性，持有它们的行动者都是利己主义者。同样，利他主义假说也不会承诺“人们将他人福祉看作简单的单维度事物”这一观念。

关于利己主义的定义，我们还有最后一件事要说。我们最好将利己主义描述为某种认为所有终极目的都指向自我的理论，而不是那种给所有终极目的都贴上“自私性”标签的看法（Henson, 1988）。

当吉姆希望他的牙齿不要再疼时，我们显然不应说“吉姆在被这样的感觉左右时显得有些自私”——这样的说法会引起误解。“自私”一词暗含着对某些事情的反对。严格来说，这不是利己主义的主张；毕竟，利己主义是一个描述性理论，而非规范性理论。

短期和长期的利己主义

设想有个叫罗纳德的人，他正在仔细考虑是否要开始戒烟。他知道虽然每根烟只会对他的健康造成微乎其微的伤害，但长此以往，大量吸烟很可能会带来极具破坏力的影响。罗纳德实在难以忘却他从每根烟当中获得的愉悦感。就在他思考是否完全戒烟时，其注意力又转移到了另一个更直接的问题上。在他面前摆着一根尚未点燃的香烟——他在考虑是否要点起它来吞云吐雾。根据罗纳德看待事物的方式，吸烟会带来短期利益。但他同样意识到，长期吸烟很可能会使他付出沉重的代价。如果罗纳德是个只在乎当下的人，那么他就会点燃手中的香烟。如果他十分关心长期生活质量，那么他就会从此刻开始戒烟。

在这里，我们感兴趣的并不是对罗纳德后续行动的预测，而是利己主义者对该问题的反应。请注意，对罗纳德造成影响的短期考虑和长期考虑都是指向自我的。希望得到由尼古丁带来的愉悦感确实是一种指向自我的欲望，对于健康长寿的欲望又何尝不是呢？虽 228
然利己主义认为我们的终极欲望始终指向自我，但它并没有说明对人们而言究竟是眼前利益重要，还是长远利益重要。有些人可能会将这类具体说明的缺失看作利己主义理论的一大缺陷，我们将在第九章中对此类批评进行分析。目前我们只是想表达这样的意见：利己主义理论毫无疑问会存在上述弹性。在之前所描述的情形中，无论罗纳德采取哪种行动，都会与利己主义相一致。利己主义没有说明人们会以哪些具体欲望为终极目的，它只是宣称人们会为了实现某类终极目标而努力奋斗。[1]

定义利他主义

利他主义假说坚持认为，人们有时会将对他人福祉[2]的关怀看作目的本身。利他主义者具有“不可还原的”、指向他人的目的。

“**有时**”一词标志着存在于利他主义假说和享乐主义、利己主义假说之间的一个逻辑差别。享乐主义和利己主义是关于个体**所有**终极欲望的主张，而利他主义则没有要求这样的普遍性。利己主义说的是所有终极欲望都指向自我；但我们称之为“利他主义”的理论并没有说所有终极欲望都指向他人。当然，人们完全可以构建出某种具有普遍性的利他主义理论，但没人会对此表示哪怕一丁点儿的赞同。毋宁说，我们应将利他主义理解为动机**多元论**的一个组成部分——根据这种多元论，人们既有指向他人的终极欲望，又有指向自身的终极欲望。另外，将利己主义和享乐主义理解为（相对）**一元论**教义的看法则是颇为正当的。[3]

根据我们的理解，利他主义的论点是这样的：有些人至少在某些时候会以他人福祉为目的本身。它并不蕴含“**大多数**人在**所有**时

---

[1] 对人格同一性概念持怀疑态度的哲学家（Hume, 1739; Parfit, 1984）可能会认为，我们根本就无法超越当前所处的时间框架来理解享乐主义。但我们在处理这个问题时得保持谨慎。如果在时间中持续客观存在的自我只不过是一种错觉，那么这也许意味着人们不应（ought not）成为享乐主义者；然而，上述哲学结论并没有说明人们事实上是否成为享乐主义者。同样值得注意的是，利他主义欲望往往也牵涉到持续存在之人的福祉；因此该怀疑论主张会对利己主义和利他主义造成同等的冲击。

[2] 人们有时会以比我们更窄的方式使用“福祉”一词。当我们说利他主义者具有关系到他人“福祉”的终极欲望时，这可能意味着他们希望别人能让自己的欲望得到满足，也可能完全不带有这种含义。在我们这里，“福祉”（welfare）的意思不过就是“活得好”（faring well）而已。

[3] 在将利己主义描述为一元论时，我们指涉的是终极欲望的类型，即所有指向自我的欲望。这与“人们可能具有许多指向自我的不同终极目标”的观念相一致。从这个层面上说，利己主义或许是极其多元化的。

候都是利他的”，或“有些人在**大多数**时候是利他的”，或“人们有时会尤为**强烈**地体验到利他主义情感”这一类论点。一个时刻准备着通过极小的牺牲来为他人换取巨大利益的人或许是个利他主义者；但与那些时刻准备着做出巨大牺牲的人相比，他的利他主义程度显然更低。我们的利他主义版本与“自私性广泛存在”这一事实也非常兼容（之后我们还会谈到这一点）。

或许有人会说，如果我们这样去理解利他主义假说，那么它就 229
会变成一个过于温和的理论，并因而使人对它丧失兴趣。如果该理论只不过在宣称“人们有时具有‘不可还原的’利他主义动机”，而没有提到那些动机的强度和普遍性，那它还有什么探讨的价值呢？诚然，有关利他主义的心理学所包含的不仅仅是我们前面提到的那种利他主义假说。但是，我们认为该假说是具有根本性的，因为与利他主义重要性相关的那些更具野心的主张都建立在这一温和论点的基础上。此外，这个看似温和的主张正是心理上的利己主义所否认的对象；换言之，它正是问题的症结所在。

那么究竟谁才是作为利他主义者终极关怀对象的“他者”呢？我们最先想到的案例可能是一些涉及另一个**人**福祉的欲望。但让我们想想那些对“环境”，也就是对整个地球（包括生物和非生物）幸福状况表现出“不可还原的”关切的人。他们是利他主义者吗？那些心系国家、宗教、民族或一种文化传统，并以之为目的本身而不仅仅是手段的人又当如何？[1] 没错，人们有时会把这类关怀说成是“无私的”；但我们想要知道的是，它们具有利他性吗？尽管我们会把注意力放在一些人类对另一些人类表现出来的利他性上，然而我们也没理由排除其他这些候选项。根据我们的理解，利他主义的主旨在于将那些关系到其他个体福祉的终极欲望归派给某些人。我们

---

[1] 我们不应认为对一个群体、宗教或一种文化传统的关怀总能被“还原为”对这个群体、宗教等组织中个体的关怀。比如说，减薪可能对公司来说是好事，但对其员工而言却是坏事。正如我们在本书第一部分中讨论多层选择理论时所说，我们必须清楚认识到那些存在于整体和部分之间的利益冲突。

愿意从相当自由的意义上来理解“个体”一词可能指称的对象。该决断不会影响到接下来我们将提出的主要论证；如果读者愿意的话，也可以从更狭隘的意义上理解利他主义。

利他主义假说认为我们具有指向他者的终极欲望，而心理学上的利己主义则认为我们的所有终极欲望都指向自我。但人们平常对利己主义和利他主义的理解还包含比这更多的东西。比如说，如果埃古（Iago）将奥赛罗（Othello）走向毁灭这件事看作目的本身，那么埃古的终极欲望就是指向他人的。尽管如此，如果我们把埃古称作利他主义者，那就显得十分奇怪了，这是因为其中指向他人的欲望是充满**恶意**的。同理，那些以伤害、摧残自己为唯一终极目的的人通常也不会被算作利己主义者，因为他们希望为自己争得的并不是自身的幸福。因此我们才会说，我们对利己主义和利他主义的
230 定义超出了指向自我和指向他人的终极欲望之间的差别。利己主义者的终极欲望只涉及他们认为有益于自身的事物；利他主义者的终极欲望则关系到他们认为能为其他人带来幸福的事物。

与利他主义相关的慈善意图会以两种形式出现。利他主义者可能会希望他人得到他们实际想为自己争得的东西；或者，利他主义者也可能会希望他人得到一些他们从未想过，甚至是想要拒绝的东西。如果希拉为奥斯卡买了一本书，其原因在于奥斯卡一直想要那本书，那么这或许是第一类利他主义的表现。如果斯坦利希望奥利维亚服下药物——尽管奥利维亚并不希望这样做——那么这或许是第二类利他主义的表现。

有时，人们会在更狭隘的意义上使用利他主义概念，仅仅将它用于以下情形：个体在帮助他人时并不期望获得任何**外部**利益，比如金钱或权力（Macaulay and Berkowitz, 1970）；根据这种定义，当个体因为觉得帮助他人会使其感到舒服而实施帮助行为时，这些人也是利他主义者。但我们反对如此界定这一概念。为什么呢？首先，让我们设想有一个海洛因成瘾者，他所有行动的终极目的都是为了获得毒品为其意识带来的愉悦状态。根据现有描述，这名瘾君

子显然是个享乐主义者。但现在，我们再来进行一个思想实验。我们改变这个人所处的环境：在新的环境中，他只有通过帮助他人才能获得毒品。这与许多瘾君子栖居的现实世界大相径庭，我们之所以认为这种假想状况值得深思是因为它能帮助澄清概念上的问题。如果一名瘾君子仅仅因为帮助行为能使其获得毒品而去帮助他人，那么他显然不能因此成为利他主义者。上述论点也适用于现实世界中那些没有吸食海洛因的人；如果他们“迷恋”帮助行为的原因在于该行为能使其获得快乐、避免痛苦，那么他们的所作所为并不能使其成为利他主义者。我们必须注意避免将利他主义看作某种形式的享乐主义——那样做只会把事情变得更糟。

另一种定义利他主义的方式也值得我们做一番注解。人们有时会用“个体以他人欲望之满足为终极欲望”的说法来定义利他主义。这就像极了社会科学所使用的一种公式化表述；根据该表述，利他主义者指的是那些自己的效用函数（utility function）“反映了”他人效用函数的人。根据这类定义，利他主义者必须拥有对他人心智状态的表征。我们认为对利他主义理论的这种公式化表述实在是过强了一些。如果斯坦利之所以希望奥利维亚服药仅仅是因为斯坦利相 231
信这是为了她好，那么斯坦利所关心的就不是奥利维亚的**欲望**，而是她的**健康状况**。奥利维亚可能根本就不想服药，情绪沮丧的她根本就不希望自己的身体变好。尽管如此，斯坦利仍是一个利他主义者，因为他将奥利维亚的幸福看作目的本身。或许如第六章中所说，利他主义者都是心理学家；但就定义而言，我们认为这样的说法并不是真的。

至此，我们已经对享乐主义、利己主义，以及嵌套着利他主义假说的动机多元论做了一番系统阐述。现在，让我们来仔细思考一下它们之间的逻辑关联。首先，我们会注意到一种不对称性。享乐主义蕴含利己主义，但利己主义不蕴含多元论；确实，利己主义和（包含了利他主义的）多元论是不相容的。其次，当我们去思考每个假说所蕴含的或许能被用于解释个体为何做出某个特殊行动的终极动机时，会发现此处也存在某种对称性。这些观点是**层层嵌套**的。假设洛伊斯帮助了某人。享乐主义者会说，洛伊斯这样做是因为她最终关心的只是其自身意识状态，而非除此之外的任何事物。利己主义者会承认这种说法提供了**部分**解释，但他们无须承认它完全道出了个中原委。根据利己主义理论，洛伊斯之所以帮助他人是因为她最终关心的只是她自己的境况，而非他人的福祉。心理上的多元论者会承认这样的说法可能提供了**部分**解释，但他们会否认这便是事情的全部。从享乐主义到利己主义，再从利己主义到多元论的转变过程，是一个逐步取消各种限制的过程——这些限制所针对的是可用以解释行为的终极欲望。

我们这样理解利己主义和利他主义的一个必然后果是：这两类动机无法穷尽所有的可能性。在向往自身幸福的终极欲望和关系到其他个体幸福的终极欲望之外，还存在其他有待思考的可能性。比如我们之前提到过的**关系主义**——它认为自己与具体某个人之间的特定关系也是人们终极欲望的目标。我们将在本章稍后部分论证这样一件事：支持一般道德原则的终极欲望既不应被认为是利他的，也不应被认为是利己的。

共情、同情与个人感伤

共情和同情都属于情感。它们的出现是否会激起利他主义欲望
232 呢？从常识看，它们似乎确实具有这样的效果；共情和同情有时会引发帮助行为，而且我们会理所当然地认为该行为源自希望他人处境得以改善的欲望。其中的因果链似乎是这样的：

共情和同情的情感→帮助的欲望→帮助行为

心理学家也得出了类似的结论，巴特森对此进行了回顾（Batson, 1991, pp.93-96）。然而，即使共情和同情的确具有上述功效，我们还

是无法解决一个问题，即由此引发的那些想要帮助他人的欲望究竟是终极性的还是工具性的？或许共情和同情之所以能唤起利他主义欲望，是因为人们不喜欢体验这类感情——他们希望尽自己所能使之熄灭。由此可见，共情和同情的存在本身并不足以解决围绕心理上的利己主义和利他主义展开的争论。即便如此，我们还是应该弄清楚共情和同情究竟是什么，以及它们为什么不同于由它们所引发的利他主义欲望。

英语中的“**共情**”一词最早来源于 1909 年 E. B. 铁钦纳（E. B. Titchener）对“Einfühlung”的翻译（Wispé, 1987）。自此，这个词的含义在心理学不同分支中经历了数次蜕变，这个词本身也被吸收到了日常用语当中。“**同情**”一词有着更古老的起源，但它同样被赋予不同的使用方式，并且在各种心理学理论中被用作专门术语。虽然我们提出的定义在某些方面与这些词的日常用法、科学用法一致，但在其他方面，它们也会与这些用法背离。考虑到这两个词都被赋予多种用法的事实，我们不应不切实际地希望单用一对定义就能概括所有人在使用这些词时表达的意思。我们宁可试着通过挑选其中的基本要素来应对这座“语义巴别塔”。无论如何，我们所要描述的范畴都比用以称呼它们的标签有价值得多。

人们在把共情与同情放到一起对比时会说，共情包含了使自己等同于（identifying with）他人的过程，而同情所包含的情感联结则属于较为疏远的类型。那么在这里，“等同”说的是什么意思呢？有时人们会解释说，共情会使自我与他人之间的界线消失。但我们认为这几乎只是一句略带诗意的夸张叙述而已（Batson, 1991 也同意这 233
样的看法）。当芭芭拉得知鲍勃的父亲刚刚过世时，她可能会对鲍勃的经历感同身受，但却不会忘记这样一个事实：他们是两个不同的人，而不是同一个人。不管芭芭拉再怎么站在鲍勃的立场上，她也清楚地知道到底是谁刚刚失去了至亲。当人们把他人真正的不幸与自己较为幸运的境况混淆起来时，我们不会去称赞他们的共情能力，共情的意思并不是指失去随时辨认谁是谁的能力。

日常生活中能说明“等同于”另一个体究竟意味着什么的例子是人们将自己“等同于”某个球队的情形。这当中并不包含认为自己和（比如说）纽约洋基队是同一事物的妄想。毋宁说，这意味着人们会将自己看作球队所属的某个整体的一部分，并关心那个整体的命运。洋基队打得好时他们会感到骄傲；洋基队打得烂时他们会感到羞愧。洋基队的球迷似乎觉得“他们的行为会在我身上得到反应”。同样的思维方式也会在更深刻、更普遍的那类同化现象中出现，比如将自己与家庭、部落、民族、国家、宗教等同起来。此时只有将“我”联系于“我们”才能使其真正得到定义。人类不但**属于**某些群体，还会（在身份上）与之**等同**。

不管共情是否蕴含同化行为，我们都会说共情牵涉到分享他人情感的行为。芭芭拉的共情包含了她因为鲍勃悲伤而感到悲伤的事实。当然，芭芭拉的共情很可能只关联到鲍勃的一种情感，而无法关联到他的另一种情感。假如鲍勃对他父亲的死感到既悲痛又愧疚，那么芭芭拉就只能对其悲痛感产生共鸣，而不能对她从未觉察到的愧疚感产生共鸣。关于两名个体总体情感状态确切相似程度的要求也未被纳入共情概念之中（Eisenberg and Miller, 1987; Eisenberg and Strayer, 1987）。

有时人们会认为共情要求主体进行“视角转换”（perspective-taking）。我们同意“当人们感受到共鸣时，他们通常能在一定程度上理解他人为何会如此看待这个世界”的说法，但并不希望把这一点作为共情的成立条件。如果 O 感到恐惧或悲伤，那么或许 S 能看到这些情感，但他却不知道究竟是 O 处境当中的哪些东西诱发了这些情感。S 或许会做出共情的反应，S 可能会“为 O 感到”E——其
234 中 E 是他们最终达成一致的情感。共情要求人们理解他人正在体验某种情感的**事实**，但它并不要求对情感产生的**原因**有更深层次的把握。

除情感相一致外，共情的出现还需要满足进一步的条件。假设 O 感到非常抑郁、焦虑，以至于他无法去关心自己以外的任何人；S

得知了这件事，而且不知怎的就因此进入了与 *O* 完全相同的状态。现在，*S* 的情感与 *O* 相一致，但 *S* 并没有与 *O* 产生共情。其原因在于，*S* 甚至根本就没有考虑过 *O* 的感受。*S* 感到悲伤是一回事，*S* **为** *O* 感到悲伤则全然是另一回事。在谈到其他情感时，我们也能进行同样的区分。比如说，当 *S* 感到害怕时，*S* 并不必然是在**为** *O* 感到害怕。通过整合上述与共情相关的要点以及之前做出的一些观察，我们可以得到下面这个定义：

> 当且仅当 *O* 感到 *E*，*S* 相信 *O* 感到 *E*，并且这导致 *S* 为 *O* 感到 *E* 时，*S* 就对 *O* 关于情感 *E* 的体验产生了共情。[1]

一个人“为”另一个人感受到某种情绪指的是什么意思呢？此处我们或许能借用“信念涉及具有命题内容的表征之形成”的观念（第六章）来进行说明。如果 *S* 为 *O* 感到悲伤，那么 *S* 就会形成某些与 *O* 所处境况相关的信念，并因其中的命题为真而感到悲伤。当芭芭拉对鲍勃产生共情时，鲍勃是芭芭拉的情感所聚焦的对象。她其实没有感受到鲍勃所体验的那种情感；毋宁说，芭芭拉是为“**鲍勃的父亲刚刚过世**”而感到悲伤——她感伤的对象是那件使鲍勃悲伤之事。

我们对共情的定义并不要求其中得到共享的情感是负面的。当 *O* 感到悲哀时，*S* 能对此产生共鸣；当 *O* 感到欣喜时，*S* 也同样能与之共情。[2] 这就体现了共情与同情的一个不同之处。要说某人在同情他人时感到快乐，那未免就显得有些古怪了。如果 *S* 同情 *O*，那么 *S* 必定会感到难过。不过这两者之间还存在一个更重要的区别。

---

[1] 该定义把“共情”解释成了一个成功动词（success verb）；除非 O 真的感到悲痛，否则 *S* 就无法与 O 的悲痛产生共情。同情则不然（我们稍后会提到这一点）。如果有读者觉得上述不对称性不太可信，那么他完全可以对该定义进行修改。

[2] 确实，心理学家会对被他们称作“共情快乐假说”（empathic joy hypothesis）的东西进行讨论，我们将在第八章中检验这个说法。

试想一下你在理解他人感受时并没有体验到类似情感的情形。当人们对某个根本没有体验到任何情感的人所处的境况做出反应时，上述事实会体现得最为明显。假如沃尔特发现温蒂一直在被她那个性生活不检点的丈夫欺骗，沃尔特可能会同情温蒂，但这并不是因为温蒂感到伤心、感到自己受到了背叛。温蒂并没有这类感受，因为
235 她压根就不知道自己丈夫的所作所为。也许有人会回应说，沃尔特的同情建立在他对“温蒂如果发现丈夫不忠会有何感受”这件事进行想象性预演的基础上。或许如此，但即使上述说法成立，沃尔特和温蒂也没有体验到相同的（或相似的）情感。沃尔特在同情她，但没有与之共情。[1]

尽管同情不要求情感上的一致性，但它说的也不是不带感情地认知他人的不幸。因此，我们提出以下定义：

> 唯有当 *S* 相信 *O* 身上发生了某些不好的事，并且这些事导致 *S* 为 *O* 感到难过时，*S* 才是在同情 *O*。

该定义就像我们为共情下的定义一样，使用了某人“为另一个人”感受到某种情绪的说法。为某人感到难过首先要求的是那个人在感到难过。换言之，那个人必须要体验到某种“反感的”情绪，比如说愤怒或悲伤。反感情绪指的是人们不爱拥有的感受，这样的说法并不排除人们经常认为自己应当体验这类情感的事实。当不幸降临到我们关爱之人身上时，我们会觉得体验到反感情绪才是正常的。但从另一个意义上说，我们宁可不要体验这类情感——我们宁愿这个世界中没有任何能够触发它们的情境。

根据我们的定义，同情和共情都与**个人感伤**（personal distress）不同。丹尼尔·巴特森是第一个在心理学文献中指出这一点的人

---

[1] 丹尼尔·巴特森（私下交流）向我们指出了另一个能阐明该要点的例子：《圣经》中仁慈的撒玛利亚人会同情那些无意识之人。

（例如，参阅 Batson, 1991）。如果某人因得知他人遭遇的不幸而感到
难过，却在此过程中忽视他人的存在，那么其中孕育的那些聚焦于
自我的情感既非共情亦非同情。带有个人感伤的人会感到难过，但
他却不是在**为别人**感到难过。有证据表明，共情、同情这两种情感
与个人感伤之间的差别对应于各种生理上的差别。对他人同情、共
情的关怀对应于心率的**下降**，个人感伤（即使是由与他人相关的情
境诱发的个人感伤）则伴随着心率的**上升**，情感上的差异还会带来
面部表情和皮肤电传导率的差异（Eisenberg and Fabes, 1991）。共情
和同情在生理学上的这些表现与更具一般性的**体细胞静默**（somatic
quieting）模式相符，后者往往与个体将注意力集中于外部环境的行 236
为相伴（Lacey, 1967; Obrist et al., 1970）。[1]

由我们的定义可知，共情和同情是带有认知成分的情感，二者都涉及信念的形成。那么，我们应当如何描述一个只有几天大的婴儿在听到其他婴儿啼哭时通常也会放声大哭的情形呢（Simner, 1971; Hoffman, 1981b）？或许这类案例中所包含的因果链条大体如下所示：

O 不高兴→ O 大哭→ S 不高兴→ S 大哭

S 不高兴是**因为** O 不高兴。但在这个案例中，即使 S 形成了信念，我们也无法清楚地知道 S 是否形成了内容为"O 不高兴"的信念，以及 S 是否相信 O 遇到了某些坏事。在这个与儿童发展相关的经验问题上，我们不偏向任何立场。[2] 我们现在只是指出该定义可能带

[1] 尽管共情、同情和个人感伤这三者之间存在差异，但这并不表示个体只能同时体验其中一种情感；此外，我们也不会假定它们之间互无因果关系。比如说，根据艾森伯格等人的猜想，个人感伤有时或许是过度共情的产物（Eisenberg et al., 1994）—— 这种猜想与我们的理论框架相一致。

[2] 皮亚杰认为小于 6 岁的儿童几乎无法站在其他人的角度进行思考（Piaget and Inhelder, 1971），拉德克、扎恩的作品（Radke-Yarrow and Zahn-Waxler, 1984）以及扎恩、拉德克与瓦格纳、查普曼合写的作品（Zahn-Waxler et al., 1992）提供的证据则表明，到了出生后第二年，共情和同情就会开始出现；这两种（转下页）

来的一个后果。或许反应式的哭泣只是共情和同情的某种“先驱”，而不是它们本身（Hoffman, 1981a; Eisenberg and Miller, 1987; Eisenberg and Strayer, 1987; Thompson, 1987）。

尽管共情和同情都要求主体形成信念，但它们所要求的信念类型是不同的。共情所蕴含的信念与另一个人体验到的情感相关。共情的个体都是“心理学家”（第六章），他们拥有关于他人心智状态的信念。同情则对此不作要求。你能仅仅因为某人的客观境遇而对他产生同情，在此过程中你甚至无须考虑其主观状态。具有同情心的个体当然也具有心智，然而我们的定义并不要求具有同情心的个体也是心理学家。[1]

我们不能从共情和同情的存在中自然而然地推出利他主义欲望的存在。南希·艾森伯格（私下交流）提出了一种用以说明该问题的简单方法。我们在思考一些已经得到解决的问题时也会进入这两种情感状态。假设温蒂发现了丈夫对她的不忠，决定与他离婚，并在此后过上了幸福的生活。如果她向沃尔特叙述了这一系列事件，那么沃尔特可能会觉得自己与多年前的温蒂产生了共情。这种共情会促使沃尔特做些什么吗？显然，沃尔特产生共情时并没有形成希望温蒂所处境况得以改善的欲望。

237 即便共情和同情是利他主义产生的原因，那也不排除其他原因存在的可能性。一个人在希望另一个人的境况得到改善时也可能不带有任何感受。当人们听说远方发生了灾难时可能就会表现出这种较为冷漠的利他主义，但人们通常会在面对面看到他人受苦时产生共情或同情，阅读报纸上那些描写苦难的新闻可能无法激起类似的

（接上页）情感以及帮助行为的发生率都会在 2—6 岁逐渐提高。或许 2 岁以下的儿童无法具有利他主义动机的原因在于，他们不具备用于理解他人处境和体验的认知能力（Eisenberg and Miller, 1987; Eisenberg and Fabes, 1991; Schroeder et al., 1995）。

[1] 切尼和赛法斯在有关猴子和猿类的讨论中指出：“帮助受伤同伴的动物……或许能意识到自己的同伴现在无法正常行走；但与此同时，它可能并不知道其同伴正在体验疼痛感。”（Cheney and Seyfarth, 1990, p.236）如果施助者会因同伴受伤之事而感到难过，那么我们就能把“同情”一词用到它身上。

情绪反应。一个正常人在得知发生于陌生人周围的无情灾祸后依然能够若无其事地开展日常活动。这并不是说那些信息无法激起人们关心他人福祉的欲望，倒不如说，这些坏消息没能让人们感到难受。当人们直接知觉到陷入困境的个体，或者当他们与这些个体之间存在某些能让第三人称报道对自己造成冲击的私人关系时，共情和同情的情感通常都会出现。然而，或许我们也会去担忧那些不曾亲眼所见、亲耳所闻的疾苦，以及那些折磨着非亲非故之人的灾难。指向他人的欲望完全可能在没有共情中介的情况下存在。

利他主义与道德

人们有时会在行动和动机这两个层面上将道德和利他主义等同起来。第一个等式说的是道德始终要求人们为了他人而牺牲自身利益。第二个等式则是说，受利他主义欲望驱使与受道德原则驱使根本就是同一回事。这两个等式都是错误的，道德和利他主义之间**确实**存在某种关系，但我们必须更小心谨慎地思考这个问题。

何谓道德原则？[1]道德原则与其他所有能被称作原则的东西一样，都具有**一般性**。它们都会为确定人们应该做什么而提出一般性标准或某些与之相关的看法。比如说，我们来考察一个在罗尔斯（Rawls, 1971）正义论中处于核心地位的分配原则：**差别原则**（the difference principle）。它说的是，社会资源的不平等分配只有在其能让最贫穷的人获益时才能进行。请注意，该原则并没有提到特定的个体。它没有说厄尔应该得到政府津贴，或者莎拉应该多缴纳税金——尽管当该原则与有关厄尔和莎拉的具体事实相结合时，确实可能蕴含上述结论。从这方面说，道德原则在形式上与自然科学定 238

[1] 最近，许多道德哲学作品都提出了道德不只是（我们此处所讨论的）一般性原则的观点。请参阅，威廉姆斯（B. Williams, 1981）、内格尔（Nagel, 1986）、斯托克（Stocker, 1989），以及沃尔夫（Wolf, 1990）等人的作品。我们关于道德原则的讨论与上述观点没有冲突。

律相似。牛顿的万有引力定律是个一般性原则，因为它适用于一切具备特定属性（质量）的对象。该原则并没有提到地球或太阳；尽管当我们把该原则与有关地球和太阳的事实相结合时，确实能得出“它们之间会产生一定引力”的结论。[1]

如果道德原则就像我们刚才所描述的那样，是具有一般性的，那么它就会遵从某种抽象的可普遍化标准（universalizability criterion）。这就意味着，如果某一个体在特定情形下实施某个行动是对的，那么另一个在相关方面与之类似的个体在同样情形下实施那个行动也是对的。[2] 当然，不同的道德会在它们对“相关类似性”的理解上存在差异。不同道德原则会设立不同的标准，在某个标准下被认为是好事的东西放到另一个标准下，或许就会变成坏事。比如说，一个部族可能会针对其群体成员而非外来者设立道德义务。此外，有些道德主张可能认为人们要对所有人类而非所有有知觉的动物负某些责任。然而，尽管存在着上述实质性差异，我们还是会发现这些道德系统事实上具有一个共同点：它们都以“任何具有如此特性的人都应被这样对待”的形式提出了某些原则——可普遍化是其中不变的特征。[3]

---

[1] 当我们说一般性原则会涵盖一定范围内的对象时，我们并不是在声称“对于这些对象来说，该原则所说的事情为真”；毋宁说，我们只是在描述该原则预期的适用范围。

[2] 西奇威克（Sidgwick, 1907）认为这个观念是自明的——它是常识性道德的一个组成部分。我们不在乎该原则是否正确，也不在乎它是否符合常识，只是想说：我们可以从道德原则的内容中看出这一点。

当前这个关于“什么是道德原则”的讨论，无法说明一般性原则究竟能在多大程度上帮助我们透彻思考现实世界中的道德问题；或许我们想要陈述的那些原则往往无法充分把握我们实际接受的那些道德。然而，对口号和箴言（更不必说当前哲学理论）的不充分描述，不能成为我们认定一般性道德原则不存在的决定性理由。

此外，希望读者能清楚地知道，我们描述的可普遍化观念与康德所说的可普遍化标准是截然不同的。康德的意图是为确定行动的道德正当性而设立一个标准，可我们并没有提出类似的规范性主张。

[3] 可普遍化是道德原则的一个必要特征，但该特征不是道德原则所独有的。礼法和体育运动的规则同样具有这类特征。

如果道德原则必定具有一般性，那么很显然，个体能在不受道德原则驱使的情况下产生利他主义欲望。这是因为利他主义欲望通常是指向特定个体的，而道德原则所带有的一般性致使它无法指向某个特殊的人。假如一对父母希望自己的孩子能过上幸福的生活，而且他们这样想并非出于利己主义的考虑，而是因为他们将子女的幸福看作目的本身，那么这对父母就会拥有一个未曾被纳入任何道德系统的利他主义欲望。[1] 或许他们从来就没发展出“所有父母都应关心其子女”的想法。他们也无须通过思考得出像“如果我们还有其他孩子，那么我们也有义务照顾这些孩子”这种反事实条件句。或许当前面所说的这对父母是**人类以外的动物**时，问题会显得尤为清楚。可见，具体欲望的产生无须伴随着对一般性原则的认可。

我们只要稍加思考就能轻易辨认出一般道德原则与利他主义关怀之间的差异。假设有两个女人——阿尔玛和贝丝——她们之间只是点头之交。她们两人都有孩子，不幸的是，这两个孩子都早夭了。239
相比于贝丝孩子之死，阿尔玛当然会对自己孩子之死感到更加痛心疾首。同时，如果阿尔玛是个诚实的人，那么她就会承认自己更希望自己的孩子而非贝丝的孩子复活。然而，尽管存在这些感受和欲望，阿尔玛或许还是会承认：从道德的观点看，在她和她孩子身上发生的事并不比在贝丝和贝丝孩子身上发生的事更糟。道德原则会牵涉到**非**私人评价，这和通常与情感、欲望相伴的私人视角有很大不同。

一个人能在未受道德原则驱策的情况下成为利他主义者，反之亦然。人们有时会相信：使道德原则产生约束力的原因与“遵循那些原则是否会影响他人福祉”的问题毫无瓜葛。有些人可能会觉得这种义务论立场是错误的，但事实上许多人（包括像康德这样有影响力的哲学家），不管是对是错，都成为义务论者。如果非要举例

[1] 尽管以“自己子女过得好”为内容的终极欲望在心理上是利他的，但如果具有这类欲望能使父母在繁衍上获得更大成功，那么它就是体现进化上自私性的一个例子。我们已在第六章中探讨过这一问题。

的话，我们可以看看建立在有神论信仰基础上的那些道德信念。许多人相信，我们之所以被要求做出某些行动，是因为上帝下达了这样的命令。你理应以某种方式行动——这并不是因为如果你不那样做就会受到上帝的责罚，也不是因为你的顺从会使他人（或上帝）获益，而仅仅是因为上帝如是说了。接受上述观念的人会依原则行事，但这并不代表他们有着利他的终极动机。

利他主义和道德之间还有另一条值得注意的鸿沟。受利他主义动机驱使的行动在道德上也可能是错的。这一点在以伤害第三方为代价来帮助他人的事例中最容易得到体现。假设艾伦跟贝蒂玩牌时之所以出老千，是因为艾伦想赢些钱给卡尔买东西。艾伦的行为或许受关心卡尔的利他主义动机驱使，但这并不足以在道德上为他对待贝蒂的方式辩护。我们再来看一个更骇人听闻的例子。根据纳粹集中营卫兵和医师对其所受训练的描述，他们总是被教导必须克服反感的情绪，因为他们是为了德国人民的幸福才实施那些暴行的（Lifton, 1986）。如果这些人在某种程度上以帮助大众为终极目标而贯彻了“犹太人问题的终极解决方案”（the Final Solution），那么他们就为“心理上的利他主义如何能带来道德上的罪恶”提供了一个令人发指的案例。

240 受利他主义动机驱使的行动可能是不道德的，同样，受自私动机驱使的行动也可能正是道德所要求的。比如说，让我们先回想一下功利主义原则：财富分配的目标是使总体幸福最大化。假设现在有一剂药，它要么会到鲍里斯手上，要么会到莫里斯手上。根据功利主义的主张，这剂药应被送到那个能获得更大收益的人手上。如果鲍里斯能决定该药物的归属，并且他能从这剂药中获得更大的收益，那么功利主义原则就会要求他把药留给自己。然而，我们假设鲍里斯根本就没有考虑过功利主义原则或其他任何道德规范，他是一个自私的人，所以他把药留给了自己，仅此而已。从功利主义的角度看，他这样做是对的（尽管并非出于对的理由）。道德很少要求完全的自制。功利主义就是一个很好的例子，它认为自身利益既不高于**也不低于**他人利益。[1] 就这类道德规范所蕴含的结果而言，它们当中有一些与利己欲望的指示一致，有一些则与利他主义的命令相符。在这里，我们必须再次注意到道德原则的**非**私人性如何区别于利他、利己欲望的私人性。

至此我们已经说明，道德有时会与自身利益相冲突，有时则会与自我牺牲冲突。尽管二者都有可能发生，但有趣的是，人们常常会在面对这两类冲突时做出不同的反应。在鲍里斯和莫里斯的故事中，我们说功利主义原则要求鲍里斯把药物留给自己。如果鲍里斯没有这样做——他无私地把药物给了莫里斯，那么我们可能不会有义愤填膺的感觉。可是，如果道德规范要求鲍里斯把药物留给莫里斯，而鲍里斯却自私地将其据为己有，那么我们很可能会对此产生截然不同的反应。常识性的道德规范似乎在“我们需要做出多大自我牺牲”这件事上设立了一个最低标准；当然，如果有人愿意做出**更大**牺牲，那么它也不会阻止。我们怀疑这并非当代社会某个地域所独有的特征，而是对所有人类和社会来说都相当普遍的特质。那么是什么让道德呈现出这种形式呢？为何道德不在“我们需要表现得多**自私**”这件事上设立一个下限呢？——尽管它在人们想要表现得更为自私时同样不会出手阻挠。当然，在解释这种不对称性时，道德的社会功能是其中最为核心的问题，这一点与本书第一部分中将人类看作群体选择产物的讨论相关。

牺牲与非理性

享乐主义、利己主义和利他主义假说都是关于人们终极欲望的主 241
张。因此，它们都没有直接对人们的行为进行说明。如果这些理论要对个体行为做出预测，那么我们就得在此基础上补充两个假说。其一

[1] 非功利主义道德理论中也有认为人们并不总是有义务舍己为人的例子，比如罗尔斯的正义论（Rawls, 1971）和诺齐克的自由主义（Nozick, 1974）。

涉及个体信念；其二涉及信念和欲望共同产生行为的过程。

有一种用以描述信念和欲望如何引发行动的假说倾向于将个体看作**理性最大化者**（rational maximizers）。根据这种观念，人们会选择那些他们认为能在最大程度上使其欲望获得满足的行动。[1] 这种在社会科学中被广为采纳的假设也遭受了一系列严重的批评。

"人是理性最大化者"的观念预设了一种计算上的全知（computational omniscience），但这是凡人所不具备的。当人们所要思考的选项足够复杂时，他们可能无法计算出究竟其中哪个选项才能在最大程度上使其欲望获得满足。正是这一问题的出现导致赫伯特·西蒙（Herbert Simon, 1981）提出将**满意即可**（satisficing）作为更切实际的原则。当个体接受他们想到的第一个**足够好**的选项时，他们就会感到满意。满意者无须调查、分析所有可能选项。这样做能显著减少检索时间和计算量。怀疑行动者不是理性最大化者的另一个理由来源于心理学：越来越多的证据表明人们会系统地与理性推理模式相偏离。这说的并不仅仅是人们因为注意力偶尔不集中而无法从一组前提中推出有效结论的情形。事实上，人们似乎经常会利用那些在某些情境下相当有效，但在另一些情境下会引发系统性错误的助探器（heuristics）来进行推理（Kahnemann, Slovic, and Tversky, 1982）。

尽管心理学上的利己主义有时会因为将人们看作理性最大化者而遭受批评，但我们认为这类反驳意见根本无法命中其要害。我们讨论的**所有**动机理论都需要一个用于解释信念和欲望如何引发行动的观点作为补充。如果说利己主义理论受到责难的原因在于它把自己与一种有关上述过程的不现实观念捆绑在了一起，那么嵌套着利他主义假说的多元论也好不到哪儿去。在后文中，我们通常还是会将个体描述为理性最大化者，但我们沿用该假设只不过是为了图个

[1] 或许我们最好在这里使用概率论的表述方式，即个体会最大化预期效用。当然，这一观点是否得到如此精细的阐述并不会对我们所要提出的问题造成影响。

方便。当这种理想化方案碰到问题时，我们就会进行必要的调整。 242
需要强调的是，这种理想化方案的不充分性是我们要考察的**所有**理论都要面对的问题。每个理论都会碰到的问题就不是只针对某个特定理论的问题了。

欲望如何相互作用

在慎思过程中，个体常常会具有多个与之相关的欲望。我们应当如何理解不同欲望在产生行为时会“相互作用”的观念呢?

我们说多个欲望会将行动者“推向”不同“方向”，或“使其倾向于”不同“方向”。当欲望两相冲突时，较强的一方会决定继而发生的行为。这种关于“欲望如何共同工作”的常识性描述，或许无法完全抓住我们内心世界所蕴藏的丰富现象。但这无疑是个非常有用的理想化方案，我们将对其寓意进行探究。根据这种想法，欲望与行动之间的关系就像牛顿力学中施加在某个物体上的分力与它们所引发的运动之间的关系。如果你将一颗桌球推向正北方，另一个人则将它推向正南方，那么其中更强的分力就会决定这颗桌球的运动方向。

欲望之间会冲突的观念与我们对利他主义概念的理解尤为相关。正如之前所说，我们最好把利他主义假说看作某种动机多元论的组成部分。就那些对自身利益的关心和对他人福祉的关心之间可能产生的冲突而言，我们需要对它们进行概念化。这样做能帮助我们更清楚地知道，利他主义假说到底蕴含哪些东西，没有蕴含哪些东西。

请思考这样一个假想的案例。假设有一天你在翻阅一本杂志时看到了上面刊登的一则广告。这则广告请求你寄送一张 25 美元的支票到慈善机构，以此帮助那些饥饿的儿童。你觉得捐赠的数额在你的承受范围之内。当然，你能用这 25 美元做些其他事情。但广告中的照片太让人觉得可怜了，你相信 25 美元捐款会为这些孩子带来切实的改变（当然，它无法解决全部问题）。稍加考虑后，你向慈善机构寄送了一张 25 美元的支票。

至少有两类动机能促使你做出这一行为，你的动机可能是利他的。或许你很关心这些孩子的福祉，并把此事看作目的本身而非实现自身利益的手段。从另一方面看，你的动机也可能是自私的。或
243 许你签发支票只是为了让自己获得一丝满足——也就是获得良好的自我感觉——并避免让自己感到愧疚。当然，我们还能设想你所实施的行动同时受两种动机影响的情形。我们现在所要描述的是有可能在这两种欲望之间产生的三种关系：只有利他的欲望而没有自私的欲望；只有自私的欲望而没有利他的欲望；既有利他的欲望也有自私的欲望。第三个范畴是最令人感兴趣的，因为它涉及我们所要考察的那种允许欲望相互作用的多元论。

接下来我们会把欲望理解为**偏好**（preferences）。如果你希望那些孩子过得好，那么这就意味着：相比于让他们过得不好，你更乐于让他们过得好。如果你希望让自己沐浴在由满足感带来的愉悦中，那么这就意味着：相对于无法感受到愉悦，你更喜欢感受到愉悦。请注意，前一种偏好是指向他人的，后一种偏好则是指向自我的。

我们想要描述的第一种偏好所刻画的是那些完全不关心他人福祉的人，对他们来说唯一重要的事物就是自身的处境。表 7.1 描述了这种纯粹利己的偏好。该表格回答了两个与这类个体相关的问题。在自己是否会获得某些推定利益（感觉良好）的问题上，他们的偏好是怎样的？在那些贫困儿童会过得更好还是更糟的问题上，他们的偏好又是怎样的？表中数字代表的是行动者偏好的**次序**（ordering），数值较高的情形会比数值较低的情形更受青睐。在这里，绝对数值没有任何意义，我们完全能用“8”和“6”这样的数字来替代表中的“4”和“1”。请设想表 7.1 中的四个数字单元格分别占据了世界可能呈现的四种状态，利己主义会对这四种可能情形给出如下评分：

表 7.1　利己主义者的偏好结构

	他人＋	他人 -
自己＋	4	1
自己 -	4	1

利己主义者只关心他们当时是否会获得更多（＋）而非更少（-）的 244
收益。对这类人而言，贫困儿童过得是好（＋）是坏（-）根本就不是他们所关心的重点。这些个体不是善人，但他们也不是恶人。他们只不过是对他人表现出漠不关心的态度罢了。

如果你是个利己主义者，那么你会把那 25 美元捐给慈善机构吗？捐赠这笔钱可能会带来两个后果。首先，你会感到一丝满足；其次，贫困儿童会过得更好。同样，不捐赠这笔钱也会带来两个后果。首先，你会感到难受；其次，贫困儿童会过得更糟。（为简单起见，我们会忽视你是否更愿意留下那 25 美元。）在这种情况下，你可能会实施两类行动——捐赠或不捐赠，其后果分别对应于左上角（自己＋，他人也＋）和右下角（自己 -，他人也 -）的条目。如果可以选择的话，利己主义者会选择第一类行动，他们会把那 25 美元捐给慈善机构。因此，他们也就选择了一类能让他人获益的行动。然而，让他人获益并不是他们行动的目标，而仅仅是一种副作用。如果你是一名利己主义者，那么尽管你会去帮助那些饥寒交迫之人，但是你的终极动机只是为了让自己开心。

第二种偏好结构是利己主义结构的镜像（见表 7.2）。纯粹的利他主义者完全不关心他们自己的处境，他们唯一的欲望就是想要其他人过得更好：

表 7.2　纯粹利他主义者的偏好结构

	他人＋	他人－
自己＋	4	3
自己－	2	1

如果让纯粹的利他主义者在表格左上、右下两个数字单元格条目所代表的行动之间进行选择，那么他们会怎样做呢？其中一个行动既有利于自己也有利于他人；另一个行动则会让双方都得不到好处。
245 纯粹的利他主义者会选择前一种行动。该选择的一个后果是：纯粹的利他主义者会产生良好的自我感觉，但这种指向自己的收益只是该行动的附带效果，而不是它的真正动机。[1]

利己主义者只有一个终极偏好，纯粹的利他主义者亦然。现在我们所要考察的偏好结构中，对自身“不可还原的”关怀与对他人“不可还原的”关怀并存。为此，我们需要考察两种情形，第一种我们称之为“E 高于 A 的多元论”[2]，见表 7.3：

表 7.3　E 高于 A 的多元论者的偏好结构

	他人＋	他人－
自己＋	4	3
自己－	2	1

E 高于 A 的多元论者更希望自己过得更好而非更糟（因为在偏好排位中，4＞2 且 3＞1）。同时，他们也希望他人过得更好而非更

[1] 威廉・詹姆斯指出，与行动相伴的快乐可能并不是行动的目标（William James, 1890, p.558）。詹姆斯认为，如果把这两者混淆，那么我们就会说轮船航海的目标是烧煤，因为这是轮船穿越海洋时始终与之相伴的事物。纯粹利他主义者的偏好结构正好体现了詹姆斯的想法。

[2] 译者注：其中 E 代表利己主义（Egoism），A 代表利他主义（Altruism）。

糟（因为 4＞3 且 2＞1）。我们将这些个体称作多元论者的理由在于：他们既有指向自我的偏好，也有指向他人的偏好。[1]

我们通过称这种偏好结构为“E 高于 A”，来描述个体在面对自身福祉与他人福祉之间的**冲突**时会做出的选择。假设行动者要在两类行动间进行选择。第一类行动会为自己带来好处，但会妨碍他人的利益，这是右上角数字单元格所代表的结果。第二类行动会为他人带来好处，但会使自己的利益流失，这是左下角数字单元格所代表的结果。当自身利益与他人福祉冲突时，E 高于 A 的多元论者会优先考虑他们自己的处境（因为 3＞2）。他们的利己主义偏好要强于他们的利他主义偏好。请注意 E 高于 A 的多元论者与利己主义者之间的区别。利己主义者**完全**不关心其他人的处境；E 高于 A 的多元论者则**真心**希望他人过得更好而非更糟。然而，当自身利益与他人福祉相冲突时，他们都会“自我优先”。

表 7.4 所示的最后一种偏好结构也是多元论的，但它对自我和他人的权重则与上面描述的那种多元论完全相反： 246

表 7.4　A 高于 E 的多元论者的偏好结构

	他人＋	他人－
自己＋	4	3
自己－	2	1

A 高于 E 的多元论者既关心他人也关心自己。然而，当自身利益与他人福祉相冲突时，他们会牺牲自己的幸福来提升他人的利益。当 A 高于 E 的多元论者不得不在右上和左下数字单元格之间做出选择

[1] 我们的多元论观念想要表征的是经济学家有时称作“双偏好结构”的东西。马格里斯（Margolis, 1982）对该想法进行了详细阐述。马格里斯指出，阿罗（转下页）（接上页）（Arrow, 1963）、布坎南（Buchanan, 1954）、海萨尼（Harsanyi, 1955）论证了“个体不只具有纯粹自私的欲望”这一说法的重要性。森（Sen, 1978）为此观点提供了一个更新、更具影响力的阐释。

时，他们会选择左下（因为 3＞2）。[1]

我们刚才描述的四种偏好结构——利己主义、纯粹的利他主义、E 高于 A 的多元论、A 高于 E 的多元论——要在左上和右下数字单元格之间做出选择时，都会产生同样的行为：所有行动者都会选择利人利己，而非损人不利己的行动。这类选择考虑的是自身利益与他人福祉**相一致**的情形。然而，当自身利益与他人福祉**相冲突**时，利己主义者和 E 高于 A 的多元论者会做出一类行动，纯粹的利他主义者和 A 高于 E 的多元论者则会做出另一类行动。

在这四种偏好结构中，只有一种与利己主义假说相符，其他三种都与利他主义假说相符。造成这种分布不均的原因在于：利己主义是一种（相对）一元的理论，而利他主义假说则与多元论兼容。利他主义假说认为人们有时会对他人福祉产生“不可还原的”关怀，但它没在“人们是否还有其他‘不可还原的’偏好”这件事上做出限定。因此，将利他主义假说诠释为那种认为人们有时会**纯粹**因为指向他者的原因而实施帮助行为的说法是错误的；该假说并未排除如下可能性，即帮助行为有时，甚或总是伴随着指向自我的终极动机。

这四种偏好结构也说明了，为何将利他主义假说描述成那种认为人们有时“倾向于”舍己为人的看法是不准确的。这在 E 高于 A
247 的多元论中就不成立。这类偏好结构中也存在着希望他人过得更好而非更糟的“不可还原的”欲望；然而，在面对追求自身利益的欲望时，这种偏好的力量显得如此**微弱**，以至于相应的个体永远不会做出自我牺牲行为。E 高于 A 的多元论者**并不**倾向于牺牲自身利益；可他们同样拥有“不可还原的”利他主义动机。[2] 利他主义假说从

[1] 介于 E 高于 A 和 A 高于 E 这两种多元论之间的是一种将自我和他人看得同等重要的多元论。因此，当然也存在着另一种能用表格进行描述的偏好结构以及由此产生的另一种选择情境——其中的主对角线、反对角线问题会得到另一种答案。

[2] 正如第一章所说，个人欲望与其行为倾向之间的关系就像分力与合力之间的关系。如果我们只关心净原因（net causes）的话，就会使关于因果事实的图像变得贫乏；同样，如果我们只关心行为倾向的话，就会使关于心理动机的表征变得局限性很大。

未对“利他的终极欲望究竟强于还是弱于自利的终极欲望”这件事进行过详细说明。

这两种多元论的偏好结构也提醒我们，在描述动机如何与行为相关时，必须在“因为”和“仅仅因为”这两个词中进行小心选择。当自身利益与他人福祉一致时（即当我们要在左上和右下数字单元格之间做出选择时），我们可以说，多元论者之所以实施帮助行为，是**因为**这样做能使他自己获益。然而，要说他们**仅仅因为**帮助行为会使其获益而帮助他人，那就大错特错了。后面那种具有排他性的主张——将自身利益看作**唯一**动机的主张——只有在利己主义者那里才能成立。

在描述这种拓扑关系时，我们并没有暗示“人们在任何情况下都会落入同一个范畴”。尽管人们有时是 A 高于 E 的多元论者，但这并不代表他们始终如此。一个人可能在某些情境下愿为他人之故而牺牲自身利益，在另一些情境下则不然。利己主义与利他主义之争的焦点在于：是否存在**任意一种**不单单将对他人的关怀视作工具的情况。

将这些不同的偏好结构套用到“向慈善机构捐款”这个简单例子上的做法，能帮助我们澄清一个问题，即为什么我们难以从某人的行为当中推断其终极动机？当自身利益与他人福祉**一致**时，这四种偏好结构所预测的结果都会指向相同的行为。这就意味着我们所观测到的行为——个体 *X* 帮助了个体 *Y*——根本无法告诉我们利己主义或利他主义假说是否为真。当自身利益与他人福祉**冲突**时（即当我们要在右上和左下数字单元格之间做出选择时），利己主义者和 E 高于 A 的多元论者会做出一种预测，纯粹的利他主义者和 A 高于 E 的多元论者则会做出另一种预测。但即便到了这一步，我们也依然无法在得知行动者不愿自我牺牲时，判断他究竟是一元论的利己主义者还是 E 高于 A 的多元论者。[1] 或许通过观察人们的行为

[1] 麦尼利（McNeilly, 1968, p.99）和卡夫卡（Kavka, 1986, p.36）提出用强迫式选择实验来确定“欲望真正的对象”。然而根据我们的构想，行动者“真正”（即“最终”）想要的东西未必只有一样。我们可以通过在自身利益与他人福祉（转下页）

来辨认其偏好的可能性是存在的，但至少现在我们还不知道要怎样
248 才能做到这件事。那些认为人类行为明显符合利己主义假说之人应好好再做一番思考。

相互作用的欲望作为相互作用的原因

“不同欲望相互作用产生行为”，其实只不过是“不同原因相互作用产生效果”的一种特殊情形。如果我们难以通过观察人们的行为来确定其动机，那么该困难可能要追溯到“通过效果来推断原因”的一般性问题上。

假设有一名农夫第一次种植两片玉米地。在第一片地中，玉米作物具有相同的基因型（G1），它们共接收了一个单元的肥料（F1）。在第二片地中，玉米作物也具有相同的基因型（G2）；另外，第二片地中的作物一共接收了两个单元的肥料（F2）。当生长季结束时，该农夫发现第一片地中长出的作物平均高度为 1 个单元，第二片地中长出的作物平均高度为 4 个单元。这项观测结果可以用表 7.5 表现出来：

表 7.5　农夫第一次种植玉米的结果

	基因 G2	基因 G1
自己 F2	4	—
自己 F1	—	1

假设这名农夫想要回答这样一个有关**先天**和**后天**（nature and nurture）因素重要性的问题：造成这两片地中玉米作物高度存在差异的原因究竟是其遗传上的差异、生长环境的差异，还是两者的共同作用？

（接上页）中置入冲突来确定究竟哪个欲望更强，但该程序不能保证更强的欲望就是唯一的欲望。

该农夫是无法从现有数据中得出答案的，这是因为，该案例中遗传因素和环境因素完全是**相互关联的**（correlated）；G1 个体始终存在于 F1 环境中，G2 个体则一直生活在 F2 环境中。

如果这名农夫想在该问题上取得进展，那么他就必须打破前面所说的相互关联性。他应该开垦让 G1 作物接收两个单元肥料的第三片玉米地，以及让 G2 作物接收一个单元肥料的第四片玉米地。
其结果能被纳入上面那个表格剩余的两个单元格中。通过观察所有 249
四种处理方式产生的结果，这名农夫就能推测出遗传差异和施肥量差异对农作物高度变异的影响。表 7.6 罗列的是实验可能产生的四种结果：[1]

表 7.6　农夫玉米种植实验的四种结果

	G2	G1
F2	4	4
F1	1	1

（1）

	G2	G1
F2	4	3
F1	2	1

（2）

	G2	G1
F2	4	2
F1	3	1

（3）

	G2	G1
F2	4	4
F1	4	1

（4）

在结果（1）中，遗传因素没有造成任何差异。农作物基因型是 G1 还是 G2 不会影响到其高度；环境因素——这些农作物接收到的肥

[1] 四种结果穷尽了这两个要素间**叠加**关系的所有可能性；在每一组数据中，行（列）与行（列）之间的效果变化与人们关注哪一列（行）无关。我们忽略了**非**叠加关系——尽管它们经常会在自然界中出现，但与我们对前一节所描述的那四种偏好结构的理解无关。

料总量——才是解释我们观测到的所有变异的关键。结果（4）是对结果（1）的颠倒。在结果（4）中，肥料上的区别待遇不会造成任何影响，基因变异才是解释所有高度变异的关键。结果（1）和（4）都支持某种有关农作物高度变异的**一元论**解释；它们都表明，在我们考虑的诸要素中，只有一个会导致观测结果中所呈现的差异。

相反，结果（2）和（3）支持的则是某种**多元论**结论。二者都表明遗传要素和环境要素会共同导致结果上的差异，但它们在哪种要素更重要的问题上存在分歧。在结果（2）中，施肥量上的改变导致农作物高度发生了两个单位的改变，基因型上的改变则只让高度产生了一个单位的改变。在这种情况下，环境要素比遗传要素造成了更大的差异。同理我们也能看出，在结果（3）中，遗传变异比我们所考察的环境要素更重要。[1]

利己主义 - 利他主义问题与农夫所面对的难题之间的类比应该已经足够清楚了。当自身利益与他人福祉**相一致**时，我们无法看出究竟是利己主义动机、利他主义动机，还是这两者的共同作用促成
250 了最后的行为。农夫最初面对的也正是这样的僵局。当遗传要素和环境要素完全**相互关联**时，我们无法看出究竟是遗传差异、环境差异，还是两者的共同作用最终导致农作物高度上的差异。就关于利己主义和利他主义的问题而言，最显而易见的实验方式就是将个体置于自身利益与他人福祉**相冲突**的情境中。农夫也做了类似的事：他通过新开垦两片玉米地来为表格中右上、左下两个数字单元格提供数据；如此一来，最初引发混淆的相互关联就被**打破**了。

尽管这种理解利己主义 - 利他主义之争的方式相当具有根本性，

[1] 我们在这里所描述的推论并不是不可错的（infallible）。比如说，G1 和 G2 可能事实上并没有作为原因使农作物高度产生任何差异，但它们与其他一些能够造成这类差异的遗传因素相关。此外，在此推论过程中，我们还必须对每个数字单元格中的变异量进行描述。这些对问题的复杂化——其衍生后果可以通过“方差分析”（ANOVA）的统计方法计算出来——并不会影响到我们此处讨论的要点。索伯（Sober, 1988a）就如何分摊因果责任的哲学问题展开过进一步讨论。

但我们也不应夸大该问题与农夫问题之间的相似性。农夫问题与动机之争的一个不同点在于，农夫试图解释的是存在于种群之中的变异，有关利己主义的论证所涉及的则是存在于个体自身当中的不同动机。这两个问题之间的第二个不同点则在于：利己主义和利他主义假说比农夫所思考的假说更为抽象。正如我们之前所提到的，利己主义和利他主义探讨的并不是人们拥有的**具体**欲望；毋宁说，它们想要说明的是人们用以作为终极目标的欲望**类型**。这就使得利己主义和利他主义假说更加难以得到检验。

但或许农夫问题与利己主义－利他主义之争最根本的差异在于：在农夫问题中，我们能在知道候选原因对农作物高度的影响之前事先辨认出它们。农夫会按量配给肥料，当地种子经销商会宣传关于该种子基因型的信息。但在辨别人们动机时，我们没有获得这类信息的独立渠道。有了从人们的行为中推断其动机，我们几乎或完全没有知晓其真正动机的途径。这并不意味着有关利他主义与利己主义之争的问题是不可解决的。我们想说的是，在面对与动机相关的推理问题时，必须小心处理其中每一个步骤，因为它确实是个相当棘手的问题。

第八章　心理学证据

251 在接下来的两章中，我们将考察一系列致力于解决心理上的利己主义与利他主义之争的科学证据和哲学论证。如果把这些论证放到一起，那可真是一锅大杂烩。它们当中有一些来自社会心理学实验的实证发现，另一些则包含富有科幻色彩的思想实验。甚至还有一些论证将问题诉诸人们应当如何在观察报告不具有决定性时评价敌对理论的方法论原则。尽管这些论证很有学习价值，但我们还是会说：它们都无法解决人类是否具有利他主义终极动机的问题。这一章和下一章都会以“未能完成证明”的判决而告终，但这不是全书的最终结论。在第十章中，我们会用进化论思想来解决这个关于动机的问题。

本章所要探究的是我们应当考虑的三条实证心理学中用于解决利己主义 - 利他主义之争的进路。[1] 第一条进路与内省有关。我们是否只需凝视自己的内心就能识别我们的终极动机呢？第二条进路牵涉到效果律（the law of effect）。这条心理学原则是否表明有机体必定会从经验中获得享乐主义这种动机结构呢？第三条进路则要求我们考察社会心理学当中的实证研究文献。这些实验又能让我们对心理上的利己主义和利他主义问题产生怎样的见解呢？

---

[1] 涉及利己主义和利他主义的心理学文献跨度非常大，其范围远远超出了我们当前所要考察的主题。与之相关的调查请参阅皮里亚文和常的作品（Piliavin and Charng, 1990），还有施罗德、潘纳、多维迪奥以及皮里亚文的合著（Schroeder et al., 1995）。

内省是我们要找的答案吗?

在考察那些力求判定终极动机的心理学实验和哲学论证的详细 252
情形前，我们先来谈谈某些读者在该问题上可能产生的一种反应。难道人们不能通过内省知道他们究竟将哪些欲望视作目的本身吗?如果答案是肯定的，那么利己主义与利他主义之争就能轻易得到化解；只要凝视自己的内心，就能发现自己到底是利己主义者还是利他主义者。

我们必须先弄清楚这样一件事，即内省是为了解决什么问题而存在于此处的。问题的难点并不在于判定人们想要什么，而在于得知人们的**终极**欲望以及与之对立的**工具**欲望是什么。社会心理学家曾对那些向慈善机构捐款的人和为慈善事业做义工的人进行调查，问他们为什么要这样做。这些援助者通常会回答说，他们“希望做些有意义的事”或者想要“为他人做些好事”（Reddy, 1980）。即便这些内省报告具有真实性，我们也无法由此得知他们所报告的欲望到底是终极性的还是工具性的。心理上的利己主义也能承认“人们有时想要帮助他人”这件事，但它认为与之相关的欲望都只是工具性的。如果我们的目标是对该理论进行评估，那么“你为何要施以援手”显然就是个错误的问题。同时，如果人们事实上无法通过内省获知自己的终极动机，那么即使像“你的帮助行为背后的终极动机是什么”这样直接的问题，或许也不能提供我们想要得到的信息。

在过去很长一段时间里，内省在心理学中都背负着恶名。19 世纪末，当心理学从哲学中分化出来并成为一门自治学科时，它让自己成为客观科学的途径之一便是拒绝内省方法。人们希望心理学也像其他客观科学一样，只关心可公开访问的（publicly accessible）数据。在内省问题上，行为主义选取了逻辑上的一个极端。它不但认为内省报告无法为有关心智内部活动的问题提供证据，而且还拒绝将“阐发心智状态”作为心理学的目标之一。相反，行为主义希望

仅用环境刺激来解释各种行为。心理学中许多非行为主义进路虽然保留了“理解内在心智状态和心智过程”这一目标，但也会像行为
253 主义那样拒绝内省方法。比如说，弗洛伊德及其学派坚持认为无意识会掩藏，且系统地扭曲心智内容；弗洛伊德对心理学产生的最为深刻的影响之一便是对内省可靠性的怀疑。

除了心理学中发展出来的那种排斥内省的传统，我们还必须意识到，内省可靠性实际上是个偶然性问题。在该问题上具有充分根据的意见应当以经验证据为基础，对内省不可靠性的迷信就像对其不可错性的盲目自信一样站不住脚。此外，我们还必须认识到，内省在某个领域中的可靠性可能会比它在其他领域中的可靠性更高。比如说，尽管内省无法说明人们为何会出现口误，但或许在利己主义和利他主义的问题上，它偏偏就能有所建树呢？

如果与终极动机相关的内省报告的可靠性必须由经验证据决定，那么我们应当怎样处理该问题呢？评价报告可靠性的最直接方法要求人们拥有获取报告所要描述事态的独立途径。比如说，为直接确定某个温度计能否准确报告温度，你必须知道测量对象真正的温度是多少。同样，为直接评估关于动机的内省报告的可靠性，你必须以某种独立的方式知道人们真正的动机是什么。很显然，在知道如何解决利己主义与利他主义之争以前，我们无法直接确定关于终极动机的内省报告的可靠性。

那么是否存在较为间接的策略呢？即使在不知道任何物体温度的情况下，我们也有办法查验温度计的可靠性。假设你知道某些操控行为不会使物体温度发生改变。虽然你并不知道桌上那些物体的确切温度，但你会说，不论一个物体位于桌上偏左还是偏右的位置，其温度都不会发生变化。倘若如此，你就能随机指定分别位于桌上偏左、偏右位置的物体，用温度计测量它们，然后看看你获得的这两组数值之间有无显著差别。如果这支温度计是可靠的，并且“位置不影响温度”的假设也是正确的，那么那两个测量结果之间就不应存在差异。

我们或许能用这类实验确定人们能否可靠地通过内省来获得他 254
们自己的终极动机。比如说，假设我们让实验被试填写一份问卷，并告诉他们这份问卷测试的是共情能力。接着，我们看都不看一眼这些问卷，把它们丢到一旁，并随机将被试分为两组。我们清楚地向每一组都解释了心理上的利己主义假说和动机上的多元论假说所蕴含的主张。随后我们告诉第一组被试他们在共情测试中得分很高，并要求他们通过内省来确定自己是利己主义者还是多元论者。同样，我们会告诉第二组被试他们在共情测试中得分很低，并要求他们通过内省断定自己是利己主义者还是多元论者。根据“人们的终极动机不会因得知自己共情测试得分高低而受到影响”的假设，如果内省是高度可靠的，那么这两个小组的内省报告就不应存在太大差异。相反，如果这两个小组的报告有很大不同，那就说明人们**容易受到暗示的影响**（suggestible）。当人们以为自己在内省时，他们实际上是在把来自外部的理论应用到自己身上。

当然，这项实验设计还有好几处需要微调的地方。比如说，我们需要控制被试不要对他人吐露内省真实内容；或许他们确实通过内省认识自己的心智，但在进行口头报告时会把事情改写成实验者想要听到的样子。或许处理该问题的一种方式是要求被试别在他们撰写的报告上署名，从而保证其匿名性。另一种可能的策略是进一步对这两个小组进行细分，分别告诉第一组和第二组中的一半被试，实验者正在试着证明心理上的利己主义为真，并告诉另一半被试，实验者正在试着证明心理上的多元论是正确的。尽管其中还存在一些有待修复的瑕疵，但我们应该已经能相当清楚地看出：关于终极动机的内省报告的可靠性是能够通过实证研究得到检验的。[1]

据我们所知，至今未曾有人进行过我们刚才描述的那类实验。

---

[1] 哲学课堂就是进行这类研究的天然实验室。如果一名教授在讲授“哲学导论”时反对心理上的利他主义，另一名教授则在其授课过程中支持这种立场，那我们为什么不让分别选修这两门课的学生在课程最后进行内省呢？如果这两个老师足够有魅力的话，我们怀疑这两个班级会给出截然不同的内省报告。

即便如此，我们还是应该意识到：对内省的怀疑并不仅仅是由心理
255 学家表现出来的一种毫无真凭实据的偏见；有相当客观的证据表明，人们常常无法正确把握自己心智当中所发生的事。接下来我们将对尼斯贝特和威尔逊撰写的《讲述我们所知之外的事——关于心智过程的口头报告》（Nisbett and Wilson, 1977）一文中阐发的此类现象进行描述。这是一项针对影响帮助行为的环境要素而开展的研究，该研究最引人注目的结果之一就是所谓的旁观者效应（Latané, Nida, and Wilson, 1981 对此进行了回顾）。旁观者帮助在他看来身处困境之人的概率会随着其他旁观者数量的增加而减小。心理学家通常认为施助概率下降的原因在于人们觉得责任扩散开来了；当旁观者变多时，行动者更有可能认为其他人应当施以援手。不管这是不是一种正确的解释，总之无论身处困境的是陌生人还是与旁观者关系亲密之人，旁观者效应都得到了确证。比如说，当有人需要肾脏移植时，兄弟姐妹**较少**的人更有可能得到由其中一人捐赠的肾脏（Simmons, Klein, and Simmons, 1977, p.220）。

拉塔内和达利在一篇研究旁观者效应的论文（Latané and Darley, 1970）中问过实验被试，他们帮助他人的倾向是否会受在场的旁观者数量影响。对于此事，被试们一致矢口否认，并且他们也不认为其他人会受这种想法影响。如果行为由行动者的信念和欲望决定，那么人们在两类情境中会做出不同的行为，也就表示他们在那些情境中具有不同的信念或欲望。如果主体不曾意识到旁观者在场时和旁观者缺席时他们的行为会有所不同，那么他们大概同样意识不到自己的信念和欲望在那两类环境中也会有所不同。我们并不能从中推知人们无法意识到自己的**欲望**是什么，或者说他们无法意识到自己的**终极欲望**是什么。但我们同样不能排除上述可能性。如果心智不是一本完全打开的书，那么我们凭什么认为其中一个章节——那个铭记着人们终极欲望的章节——在被人以内省的方式进行阅读时不会出现任何差错呢？

在我们所栖居的文化环境中，有些人对心理上的利己主义深信

不疑，另一些人则相信人们都具有利他主义的终极动机。利己主义 256
的拥护者们通常认为多元论者沉溺于美丽的错觉。多元论者有时也会以彼之道还施彼身——他们认为利己主义者之所以会在有关人类动机的问题上采取较为阴暗的观点，是因为他们喜欢将自己设定成那种坚毅到能抵抗美丽错觉的人。当然，这两种意见都无法告诉我们人类的终极动机究竟是怎样的，但它们都说明了一件事：真心实意的内省并不足以解决问题。

这两个立场的拥护者都相信他们所偏爱的理论不仅适用于自己，而且还适用于其他人。我们可以设想这样的情形：或许利己主义的拥护者对其自身的看法是对的，**并且**多元论的拥护者对其自身的看法也是对的。甚至可能出现这样的情形：那些在“自己是利己主义者还是多元论者”这件事上改变看法的人，在改变前后对自己的看法**都是**对的。但同样可能的是：他们双方对自身动机的主张都是错的。我们必须把双方诚挚的声明放到一边。内省式的主张就应该只被看作一种主张——我们必须以其他理由为基础来判断其准确性。

效果律

人们有时拥护享乐主义的理由在于，该理论描述的是那些有能力从经验中进行学习的有机体必然会成为的样子。他们的想法大致如下：有机体在学习过程中会体验正面和负面的感觉，趋近前者、远离后者必将成为其终极行动目标的一部分。根据这种看法，学习是以条件作用过程（conditioning process）的形式呈现的。如果行为之后伴随的是正面感觉，那么有机体重复该行为的概率就会上升。如果行为之后伴随的是负面感觉，那么上述概率便会下降。这就是最早由 E. L. 桑代克（E. L. Thorndike）提出的效果律（与之相关的讨论，请参阅 Dennett, 1975）。如果不存在这种途经行为经验后果的反馈回路，有机体就无法改变其行动方式。

这当中还有一个令人感到怪异的历史事实：效果律作为一种谈

到伴随着行为出现的正面、负面体验的假说，居然被行为主义者奉为核心原则——要知道，行为主义者可是要求心理学别再谈论内在心智状态的流派。即便如此，我们之所以会在当前研究中对效果律感兴趣，是因为它与享乐主义之间存在某种关联；我们所要考察的
257 是以下主张：如果具有学习能力的有机体必然遵从效果律，那么享乐主义就必然是关于人类动机的正确理论。

效果律并没有说每个行为出现的原因都在于有机体事先受到了条件作用的影响，否则就不可能存在首次出现的行为。这一点不但自身就是荒谬的，而且还会与条件作用的观念相冲突。条件作用过程要求有机体**在**它接受有条件的奖励或有条件的惩罚**之前**，至少实施过一次目标行为。我们不如说效果律的含义其实寓于这样一个关于操作性条件作用的简单案例中。试想一下，有一只鸽子被置于后来人们称为“斯金纳箱”（a Skinner box）的受控环境中。起初，这只鸽子的啄食行为与箱子中的灯光无关。然而，如果鸽子在开灯时啄食会获得奖励，那么其行为模式就会发生改变。如果鸽子反复获得奖励，那么它在开灯时啄食的概率便会不断增加。到最后，它在每次开灯时都会啄食。在受条件作用过程影响前，鸽子啄食的概率**独立于**是否开灯这件事；但在条件作用过程结束后，鸽子在开灯时啄食的概率接近于 1，而在关灯时啄食的概率接近于 0。这样理解的话，效果律排除的并不是未受条件作用影响之行为的出现；毋宁说，它所排除的是未受条件作用过程影响的行为与环境之间概率依赖性的存在。同时，它还排除了条件作用过程无法诱发上述依赖性的可能性。

但当我们谈到那些受“先天”（innate）或“本能”（instinctual）要素强烈影响的行为时，这些说法就非常成问题了。[1] 回想一下康拉德·洛伦茨（Konrad Lorenz）有关灰雁鹅印刻效应（imprinting）

---

[1] 在使用这些术语时，我们并不是在反对“每个行为都是有机体基因和环境共同作用的结果”这一说法。此处我们所谈论的行为在环境发生变化时几乎都会保持不变。

的例子。小鹅会跟着第一只以叫声回应其叫声的成年鹅或人类走。然而，小鹅不会把岩石认作“妈妈”，其印刻效应也不会发生在播放事先录制叫声的玩具鸡身上，如果这些叫声无法回应小鹅叫声的话（Lorenz, 1965）。这即是说，印刻行为发生的概率会因环境线索的不同而不同，但这种概率上的改变并不是条件作用过程的结果。

依赖于环境刺激的行为可能与事先受到奖励这件事无关。同样，即使事先受到奖励，这类行为也可能不会发生。加西亚、柯林 258
（Garcia and Koelling, 1966）曾将老鼠置于带有复杂刺激的环境中，该刺激包括闪光、噪声、带有糖精味的水。随后，这些老鼠被暴露于它们讨厌的 X 射线之下。这样一来，老鼠就会对带有糖精味的食物产生反感，却不会厌恶那些伴随着噪声或闪光出现的食物。在另一组实验中，实验人员使用了同样的刺激组合，但这一次，老鼠的脚部将受到电击。结果它们发展出了针对噪声和闪光，而非糖精味的反感情绪。研究者在大量物种，包括我们人类当中，都发现了同样的反应模式（K. Breland and M. Breland, 1961; Hineline and Rachlin, 1969; Sevenster, 1973; Gallistel, 1980）。比如说，我们更容易通过条件作用过程让人类婴儿害怕蛇、毛毛虫、狗，而不是观剧镜（opera glasses）或布帘这样的东西（Rachman, 1990, pp.157-158）；同时，我们更容易通过条件作用过程让人对一张生气的脸而非开心的脸产生生理反应（Ohmman and Dimberg, 1978）。

上述结果向效果律所承诺的、被学习理论家称作“等位说”（the equipotentiality thesis）的理论提出了挑战。根据等位说，条件作用能成功在任何刺激和任何反应之间实现配对。我们并不否认效果律确实能解释**某些**行为。比如说，在莫斯和佩奇的实验（Moss and Page, 1972）中，实验者会在闹市区向路人询问当地一个著名店铺所在的方向。多数人都会答应这项请求。在给出方向的人当中，实验者会微笑着感谢其中一部分人，却唐突地打断另一部分人，跟他们说自己无法理解他们所指的方向。过了一会儿后，那些给出方向的人会碰到一个自称刚刚丢失一只小包的人。在之前被亲切感谢过的人当中，93% 以上的人会帮助那个丢了包的人；而在遭受了漠视和责备的人当中，只有 40% 的人提供了帮助。莫斯和佩奇还发现，控制组当中——那些既未得到正强化也未受到负强化的人当中——有 85% 的人会实施帮助行为。这些模式都符合效果律的预期。

但我们必须记住：效果律是个**一般**原则；我们要问的是它是否适用于**所有**行为，而不是它是否适用于**某些**行为。我们认为答案是否定的——进行奖励并不**总能**提升行为被重复的概率，行为和环境
259 之间的概率依赖性也并不**总是**这类条件作用过程的结果。此外，即便是符合该定律的情境——例如莫斯和佩奇所做的实验——也无法为享乐主义提供证据。莫斯和佩奇的观察与“快乐和痛苦是激励因素”的假说相一致。但他们的实验无法说明人们**只**关心快乐和痛苦。

效果律描述了有机体根据经验改变其行为的一种可能机制。然而，这并不是唯一可构想的机制。请思考“对手段－目的的慎思能在不奉行享乐主义指令的情况下使行动者产生行动”的事实。慎思能让我们以较为终极的欲望为杠杆来改变工具欲望。任何较为终极的欲望都能做到这一点。回想一下阿诺德——那个突然想要开车去面包店的人。他之所以会出现这个新欲望，是因为他想要买面包，并且他相信面包店是他完成此事的首选地点。慎思能产生新工具欲望的原因在于：行动者能将旧欲望看作需要通过手段去实现的目的。当个体舍弃他已有的欲望时，情况也是一样。如果就在阿诺德想要开车去面包店的时候，他朋友带了一条面包给他，那么阿诺德就可能会丧失开车去面包店的欲望。当慎思让我们获得新工具欲望或舍弃旧工具欲望时，在其中起作用的其实是我们的**其他**欲望。该过程并不要求我们的终极目标必然包括趋乐避苦的欲望，更不会要求趋乐避苦成为我们唯一的终极欲望。

这个与学习相关的见解十分重要，因为它能让我们看到一个在其他情况下可能逃出我们视线范围的进化论问题。愉悦和厌恶的感觉构成了一种帮助有机体通过经验进行学习的机制。从原则上说，其他机制也可能做到这一点。那么进化为什么偏偏让快乐和痛苦扮

演现在它们在学习过程中所承担的角色呢？该问题理应获得某种实质性的答案；如果只是回答“根据定义，学习是仅以快乐和痛苦为中介的条件作用过程”，那么这个问题就又会被掩盖起来。

我们的结论是：通过援引效果律来捍卫心理上利己主义的做法是不可行的。该“定律”有时会失效。同时，即使行为重复发生的**原因在于**人们事先获得过奖励，我们也无法从中推知他们这样做的**原因仅** 260
仅在于他们获得过奖励。即便成就快乐、远离苦难的前景确实会成为驱使人们行动的目标，这也并不意味着它是人们最终关心的唯一事物。

社会心理学实验

利己主义是一种（相对）一元的理论，而利他主义假说，根据我们的理解，则是更具多元性的人类动机理论的一部分。这两个理论在逻辑上的差别已经向我们暗示了它们可能分别获得检验的原因。能够证明人们实际上拥有利己主义终极动机的实验**并不能**用以驳斥利他主义假说，但能够表明人们拥有某些具体利他主义终极动机的假说**却能**用以驳斥利己主义假说。说明人们受利己主义动机驱策根本无助于我们解决争议。最理想的实验应将被试置入这样一种情境当中：如果他们具有利他主义终极动机，那么他们会就以某种方式行动；否则，他们会以另一种方式行动。但这件事说起来容易做起来难，因为正如我们所说，利己主义假说是一种能以多种形式出现的灵活工具。

在检验利己主义与利他主义假说的问题上，做得最为出色的社会心理学实验研究是丹尼尔·巴特森和他同事所做的工作。巴特森在他非常重要的专著《利他主义问题》（*The Altruism Question*）（Batson, 1991）中对这些工作进行了综合；巴特森、肖（Batson and Shaw, 1991）则为此书提供了非常到位的综述。巴特森对于那种因混淆真假利他主义而产生的风险尤为警觉，他所设计的实验致力于追踪、检验各种不同的利己主义。巴特森非常清楚，驳倒一两种形式的利己主义和驳倒利己主义本身是两码事。在讨论巴特森工作的同时，我们还会考察罗伯特・恰尔蒂尼（Robert Cialdini）和他同事富有争议的工作以及其他一些实验研究。

巴特森希望检验的是被他称作“**共情－利他假说**”的猜想。正如前一章中所提到的，巴特森是第一个在实验社会心理学中描述共情与个人感伤之区别的人。个人感伤通常会使人想要改善自己的处境；而根据共情－利他主义假说，共情会诱使人们产生利他主义欲
261 望。由于该主张被认为是与利己主义不相容的，其中由共情引发的利他主义欲望必定是**终极**的。巴特森所采用的方法是去检验那些反对共情－利他主义假说的不同利己主义版本。在每个案例中，他都会通过论证指出：相关数据证明他所考察的那个利己主义版本不成立，但他的共情－利他主义假说却得到支持。

巴特森考察的第一个利己主义版本是**反感－激发降低**（aversive-arousal reduction）假说。它说的是，旁观者在看到其他人面临困境时会产生一些他们渴望消除的不愉快体验。他们帮助他人的原因和你在房间太热时调低恒温器的理由是类似的。你调低恒温器并不是因为你关心这个房间。帮助他人的行为也同样源自这一类动机——它只不过是让自己获得更大慰藉的一种手段。

哲学家 C. D. 布罗德曾通过描述一个医师为拯救麻风病人而前往亚洲开设诊所的故事，来反驳这个版本的利己主义（Broad, 1952, pp.218-231）。这名医师完全知道这类工作会给他带来痛苦的体验。布罗德认为该案例直截了当地驳斥了那种认为产生帮助行为的动机，是希望自己从面对身处困境之人时所产生的不愉快体验中解脱出来的利己主义假说。如果人们唯一的终极欲望就是消除或降低厌恶感，那么他们就会**避开**任何与该医师所选择的境况类似的处境。

我们怀疑很多读者，包括大部分哲学家，都会觉得布罗德的论证已经足以驳斥反感－激发降低假说了。布罗德关于“人们有时会像这名医师那样做”的主张听上去像是真的，其论证的逻辑——它驳斥了利己主义假说这件事——听上去也像是对的。如果这些说法都是正确的，那么似乎就没必要进行进一步的实验或自然观察了。

巴特森及其同事或许会让这样想的读者感到惊讶——他们做了好几个实验来测试与共情－利他主义假说对立的反感－激发降低假说。他们为什么要这样做呢？在心理学家所做的实验当中，常识往往会告诉人们应该期待些什么，但是常识性的预期并不总能得到支持。因此，多检验几个人们认为显然符合直觉的命题总是好的。下面就让我们看看巴特森及其同事是如何继续的。

先来说其中一个实验。该实验的被试以为，在他们所参与的研究项目中，他们要观看一名学生遭受十次电击的监控画面。实际上，每个被试所观看的都是一名演员（伊莲）假装自己觉得前两次电击使她十分痛苦的视频录像。随后，画面中的一名实验人员会告诉伊莲，他对伊莲的不适感到非常担忧；他告诉伊莲，如果被试愿意代替她完成实验，那么她就不用再承受电击了。伊莲高兴地同意了这项安排。紧接着，电视画面会变成一片空白，一个工作人员会进入被试所在的房间，询问被试是否愿意取代伊莲的位置。

在该实验“易逃避”的处理方式中，实验者会在被试开始监视 262
伊莲前告诉他们，他们只需要观看前两次电击，工作人员会提醒他们这一点，并向他们保证：如果他们不想取代伊莲的位置，可以就此退出实验。而在“难逃避”的处理方式中，被试在最初就同意观看全部十次电击过程，工作人员会提醒他们这一点，并通知他们如果他们不取代伊莲的位置，那么就必须再看伊莲承受八次电击的情形。

实验者不但对被试逃避的难易度做了不同处理，而且还在被试可能对伊莲产生的共情程度上动了手脚。实验者能通过许多方式达成这一目标。其中有一种技巧利用的是“人们倾向于对他们认为与自己相似的个体产生更多共鸣”的事实（Stotland, 1969; Krebs, 1975）。受到“高共情度”处理的被试会收到一份关于伊莲的个人资料，其中的描述很贴近被试在看到伊莲之前向实验者提供的一份有关自己个人价值取向、个人兴趣爱好的报告。而受到所谓“低共情度”处理的被试则会得到另一份个人资料，其中对于伊莲的描述与他们截然不同。该操作背后的想法并不是“接受高共情度处理的人会对伊莲产生高度共情”，而是“接受低共情度处理的人几乎不会对伊莲产生共情”；不过前一组的平均共情水平当然还是会高于后一组。[1]

一方面，该实验中的每个被试都会接受易逃避或难逃避处理；另一方面，他们也都会接受高共情度或低共情度处理。这就意味着
263 每个被试都会面对四种情境中的一种。该实验揭示了这四个单元格中接受不同处理的被试自愿帮助伊莲的频繁程度。表 8.1 分别用 w、x、y、z 来代表四种情况下被试提供帮助的频次：

表 8.1　四种情况下被试提供帮助的频次

	逃避 G2	逃避 G1
共情度低	w	x
共情度高	y	z

在描述实验结果前，我们得先思考一下所要考察的两个假说会做出怎样的预测。为此，我们必须仔细考察每个假说的内容。

如果将共情 – 利他主义假说的内容诠释为“更高的共情水平至少会使人在某些时候更倾向于实施帮助行为”，那么根据这种解释，该假说所预测的结果只不过是 $y>w$ 或 $z>x$ 或两者都成立。同样，如果我们将反感 – 激发降低假说的内容诠释为“当人们难以逃避遭受苦难的其他人时，他们更有可能施以援手”，那么根据这种解释，该假说所预测的结果只不过是 $x>w$ 或 $z>y$ 或两者都成立。请注意，如果我们用这种温和的方式来诠释这两个假说，那么他们的预测并不会出现冲突。在这个表格中，共情 – 利他主义假说做出了“纵向”的预测，反感 – 激发降低假说则做出了“横向”的预测。如

[1] 在另一些实验中，实验者会要求接受低共情度处理的被试思考身处困境之人的一些实际、客观情况，也会要求接受高共情度处理的被试思考他们对所描述之人的感受。无论如何，研究者都认为有独立的证据表明这类操作的确会影响共情度。

果上述内容就是这两个假说的全部，那么它们之间并不存在什么分歧；事实上，将反感－激发降低假说当成某种版本的利己主义的看法是错误的，因为它并没有排除共情－利他主义假说为真的可能性。巴特森通过让两个假说在有关帮助行为频次的问题上同时做出“横向”和“纵向”的预测来避免上述困难。**此**类解释确实会让这两个假说变得相互冲突。

根据巴特森对这两个假说的诠释，能使二者间产生分歧的问题是：接受易逃避处理的被试是否会因共情水平的不同而出现差异（即有关 w 与 y 如何相关的问题）。[1] 他将共情－利他主义假说解读为一种预计共情在易逃避的情形下会促使人们实施帮助行为的理论； 264
相反，他将反感－激发假说诠释为一种预计共情在该情形下无法导

---

[1] 巴特森认为这两个假说还能额外对接受四种实验处理的被试提供帮助的频次进行预测。我们摘录的这个表格对此做出了总结（Batson, 1991, p.111）：

反感－激发降低假说

	逃避易	逃避难
共情度低	低	高
共情度高	低	高 / 非常高

共情－利他主义假说

	逃避易	逃避难
共情度低	低	高
共情度高	高	高

我们觉得这种对共情－利他主义假说所做预测的理解，与巴特森对该假说内容的描述不相符。在共情－利他主义假说中，有什么能使我们预测难逃避情形中共情度的高低不会造成任何差异呢？该假说的哪个性质预示着共情度较低的被试，在难逃避情形中（比在易逃避情形中）更倾向于帮助他人呢？我们根本无法从“共情能诱发利他主义动机”的主张中推出这两项预测。另外，如果反感－激发降低假说预测在难逃避情形中，共情能增加帮助行为发生的频次（将其概率从“高”推向“非常高”），那么共情－利他主义假说为何要反对这一点呢？或许这些问题都说明我们应将共情－利他主义假说理解为对某种动机多元论的主张；在这种多元论看来，利他主义和利己主义动机都扮演了一定的角色。然而，巴特森并没有为这种多元论假说提供更详尽的说明。

本章在介绍巴特森另一个实验时也会在诠释上出现类似的分歧。不过对于我们的论证来说，这些都不是什么根本性的问题。因为我们赞同的只是巴特森的整体结论（即这些实验能驳斥他所考察的那些利己主义版本），而不是共情－利他主义假说。

致任何差别的理论。实验结果表明：当逃避较为容易时，共情度高的被试会比共情度低的被试提供更多帮助。[1] 这就说明我们不应将反感－激发降低假说看作**唯一**能解释帮助行为的理论。即便该动机有时的确能发挥一定功效，但它不会是唯一一种在其中起作用的力量。

但巴特森也意识到，我们并不能由此推知共情－利他主义假说是正确的；除了反感－激发降低，可能还存在**其他**一些能解释实验结果的利己主义动机。比如说，或许那些接受易逃避、高共情度处理的被试意识到：如果拒绝对深陷困境之人施以援手，那么他们可能会因此留下痛苦的回忆；而那些接受易逃避、低共情度处理的被试则不太会产生此类困扰。如果这样的说法成立，那么我们就为"共情度高的被试为何会更频繁地提供帮助"提供了一种利己主义说明。有三组人在评论巴特森、肖的文章（Batson and Shaw, 1991）时提出了这一点（Hoffman, 1991; Hornstein, 1991; L. Wallach and M. Wallach, 1991）。

巴特森、肖对此做出了回应（Batson and Shaw, 1991, pp.167-168）。他们指出，上述利己主义假说——它认为人们提供帮助的原因在于他们知道拒绝去做这件事，会让他们留下与身处困境之人相关的痛苦回忆——会在另一个实验中做出某些预测。其预测内容是：当共情度高的个体收到有关身处困境之人未来处境的消息时，他们只有在猜测这些消息是好消息时才会选择听取。我们稍后将要描述的第三个实验提供了否定这种预测的证据。我们承认该论证能支持巴特森和肖的主张，即选择帮助而非选择逃避的个体并不只是受"不希望得知身处困境之人现在依然过得不好"的欲望驱策。然而，这一与信息寻获相关的观点无法削弱另一种诉诸愧疚感的利己主义解释。在没有提供帮助的情况下选择退出会让人产生罪恶感。同样，因为那些有关身处困境之人现状的消息可能是坏消息而选择拒收，也会使人感到愧疚。对此稍后我们会进一步讨论。

---

[1] 这即是说，在当前规模的样本中，被观测到的频次差异在统计上具有显著性。

巴特森的第二个实验关注的是另一个利己主义假说，他称之为共情－具体惩罚（empathy-specific punishment）假说。该猜想会以两种形式呈现：它认为那些被激发共情感的个体之所以实施帮助行 265
为，要么是因为他们想避免来自他人的责难，要么是因为他们想避免自责。我们将把注意力放在第二种形式上。根据巴特森的推理，如果该假说是正确的，那么当人们有很强的正当理由不实施帮助行为时，他们就会不太想提供帮助。在这项实验中，实验者会询问被试他们是否愿意帮助一个身处困境之人。其中有些被试得到的信息是：其他许多人在面对同样的情境时都拒绝施以援手；此时，这些被试有一个**高度**正当的理由不去实施帮助行为。其他被试得到的信息则是：以往几乎没人拒绝提供帮助；如果这些被试不想实施帮助行为，那么他们就只有一个正当性**较低**的理由。此外，被试对需要帮助的个体所具有的共情程度也有高低之别。如此一来，这个实验结果就能将被试放入四种处理形式不同的单元格中。表 8.2 记录了分属每个单元格的被试自愿提供帮助的频次：

表 8.2　四种情况下被试自愿提供帮助的频次

	为不实施帮助行为所提供理由的正当程度高	为不实施帮助行为所提供理由的正当程度低
共情度低	w	x
共情度高	y	z

根据巴特森的诠释（Batson, 1991, p.136），共情－具体惩罚假说和共情－利他主义假说在许多方面都具有一致性：二者都预测共情水平会带来一定差异——不管被试不提供帮助的理由有多正当；二者都预测 $y>w$ 且 $z>x$。他还认为这两个假说都预测共情度低的被试在有很强的理由不实施帮助行为时，会更少地提供帮助（$w<x$）。那么这两个假说在哪里有分歧呢？在巴特森看来，问题的关键在于

不实施帮助行为的正当程度如何影响那些共情度高的被试（Batson and Shaw, 1991, p.116）。根据共情－具体惩罚假说的预测，共情度高的被试在自己不去帮助别人的理由不太正当时，会比他们在自己不去帮助别人的理由极其正当时提供更多帮助（$z>y$）。相比之下，根据共情－利他主义假说的预测，共情度高的被试不会受到该要素
266 影响；不管他们不实施帮助行为的正当程度是高是低，他们都应该提供同等大小的帮助（$z=y$）。[1]

照此进行解释的话，共情－利他主义假说会获得最终胜利；结果表明，共情度高的被试提供帮助的频次不会受到他们不实施帮助行为的正当程度影响。然而，有个解释上的核心问题依然未能得到解决：共情是否会通过令被试具有利他主义的终极动机，而促使其实施帮助行为呢？即使希望避免责骂的欲望无法解释该实验结果，上述问题也依然存在。

巴特森考察的第三个利己主义假说是**共情－具体奖励**（empathy-specific reward）假说，它也会以两种形式出现。第一种形式说的是，我们提供帮助是为了从自己或他人那里得到"让心情变得愉快"（mood-enhancing）的奖励。该假说的一种特殊情形就是认为我们实施帮助行为只是为了确保自己能获得让心情变得愉快的消息，比如说身处困境之人现在过得不错。共情－具体奖励假说的第二种形式说的是，共情会引发伤悲——这是一种我们想要缓解的情绪——因此我们会设法寻找一些能达到缓解效果的情绪优化体验。

C. D. 巴特森、戴克、布兰特、J. G. 巴特森、鲍威尔、麦克马斯特、格里菲特（Batson et al., 1988）通过观察剥夺高共情度个体和低

[1] 正如我们在讨论第一个实验时那样，我们在此处也能质疑巴特森对不同假说的诠释。为何共情－具体惩罚假说不仅预测正当性处理会影响到帮助行为，而且还预测共情度也能有此影响呢？在前一个实验中，反感－激发降低假说否认共情度会在易逃避情形中造成影响。巴特森对共情－利他主义假说的诠释也同样令人不解。我们能从该假说的哪一点中推出不实施帮助行为的正当性会影响共情度低的被试，却不会影响共情度高的被试呢？该假说到底在哪里说过高共情度是个如此之强的驱动因素，以至于它能让我们完全不关心其他人的看法？

共情度个体提供帮助的机会，将如何使他们（通过自我报告得到确定）的情绪受到影响来检验第一类假说。像先前一样，我们能通过让这些假说对代表不同处理方式的单元格中的内容进行预测，来理解与之相关的研究。不过我们现在会做出六种处理，而且表 8.3 记录的结果不再是提供帮助的频次，而是（自我报告的）情绪水平：

表 8.3 六种情况下被式的情绪水平

	没有人给予帮助	由被试给予帮助	由第三方给予帮助
共情度低	a	b	c
共情度高	d	e	f

根据共情－利他主义假说的预测，高共情度被试的心情好坏取决于身处困境之人是否得到帮助，至于施助者是被试还是第三方，这都不会对结果产生影响，它所做出的预测是 $e = f > d$。[1] 相反，根据 267
共情－具体奖励假说的预测，高共情度被试只有在他们自己实施帮助时才会让心情变好，即 $e > f = d$。实验结果印证了共情－利他主义假说的猜想（Batson, 1991, p.150; Batson and Shaw, 1991, p.117）。高共情度被试在得知身处困境之人获得帮助时，不管施助者是谁，他们的心情都会变好。

尝试在利己主义框架内解释上述实验结果的一种方式便是采用**共情快乐假说**（empathic joy hypothesis）（由 Smith, Keating, and Stotland, 1989 提出）。该假说认为，人们提供帮助并不是为了从帮助行为中获得奖励，而是为了以间接的方式分享身处困境之人的窘迫状况得到缓解时所产生的好心情。身处困境之人情况得到改

[1] 如果我们将共情－利他主义假说诠释为一种宣称高共情度会触发利他主义动机，且不会触发利己主义动机的理论，那么它就能蕴含这种预测；而如果该假说只是宣称共情会触发利他主义动机，那么它就不能蕴含这种预测。巴特森倾向于以更强的方式解读该假说（Batson, 1991, pp.87-88）。

善的好消息会使人心情变好——不管他的处境究竟是如何得到改善的。C. D. 巴特森、J. G. 巴特森、斯林斯比、哈勒尔、皮克纳和托德（Batson et al., 1991）通过观察选择再次与身处困境之人会面的被试所占比例，是否会受对话前身处困境之人情况得到改善的机会大小影响（被试被告知对方分别有 20%、50%、80% 的概率改善其处境），来验证这项假说。根据这些作者的推论，共情快乐假说和共情－利他主义假说，会对接受六种不同处理的单元格中所对应的个体同意再次会面的频繁程度，给出表 8.4 所示的预测结果：

表 8.4　六种情况下被试同意再次会面的频繁程度

	身处困境之人有 20% 的概率改善处境	身处困境之人有 50% 的概率改善处境	身处困境之人有 80% 的概率改善处境
共情度低	a	b	c
共情度高	d	e	f

这两个假说都预测共情度高的被试应该会比共情度低的被试更频繁地请求再次会面，实验结果也证明了这一点。

实验者推测，这两个假说会在“高共情度被试群体内部会出现怎样的差别”这件事上做出不同预测。根据他们对共情快乐假说的
268 诠释，它会做出如下预测：当会面带来好消息的概率更高时，高共情度被试更有可能请求再次与那些身处困境之人会面，其预测结果是 $d<e<f$（Batson, 1991, pp.161-162）。相反，他们认为共情－利他主义假说所做的预测是：高共情度个体要么不应被自己听到好消息的概率影响，要么就应在其最不确定对方现状时才最想听到有关他们的消息。换言之，共情－利他主义假说预测的结果要么是 $d=e=f$，要么是 $d<e>f$。实验结果与共情－利他主义假说的预测相符——高共情度被试请求再次会面的频次，并不会随好消息出现概率的增加而增加。

即便如此，我们也不难为该结果发明一种利己主义解释方案。对事情的不确定也可能成为一种折磨；当涉及自身以及自己所关心

之人的福祉时，如果其中有什么疑问，我们尤其能够体验到这种感觉。当然，从一方面看，相比于听到坏消息，人们更希望听到好消息；但从另一方面看，相比于毫不知情，人们也更希望能获得一些信息。我们可以假设共情度高的被试选择听取消息的原因在于他们想要减少那种与不确定性相伴的讨厌感觉，并用这种想法来解释巴特森的实验结果。此外，拒绝听取消息还会让共情度高的被试感到愧疚。显然，该实验结果也能被塞进利己主义框架中。

巴特森研究第二个版本的共情－具体奖励假说原因在于恰尔蒂尼及其同事开展的一些工作（Cialdini et al., 1987; Schaller and Cialdini, 1988）。他们提出了一种**负面状态减轻假说**（negative-state relief hypothesis）——有共情心的个体在亲眼看到身处困境之人的状况时会变得悲伤，随后他们会通过实施帮助行为来使自己从悲伤中得到解脱。恰尔蒂尼有一项实验非常博人眼球，其结果也十分出人意料。当实验开始时，所有被试都被要求服用一种“药物”（实际上是安慰剂）。其中一些被试会收到换位思考的指示，其作用是使被试对一名同学产生高共情度，其他人则会接受低共情度处理。随后他们被告知，该同学在温习课堂笔记时需要得到帮助。在被试得到自愿帮助的机会前，实验人员会告诉其中一些人，他们之前所服用 269
的药物会产生半小时左右冻结情绪的效果。如此一来，这些学生便接受了“固定情绪处理”（fixed-mood treatment）。其他学生则没有听过这样的说法，他们因此也就接受了“敏感情绪处理”（liable-mood treatment）。表 8.5 记录了被试在四种情况下自愿提供帮助的频率：

表 8.5　四种情况下被试自愿提供帮助的频率

	情绪敏感	情绪固定
共情度低	w	x
共情度高	y	z

恰尔蒂尼等人（Cialdini et al., 1987）推论说，负面状态减轻假说会

做出如下预测：当情绪敏感时，共情度高的个体会比共情度低的个体更频繁地提供帮助；然而当情绪固定时，共情度不会使帮助行为产生差别。换言之，负面状态减轻模型预测 $y>w$ 且 $z=x$。相比之下，恰尔蒂尼和该论文的其他作者认为共情－利他主义假说的预测是：不管被试认为其情绪是固定的还是敏感的，高共情度都应在更大程度上诱发帮助行为（$y>w$ 且 $z>x$）。因此，这两个假说之间最重要的区别在于：接受固定情绪处理的被试在具有高共情度时是否会自愿提供帮助。

恰尔蒂尼等人（Cialdini et al., 1987）用表格记录了接受每种处理方式的单元格中自愿提供帮助的个体所占的**比重**，以及他们愿意在这上面花费的**时间总量**。其中有关时间总量的数据支持负面状态减轻模型，而有关自愿提供帮助之人所占比重的数据则不然。尽管恰尔蒂尼等人认为这个实验以及另外一个实验都更支持他所考察的利己主义假说，巴特森却认为这些实验结果的意义太模棱两可了（Batson, 1991, p.166; Batson and Shaw, 1991, p.118）。虽然存在上述解释上的差异，但是双方都指出：这些结果很可能是由**分心**（distraction）导致的——在共情被诱发之后，被试才第一次听说他们之前所服用的药物会冻结自己的情绪。或许这条不和谐的信息会
270 降低他们所体验到的共情度。施罗德、多维迪奥、西比奇、马修斯和艾伦的实验印证了这一点（Schroeder et al., 1988）。该实验与恰尔蒂尼的实验相仿。但这次被试在得到药物时就会知道它们有固定情绪的效果；而在实验者询问被试是否愿意提供帮助之前，他们只是**提醒**被试注意关于药物作用的事实。施罗德等人发现，相比于共情度低的个体，共情度高的个体愿意花费更多时间帮助他人——接受敏感情绪**和**固定情绪处理时都是如此（尽管这些由观测得到的差异在统计上并不显著）。记录个体自愿提供帮助的频繁程度的数据则没有呈现出明显的模式，因此不管哪个假说都无法对其进行有效说明。施罗德等人以及巴特森（Batson, 1991, p.168）都得出了这样的结论：这些实验并不能支持恰尔蒂尼的负面状态减轻假说。

C. D. 巴特森、J. G. 巴特森、格里菲特、巴里恩托斯、布兰特、施普伦格尔迈耶、贝利（Batson et al., 1989）以另一种方式检测了恰尔蒂尼的假说。像之前一样，被试都接受了高共情度或低共情度处理。但在此基础上，有些个体被告知，无论是否选择帮助身处困境之人，他们都会得到一些令人心情舒畅的体验（比如听音乐）；其他同样有机会帮助他人的个体则没有收到这种体验愉悦感的邀请。该实验得出了四种情况下选择提供帮助的个体所占的比重，如表 8.6 所示：

表 8.6　四种情况下提供帮助的被试所占比重

	得到许诺	未得到许诺
共情度低	w	x
共情度高	y	z

根据负面状态减轻假说的预测，当令人心情舒畅的体验得到许诺时，共情度不会影响帮助行为（$y=w$）；而根据共情 - 利他主义假说的预测，共情度确会导致差别的出现（$y>w$）。实验结果支持了共情 - 利他主义假说（Batson, 1991, p.172; Batson and Shaw, 1991, p.119）。

此时，我们依然不难为此提供一种利己主义解释方案。如果让 271
被试感到悲伤的是他与身处困境之人相处时所产生的共鸣，那么我们凭什么期待被试相信，听音乐能完全令人满意地起到矫正情绪的作用呢？当悲伤来袭时，我们通常是在为某种特殊事物感到悲伤。我们在看到他人受苦时通过共情体验到的痛苦，不是随便什么愉悦感都能使之完全平息的——这件事根本不足为奇；无论如何，它都不会给利己主义假说带来麻烦。

巴特森研究项目背后的策略是阐明这样一件事：他所构造的每个利己主义版本都会碰到自身无法解释的观测结果。这些发现会对“是否存在一组所有利己主义版本都无法解释的观测结果”这一问题产生怎样的影响呢？当然，我们在这里并不能通过演绎进行推论，我们从“每个人都有生日”这件事并不能推出“存在着一个所有人诞生的日子”。同样，我们无法用利己主义某些简单形式的失败来**证明**它在拥有更复杂的形式时也必然会失败。尽管如此，我们或许能说：巴特森的实验**提高了**“没有任何利己主义版本能在观测上具有充分性”的**概率**。或许真是如此吧。无论如何，当审视社会心理学家精心设计的实验时，我们不得不得出这样的结论：这些实验工作并未解决与我们的终极动机相关的问题。心理学文献在整理问题和论证某些简单利己主义解释的不充分性时，都发挥了极其重要的作用。然而，至今得到检验的假说并不能体现利己主义的全部内容。争论双方依旧僵持不下。

如果将巴特森的实验与前一章结尾处所讨论的实验进行对比，那么我们就能发现巴特森使用的方法难以解决利己主义－利他主义之争的一个原因。当时我们描述了这样一个农夫：他想要知道两块玉米地作物的高度差异是由基因差异、环境差异，还是两者共同造成的。该农夫通过新开垦两块玉米地而获得了能解释该问题的数据。既然在这个实验中，农夫不费吹灰之力便能解开先天要素与后天要素之间的纠葛，那么为何巴特森实验的意蕴会显得如此含混不清呢？

农夫在实验中对基因和环境进行了控制，同样，巴特森也对共
272 情水平和其他一些因素（比如说，逃避的难易度）进行了控制。我们用这种方法首先可能发现，共情会使待测量的结果变量（effect variable）产生差异。然而，该调查结果无法帮助我们回答最核心的问题，即共情是否通过激发利他主义终极动机来产生效果。我们的农夫也可能面临类似的问题。假设这名农夫不仅对农作物的高度差异感兴趣，还希望检验一个更详细的假说。该假说由两部分构成：存在着能让玉米长得更高的基因，**并且**这些基因是通过产生 *X* 酶来引发这种效果的。如果这名农夫通过我们之前所描述的那些实验，

发现基因会导致农作物高度出现差异，那么他就能确证半个基因-酶假说。可是另外一半要怎么办呢？这名农夫能通过观察得知由基因带来的差异，但他无法知道基因是否以激活 *X* 酶的方式实现了上述功效。

当然，即便这一类实验无法解决心理上的利己主义和动机上的多元论之间的纠纷，说不定以另一种方式设计的实验就能够完成这一任务。尽管如此，人们可能还是会倾向于认为**任何**由心理学实验激起的行为，对利己主义假说和嵌套着利他主义假说的多元论来说，都是无法解释的（L. Wallach and M. Wallach, 1991）。我们并不准备采纳这个更强的论点——实验心理学现在无法处理的问题或许在未来的新方法面前就能迎刃而解。不过目前我们只能得出一个令人沮丧的结论。迄今为止的观察和实验都没能解决问题，我们也很难想象现有研究框架内的新实验要如何才能打破僵局。

我们必须了解这样一件事：心理学文献未曾证明利己主义假说为假；同样，它也未曾证明多元论为假。那么，为何如此多的人认为对于没有被迫改变想法的人，利己主义都是他理应相信的一种理论呢？或许有些并非根据观测到的行为得出的、令人信服的论证，将天平倾向于利己主义这边。否则，我们就必须面对这样的可能性：我们没有很好的理由将利己主义看作一种在其被证明有罪之前都能保持清白的理论。从历史上看，利己主义假说和利他主义假说一直都在进行不公平的较量。在下一章中，我们将进一步探讨“人们给予利己主义解释的特权地位是否具有正当性”的问题。

心理学问题的意义

之所以很难获得能够区分利己主义和动机多元论的实验证据， 273
是因为我们允许利己主义去关心**内在**奖励。如果该观点受到更大限制——如果利己主义宣称只在乎像金钱这样的**外在**奖励——那么问题就会容易得多。在我们所选择的定义框架内，温暖的感受和冰冷的钞票都同样是自身利益。我们已经对选择该定义框架的理由进行了说明，现在想问的是：**在这样的定义框架内，“我们实际拥有哪种终极动机”为何是个至关重要的问题**？引发该问题的是这样一种想法：当考察人类行为时，我们主要看的是人们如何对待彼此，帮助行为背后的动机其实并不关键。如果利他主义者全都与人为善、利己主义者全都卑鄙下流，那么你当然会想知道自己将要面对的是哪一类人。但如果利他主义者和利己主义者会以同样的方式对待你，那你为何还要关心上述问题呢？

我们将对此做出两个回应。第一个回应是，“人们是否会将他人看作目的本身”的问题有其理论价值。当然，有些人或许会觉得这是个无趣的问题，正如有些人或许不会对天文学中的理论问题着迷。但是，既然心理学的职责是尝试通过阐明心理机制来解释行为，那么对动机结构的说明为何无法成为心理学当中的重要问题呢？

对于那些认为“重要的是人们提供了帮助，而不是他们为何这样做”的人，我们将给出与实践相关的第二个回应。回想一下人们对其终极目标的信念会影响其帮助量的猜想。该假说认为，当人们相信利己主义为真时，他们就不太倾向于助人为乐（Batson et al., 1987）。事实上也存在着支持该假说的证据。弗兰克、季洛维奇、里根（Frank, Gilovich, and Regan, 1993）讨论了经济学家与其他学科人员在合作行为上的不同。其中呈现的模式是：经济学家往往更少提供帮助。有些人可能会说，这是因为不太倾向于助人为乐的人会做出从事经济学工作的自我选择。为排除这种可能性，弗兰克等人对选修“经济学导论”课程的学生和选修“天文学导论”课程的学生
274 上课前后的情况做了跟踪调查。在学期开始、结束时，实验人员都会询问学生：如果你发现了一个装着 100 美元的信封，那么会不会将其还给失主？实验人员还会问这些学生：如果只订购了 9 台电脑，可是却收到了 10 台，那么你们会不会告知商店这笔订单出现了错误？在学期**开始**时，经济学的学生和天文学的学生都说自己有大约 50% 的可能性会采取诚实的行动。但在该学期课程进行的过程中，

经济学的学生和天文学的学生发生了不同程度的**改变**。采取不诚实行动的意愿在经济学的学生中间滋长的程度，比在那些天文学的学生中间滋长的程度要高。该证据表明学习经济学会抑制人们的合作行为。当然，“经济学是否通过怂恿人们确信心理上的利己主义为真来达到这一效果”就是更进一步的问题了。我们认为这是个非常合理的猜测，因为该动机理论在经济学中起到的作用比在其他任何学科中都要突出。

即便相信心理上的利己主义会使人不太愿意助人为乐，我们也无法从中推知该理论为假。或许利己主义为真，对其真理性的感知会使人稍稍变得更以自我为中心。我们在这里想说的是，如果心理上的利己主义为假，那么这或许是个值得人们知晓的事实——不仅因为它具有理论上的重要性，对利己主义虚假性的认知还可能会影响到人们的行为（Batson, 1991）。

第九章 哲学论证

275 哲学家有时会说一些人们已然知晓的事实。比如，普通人通常相信物理世界不会因为他们闭上双眼就消失了。大多数哲学家也这样想。那么为什么他们还要讨论“关于外部世界的问题”呢？其原因在于，哲学家希望知道这一常识是否能被理性确证。“物理对象独立于我们对它们的知觉而存在”的**结论**，并不是问题的重点；确切说来，哲学家感兴趣的是为证明这些平凡论点而构建出来的**论证**。此时，哲学家会试着为那些众所周知之事提供辩护。

有些哲学确实如此，但我们关于利己主义和利他主义的讨论则不属此列。在该讨论中，哲学家所做的并不是去认可那些家喻户晓之事；毋宁说，他们常常设法去瓦解一个在终极动机问题上被广泛采纳的立场。许多社会科学家——以及其他许多人——都认为心理上的利己主义必然为真。相反，哲学中一直以来都存在着揭发该立场错误性的强大传统。在这种情境下，许多哲学家会拒斥那些拥有不少信徒的观点。

这一章所要做的不是描绘不同哲学家探讨该问题的历史。相反，我们已将各具特色的哲学论证整合在了一起，其中大多数论证
276 都致力于表明利己主义是错误的。现在我们必须确定的是：与前一章中所考察的心理学论证相比，这些哲学论证是否更为成功。

巴特勒之石

约瑟夫·巴特勒（Joseph Butler, 1692—1752）曾给出一个论证——许多哲学家都认为它推翻了享乐主义。C. D. 布罗德（C.D. Broad）对巴特勒成就的看法并非独树一帜："他如此彻底地扼杀了这种理论，以至于在现代读者看来，他仿佛在做些徒劳无益之事。然而，所有精致的谬误在死后都会进入美国，并在被当地教授视为最新发现时重生。因此，将巴特勒的反驳铭记于心总是有所助益的。"（Broad, 1965, p.55）

人们在解读哲学史当中的著名论证时往往会在"论证到底说了什么"的问题上产生分歧，该论证也不例外。因此让我们先来看看巴特勒的原文：

> 所有特殊的欲望和激情都指向**外部事物自身**，而不是**由它们共同产生的快乐**[1]；下面我将为此给出证明。如果对象与激情之间没有先在的相称性，那么就不可能存在上面所说的快乐：如果对一样事物的感情或欲望不会比另一样事物更多，那么从一样事物当中得到的乐趣或欣喜就不比另一样事物更多——我们从品尝食物当中得到的乐趣或欣喜就不会比吞咽石头更多。（Butler, 1726, p.227）

巴特勒想说的是：我们真正想要的是**食物**，而非由进食引发的快感。我们将这个用于反对享乐主义的论证称为**巴特勒之石**（Butler's stone）。

巴特勒之后的许多哲学家都效仿了他的论证形式，他在新近哲学家当中造成的影响尤为强烈。比如说，布罗德认为守财奴和政客

[1] 译者注：根据上下文，"它们"在这里指代的应是"欲望和激情"**以及**"外部事物自身"。

的存在是拒斥享乐主义的鲜活案例。因为即使当金钱与权力会妨碍他们获得幸福时，他们也一样对这些东西趋之若鹜。接着，布罗德评论说：

> 也许有人会说，一个渴望权力或财产的人非常享受他们获得、行使权力，或是积聚、拥有财产的体验。随后他们会表示：因此这个人的终极欲望就是让自己获得那些快乐的体验。但这样做根本不解决问题。此处的前提为真，但论证却是自无效的（self-stultifying）。只有当一个人渴望权力或财产时，问题中所涉及的体验对那个人而言才会是快乐的。这类快乐体验的存在预设了渴求快乐体验之外某些事物的欲望；也正因为如此，后一种欲望不可能源自对那些快乐体验的欲望。（Broad, 1952, p.92）

在此之后，布罗德宣称巴特勒的论证还反驳了那些说明人们为何重视自尊和自我展现的享乐主义解释。

尽管巴特勒之石只涉及“对快乐的欲望”和“对外部事物（比如食物）的欲望”这两种指向自我的欲望之间的关系，但其中包含的论证形式却得到了更广泛的应用。在一篇被广为转载的文章中，乔尔·范伯格（Joel Feinberg）就利用巴特勒的论证方式来反对关于普遍自私性的说法：

> 将快乐（满足）的出现看作行动的副产品，不但无法证明行动是自私的，而且还会在某些特殊情形下为行动的**无私**性提供决定性证据。因为在这些特殊情形下，能够从某个特殊行动中获得快感这件事，**预设了我们对其他某些事物的渴求**——某些不同于我们自身快乐的事物——并以之为目的本身，而不仅仅是让我们自己获得某种愉悦的心智状态的手段。（Feinberg, 1984, p.29）

托马斯·内格尔在讨论利他主义时也以类似的方式沿用了巴特勒式论证：

> 我们或许可以在此处讨论一种流行的说法，即关涉他人的行为都受“避免感到愧疚”这一动机驱策——这种愧疚感是由自私的行为引起的。但愧疚不能被视作根本理由，因为愧疚恰恰是人们认识到自己正在实施或已经实施了某些行为时所经历的痛苦——这些行为有悖于源自要求、权利、他人利益的理由——这也是我们因而必须事先承认的理由。（Nagel, 1970, p.80）

在这里，内格尔处理的是一种指向自我的欲望（避免感到愧疚的欲望），与一种指向他人的欲望（希望他人的“要求、权利、利益”受 278
尊重的欲望）之间的关系。

以下是我们对巴特勒之石的诠释：

> 1. 人们有时会体验到快乐。
>
> 2. 人们之所以会体验到快乐，是因为他们拥有渴求某些外部事物的欲望，且该欲望得到了满足。
>
> ---
>
> 享乐主义为假。

我们当然完全同意第一个前提。但我们将论证：首先，上述结论无法从这些前提中被推导出来；其次，第二个前提为假。

请思考一下由**欲望**（比如说，对食物的欲望），到**行动**（进食），再到**结果**（快乐）的因果链条：

> 对食物的欲望→进食→快乐

如果快乐需要追溯到先于它存在的欲望，那么作为结果的快乐就不可能成为引发欲望的原因（根据原因必定先于结果存在的假设）。然而，这个不成问题的结论并不能决定两个**欲望**（**对食物的欲望**和**对快乐的欲望**）之间的关系。尤其是，它完全没有告诉我们究竟是什么引起了对食物的欲望。如果享乐主义为真，那么这两个欲望就会像这样被关联起来：

对快乐的欲望→对食物的欲望

享乐主义认为人们想要得到食物的原因在于他们想要得到快乐（并相信食物能为他们带来快乐）。巴特勒之石判定上述因果性主张为假，但它并没有给出很好的理由。巴特勒论证中最致命的错误在于他混淆了两种截然不同的事物——因欲望得到满足而产生的**快乐**和**对快乐的欲望**。即使**快乐**的出现以行动者渴望某些快乐之外的事物为前提，我们也不能由此推知**对快乐的欲望**和对另外某种事物的欲望之间的关系（Sober, 1992; Stewart, 1992）。

享乐主义者可以接受“如果行动者希望得到某种外部事物，且
279 该欲望得到满足，那么快乐就会出现”的说法。但巴特勒要求得更多，他不但主张这是通达快乐的**一条**途径，还声称这是实现该目标的**唯一**途径。享乐主义者也能够接受这个更强的主张，但他们不应这样做。布罗德指出了其中的理由：“有些感觉本质上（intrinsically）就是愉悦的，比如说，紫罗兰的香味和砂糖的甜味。还有一些感觉本质上就是令人不快的，比如说，硫化氢的臭味和灼伤时的痛感。因此我们必须将固有的（intrinsic）苦乐，与冲动被满足或压抑时产生的苦乐区分开来。”（Broad, 1965, p.66）

当布罗德说某些体验“在本质上”是“快乐的”或“痛苦的”时，他似乎是在说：不管行动者具有怎样的信念或欲望，他们都会体验到如此这般的感受。欲望是一种认知上的成就（第六章），而某些感觉显然在人们没有建构命题式表征的情况下便能出现；为了

在灼伤时感到疼痛，你不必具有任何特殊的信念或欲望。这个观点在下一章中会显得尤为重要。布罗德认为巴特勒所描述的并不是唯一一条通向快乐的途径——他的想法是正确的。[1]

无论如何，巴特勒关于通向快乐唯一途径的主张对其论证而言都是可有可无的。如果巴特勒宣称满足人们对外部事物的欲望只是人们获得快乐的多种途径之一，那么他的论证也不会被削弱。然而该论证混入了一个会造成关键性影响的错误：不知何故，巴特勒认为享乐主义与人们**的确**渴求外部事物的观念相对立。这完全就是一种误解。享乐主义试图**解释**人们为何渴求外部事物——它并未否认人们的确拥有这种欲望。我们的结论是：巴特勒之石不但是谬误，而且还有一个前提为假。“除非行动者预先希求某些外部事物，否则快乐就不会存在”是一个假命题。此外，即便承认快乐与欲望之间的关联，我们也无法反驳享乐主义者这种论点：人们仅仅因为觉得某些外部事物能满足他们趋乐避苦的终极欲望，而对它们产生渴望。

享乐主义的悖论与理性的要求

有时哲学家会说，那些像着了魔般只将注意力放在获取快乐或幸福之事上的人必定会事与愿违。一般来说，只有当快乐和幸福融入具体行动并成为其副产品时，它们才是可获取的。哲学家认为这 280
个关于快乐和幸福的事实会使享乐主义面对一个悖论——“**悖论**”一词表明，我们应该能在作为心理学理论的享乐主义中找到某些缺陷（Butler, 1726; Feinberg, 1984）。

这种想法也不是完全没有道理。那些满脑子都只希望自己变得

[1] 即使没有先在的欲望，快乐也能存在；另外，即使有先于快乐的欲望存在，该欲望也可能并非与外部事物相关。比如说，人们会想摆脱头疼的困扰或体验某种生理快感（Penelhum, 1985, p.51; Henson, 1988）。从这方面也能看出，巴特勒的第二个前提言过其实了。

幸福（或得到快感）的人，不会去想到底要选择哪些行动作为手段才能实现该目的。这类人就像那些满脑子都只想着自己应该高抛低吸的股票经纪人。只认定某个目标却不知道以何种手段来实现它的人，注定无法得到他们想要的东西。明显能用于回应该批评的一种方式就是指出享乐主义从来都没说过人们会这样偏执。享乐主义的主张是人们会将趋乐避苦看作他们的唯一**终极**目标，但它并没有说趋乐避苦是人们拥有的唯一目标（无论终极的**或**直接的）。享乐主义者当然会去思索怎样的活动才最能带来快乐、避免痛苦，并在此推论的基础上决定之后要做些什么（Sidgwick, 1907）。对手段–目的慎思不但与享乐主义相容，更是其基本逻辑的一部分。

该“悖论”还有第二个构成要素，但它也同样不堪一击。其主张是：享乐主义者会因为偏执而注定无法寻获他们所追求的快乐。然而，即使上述观点中蕴含着人们不**应**成为享乐主义者的主张[1]，我们也无法从中推出人们**事实上**不是享乐主义者的结论。我们必须区分作为描述性论题的享乐主义和作为规范性论题的享乐主义。这个所谓的悖论不会对描述性主张造成任何威胁。

我们在讨论托马斯·内格尔《利他主义的可能性》（Nagel, 1970）一书的首要主张时，也应进行类似的区分。内格尔认为在决定自身行动时不考虑他人利益的人是非理性的。这些人在慎思时只顾及自己的利益，却不在乎他人的利益——尽管没有任何只有他们具备，其他人全都缺乏的属性能为这种不对称性辩护。这便是内格尔对书名中所涉主题的回答：如果一个人是有理性的，那么他或她就有可能以利他主义的方式行动。

---

[1]“达成该目标是否有价值”和“有意识地将该目标看作目的是否会降低你达成它的机会”，是两个完全不同的问题（Parfit, 1984）。试想一下，弓箭手总会有没能命中靶心的时候；或许你需要再瞄高一点才能正中靶心。那么我们不能由此推论说射中靶心不是弓箭手应该追求的目标；我们所能推知的是达成该目标的方式是去思考另一些问题。作为规范性建议的享乐主义——认为人们应竭尽全力最大化快乐、最小化痛苦的提案——当然能够接受这类“悖论”。

哲学家在“理性”到底指的是什么这一问题上可能持不同意见。从狭义上看，它指的是选择有效手段来达到人们可能拥有的任何目的的能力（有时被称作“工具”理性）；从广义上看，我们应 281
将其理解为一种要求目的自身在道德上站得住脚的东西（“实质”理性）。[1] 一个效率很高的连环杀人犯只能从第一种意义上而不能从第二种意义上被称为“理性的”。但不管采用哪种标准，内格尔的论证都无法说明人们可能具有利他主义的终极动机。如果我们谈论的是**工具**理性，那么彻底的利己主义者对自身利益的狭隘追求可能会与道德格格不入，但这种做法未必就是非理性的。从另一个方面看，如果我们认为理性指的是**实质**理性，那么或许利己主义者真是非理性的，但这只是换个方式说他们唯独关心自身利益的做法在道德上是错误的。[2] 不管受到青睐的是哪种观点，内格尔都无法证明人们确实能拥有利他主义动机。这是因为，虽然内格尔的结论是“理性蕴含利他主义（或利他主义的可能性）”，但他并没有通过论证说明人们在他所说的那个意义上是理性的。或许我们**应该**是理性的，或许我们也**应该**成为利他主义者。但这两种主张都无法反驳心理上的利他主义这个描述性论题。

体验机

尽管心理学家开展的实验和我们每个人在日常生活中观察到的

---

[1] 吉伯德讨论了该议题，并为后一种观点提供了辩护（Gibbard, 1990）。

[2] 内格尔主张，如果 *S* 有理由做出行动 *A*，那么其他任何人都有理由帮助 *S* 更好地完成 *A* 或希望 *S* 去做 *A*（Nagel, 1970, pp.90-91）。我们认为这种主张并不可信。比如说，当两名个体的利益产生冲突时，他们两者都有理由如其所愿地行动；但我们几乎无法推知两者都有理由帮助对方或希望对方如其所愿地行动（Sturgeon, 1974）。我们怀疑内格尔的主张最多只能对这些理由反映道德义务时的情况进行描述；或许当 *S* 在道德上有义务采取某个行动时，其他人在道德上也确实有义务不去妨碍 *S* 做这件事。当然，这些有关规范性的讨论并不能告诉我们利他主义在心理学上是可能的。

行为都不足以解决利己主义－利他主义之争，但有一个有趣的思想实验似乎真能为反对享乐主义提供决定性证据。在《无政府、国家与乌托邦》（*Anarchy, State, and Utopia*）一书中，罗伯特·诺齐克描述了一种他称之为**体验机**（experience machine）的东西（Nozick, 1974, pp.42-45）。尽管诺齐克的思想实验所描述的并不是某种现已存在的设备，但有关体验机的想法确实能帮助我们弄清自己的终极动机究竟是什么。

假设有一台精心制作的计算机，它会将一系列复杂的电刺激输入人脑。我们通过编程能让该机器以极具说服力的方式模拟任何人们在现实生活中可能想要体验的感觉。如果你被接入这台机器，那么就能得到从山上滑雪下来时、演奏小提琴时，或在联合国演讲时的体验，而且你根本无法分辨这些体验与真实体验之间的区别。

282 假设你得到了一个接入体验机并以此状态度过余生的机会。这台机器会让你马上忘记自己曾做过决定接入的选择，随后便会提供任何能使你快乐最大化、痛苦最小化的体验。如果你希望体验一把成为最终消除全球饥饿的世界领袖是什么感觉，那么它就能被妥善安排；如果你想要拥有成为历史上最伟大运动员的体验，那也不成问题；如果你渴望得到的幸福源自深刻、持久的爱情与友情，那么这台机器也能提供相应的体验。唯一的问题在于，你的信念都是虚假的。你会**认为**自己是一个伟大的政治家、伟大的运动员或正在经历一段爱情，但你的信念全都为**假**。如果你选择接入体验机，那么你这一生都会被绑在实验台上，全身插满管子和电极。你再也不能**做**任何事；然而，由于这台机器的存在，你将得到超凡脱俗的快乐体验。

如果有人给你接入体验机的机会，那么你会怎么做呢？一种自然的反应是怀疑这台机器是不是真能做到之前承诺的那些事；当然，市面上现有的机器根本无法实现科学家给体验机设定的功能，虚拟现实游戏离我们也还很远。然而，为了便于讨论，让我们暂且把这种顾虑放到一旁。想象一下，你自己获得了接入的机会，并且假设这台机器能像事先承诺的那样完美运作——它会为你提供一系列尽可能使快乐最多、痛苦最少的体验——这些体验都为你一个人的性情量身打造。我们猜测许多人都会拒绝接入体验机，我们将假定你也会这样做。

人们这一举动似乎与享乐主义不符。显然，即使现实生活与接入机器后体验到的生活相比，快乐更少、痛苦更多，许多人也依然会更喜欢现实生活而非虚拟生活。这似乎意味着人们“不可还原地”在乎他们如何与外在于自己心智的世界相关联，我们不能说愉悦的意识状态是唯一一件他们作为目的本身追求的事物。[1]

享乐主义者必须解释为什么许多人会拒绝接入这台机器。[2] 一
种可能的解释是：人们并非真的在回应我们所提出的问题；尽管我 283
们要求人们假设机器会带来某类体验，但他们或许会觉得自己无法为了便于讨论而接受这种假定。享乐主义者可能给出的另一种回应则是：人们在面对该问题时会丧失理性思考的能力。享乐主义者提出的这些方案都试图通过宣称人们无法以其他方式概念化当前问题，来维护享乐主义理论，使其免遭驳斥。但我们认为这些提案都不可信。毕竟，人们很擅长为便于论证而接受某种假定，并以此为基础进行推理。当人们说他们不愿意接入体验机时，他们不是因为无法理解我们提出的问题，或在彻底思考问题的过程中进行了不正确的推理才这么说的。

为了描述一种更有希望成功说明为何人们通常会拒绝接入体验机的享乐主义方案，我们需要绘图标注当你选择接入体验机时，构成你生活的事件序列和当你选择不接入时将会发生的事件序列。在

---

[1] 体验机思想实验描述了这样一种情形：其中人们对现实生活的偏好与他们对快乐生活的偏好之间产生了第七章结尾处所说的那种冲突。请注意，如果人们选择接入体验机，那么这也不能证明他们是享乐主义者；毋宁说，我们从中得到的推论是：他们对某类体验的欲望强于他们可能具有的任何与之冲突的非唯我论动机。

[2] 根据我们所考察的论证，即使只有一个人拒绝接入体验机，作为一般性论题的享乐主义也会被判定为假；这与许多生活在苦难和剥削中的人，只要有机会便会选择接入这台机器的可能性相容。

这两种情形下，整个过程都始于慎思，终于决定。如果你决定接入，那么在你做出决定的事件和你实际上与这台机器连接的事件之间存在一个时间差。图 9.1 就是两条我们需要思考的时间线：

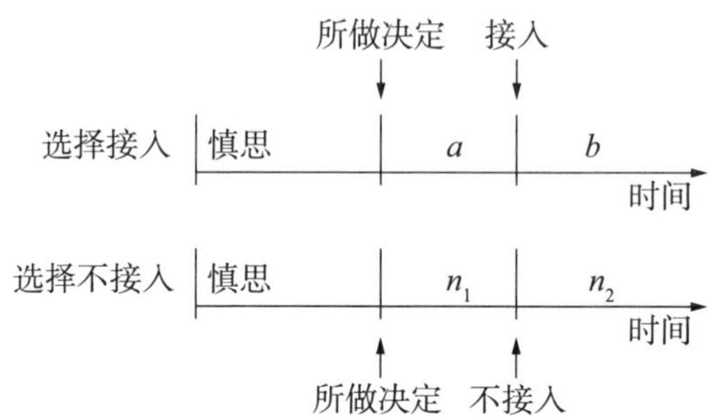

图 9.1　选择接入 / 不接入体验机的两条时间线

这两条时间线上的四个字母分别代表你因不同决定而在不同时
284 期体验到的快乐程度。如果你选择接入这台机器，那么你就会在接入后感受到无与伦比的**狂喜**（b）。如果你选择不接入机器，继续过正常的生活，那么你在同一时期体验到的快乐与这种狂喜相比实在是相形见绌：$b > n_2$。如果这是我们唯一需要考虑的事，那么享乐主义者不得不做出“人们会选择接入这台机器”的预测。享乐主义要如何才能解释许多人会做出相反决定的事实呢？

享乐主义者的应对策略是将目光投向更早发生的事件。让我们试想一下：如果你决定接入这台机器，那么在你实际与它连接之前会有怎样的感受呢？大概你会体验到令你心慌意乱的**焦虑**（a）。你会意识到，你再也无法看到那些深爱之人了。你也会意识到，你很快就要离开现实生活了。显然，你在这一时期所拥有的快乐会比你拒绝接入这台机器并继续现实生活时要少：$a < n_1$。

如果享乐主义者要解释人们为何会选择不接入体验机，并且想要通过考察主体在其做出决定**后**预计能够得到的快乐和痛苦来进行解释，那么他们必须主张 $a + b < n_1 + n_2$。由于 b 远大于 n_2，因此只有当 a 以更大程度小于 n_1 时，该不等式才能成立。这就是说，

享乐主义者似乎不得不这样进行论证：人们之所以拒绝接入，是因为在选择接入和实际连上机器的中间时段内，他们所体验到的痛苦是**巨大**的——大到足以压倒人们连上机器后所能体验到的快乐。

但这种说法极不可靠。从选择接入到实际连上机器可以只间隔很短的时间，这与你在连上机器后最大限度地享受快乐体验的悠长岁月完全没有可比性。我们承认，那些决定与机器连接之人在决定接入和实际连上机器的短暂时期内会感到悲伤和焦虑。但要说这种负面体验能盖过所有后续的快乐，这就有些令人难以置信了。

为明确其中的缘由，让我们来看另一个思想实验。[1] 假设你只要经历十秒特定的体验就能得到五千美元。这里所说的体验是相信自己刚刚决定要以接入体验机的方式度过余生。在经历由于相信这 285
件事而产生的十秒钟动荡后，你会回到正常的生活，并像事先说好的那样得到一笔钱。我们认为大多数人都会选择完成上述十秒钟的体验，因为这将使他们赚得五千美元。这也就说明了享乐主义者不应宣称相信自己将被接入体验机并以此方式度过余生的感受如此可怕，以至于不可能有人会选择过这样一种生活。[2]

至此，享乐主义者仍然无法解释为什么许多人会选择正常的生活而非接入体验机的生活。其原因在于，享乐主义的计算方式会不可避免地导致 $a+b>n_1+n_2$ 的结果。那么这是否意味着享乐主义者已经走投无路了呢？我们相信享乐主义者依然还有一条出路。不同于做出决定**后**被归于主体的快乐和痛苦，慎思过程本身也会产生出一定程度的快乐和痛苦。享乐主义者可以坚称：**决定**接入机器是

[1] 这第二个思想实验是威廉・塔尔伯特（William Talbott）向我们提议的。

[2] 电影《全面回忆》（*Total Recall*）描述了这样一个未来社会：人们会以接入体验机的方式“度假”，随后他们便会回到现实生活中去。虽然我们当中的许多人会拒绝以连上这类机器的方式度过余生，但是这些人却完全可能选择短时间接入。尽管人们珍视对现实生活的拥有，但他们也愿意（为了享乐）而降低其生活的真实程度。

一件如此令人反感之事，以至于人们几乎总会放弃这种选择。如果人们仔细考虑这些候选项，一旦想到接入机器后的人生就会感到不适，而想到拒绝接入且生活在现实世界就会感觉好得多。尽管接入机器会使人体验到快乐的生活，但“接入机器的生活”这个**观念**是令人不快的；尽管现实生活常常会带来痛苦，但“现实生活”这个**观念**是令人愉悦的。[1]

要知道这种用于回答“人们为何拒绝接入”的享乐主义解释究竟说了些什么，那就让我们再仔细看看当这些人慎思时，他们的心智都发生些什么吧。他们意识到选择接入意味着要放弃他们当前珍视的事业和情感，接入这台机器在某些方面与自杀类似：它们都将使自己彻底与现实世界分离。区别在于，自杀会导致意识的终结，而体验机则会带来（字面意义上）逃避现实的快乐。当享乐主义宣称许多人会很看不起接入机器，并会对与之相关的诱惑感到厌恶时，它并没有违背自己的原则。那些拒绝接入的人讨厌自我逃避的想法，并觉得继续过现实生活的选择会令人感到愉悦。

这种享乐主义解释的一个优势在于，它解释了前面两个思想实验所描述的结果。它解释了为何人们通常会**拒绝**以接入体验机的方
286 式度过余生，也解释了为何那些能拿到五千美元的人通常会**同意**体验十秒“相信自己刚刚决定以接入机器的方式度过余生”的那种感受。在这两种情形中，对慎思造成实质性影响的并不是关于“哪些行动会在**未来**带来快乐”的信念，而是与**慎思过程运作时**所产生的某些与思想相伴的快乐和痛苦。

---

[1] 我们在这里运用了石里克（Schlick, 1939）对“一个快乐的状态”（a pleasant state）与“某个状态令人愉悦的观念”（the pleasant idea of a state）所做的区分。他认为我们选择实施某些行动并不总是因为期待这些行动会产生最令人愉悦的体验，尽管他肯定了“慎思总会在行动者选择最令人愉悦的行动方案时终止”这一看法。如果“令人愉悦”仅仅是指“受青睐的”（preferred），那么他说得没错，“人们会选择自己所青睐的行为”这一观念与任何特殊动机理论相比，都没有什么特别之处。然而，如果他说的是人们选择某个行动的原因在于该选择会让他们感到舒服（而感到舒服是他们最终想要获得的事物），那么上述主张就蕴含了享乐主义。

我们曾在第七章中探讨过这样一个事实：对享乐主义的不同表述会在描述人们最终关心的对象时指定不同的**时间范围**（time horizons）。当罗纳德暗自思忖是否应该点燃指间夹着的那根香烟时，他实际上是在当下的满足感和长期的健康之间进行抉择。享乐主义是一个能以多种形式呈现的理论，它可以说人们想要最大化的快乐以及想要最小化的痛苦都是相对于他们一生而言的，也可以说这些都是相对于某个较短的时期而言的。此处存在许多选项，我们可以认为，它们全都分别对应于某个描述各个不同时期内体验相对重要性的“折扣率”。享乐主义与不同人有不同折扣率的可能性相一致；它也与一个人给不同类型的体验打不同折扣的可能性相一致；它还与人们在成长过程中改变为某个特殊类型的体验所设折扣的可能性相容。体验机问题之所以有趣，是因为它迫使享乐主义者去假定一个极短的时间范围。可以说，正是**当下的享乐主义**允许享乐主义者为“人们为何选择不接入体验机”的问题提供解释；而较长时间范围的享乐主义版本则会对“人们在上述情形中会怎样做”的问题做出错误的预测。

体验机问题与另一个问题相似——该问题在涉及心理上的利己主义和利他主义的文献中出镜率要高得多。设想散兵坑中的一名士兵通过在自己身旁引爆手雷来拯救战友的情形。如果这名士兵相信自己死后不会再有任何体验，那么享乐主义要如何解释这种自杀式的自我牺牲行为呢？享乐主义者会说，在士兵执行自我牺牲的行动**之前**，他获得了某种指向自身的利益。享乐主义者完全可以坚持认为，士兵牺牲自己生命的原因在于眼睁睁看战友死去的决定比自我牺牲的决定更令他痛苦。我们可以用同样的方式来处理自杀式自我牺牲的问题和由体验机所引发的问题。

我们并未由此推断说，享乐主义为“人们为何选择现实生活而 287
非由体验机准备的模拟生活”这一问题提供了正确的解释。非享乐主义假说——认为人们“不可还原地”关心外部世界的样貌而非自身意识状态的理论——同样能解释这种选择。毋宁说，我们的结论是：体验机思想实验并不能驳倒享乐主义。

举证责任

哲学家有时会以无罪推定的方式来看待常识性观念。这就是说，当有人问起某个常识性命题是否为真，而我们又无法提供任何能够支持或反对它的论证时，最明智的做法就是继续相信该命题。换言之，那些挑战常识的人必须承担举证责任。

有时，在人们对利己主义和利他主义的讨论中会浮现这种一般性态度。他们提出的主张是利己主义假说与常识不符。他们会说，人类动机在常识中的形象是多元论的——人们会关心自己，也会关心他人，而且还会将这种关心看作目的本身而非某种手段。由此得出的结论是，如果哲学上和经验上的论辩都无法决定性地支持或反对利己主义，那么我们就应拒绝利己主义，继续接受多元论。[1]

对于这个打破僵局的论证，我们的第一条反对意见是：我们根本难以断定“常识”中供奉的究竟是多元论观点还是利己主义观点。什么叫常识？不就是人们普遍相信的东西吗？倘若如此，我们怀疑利己主义已经大肆入侵到了常识领域，它现在可是受一大批人拥护的世界观。哲学家在处理这件事时必须小心谨慎，千万不能将那些在自己看来显而易见之事与真正的常识混为一谈。据我们所知，没有任何经验调查表明动机上的多元论是否比心理上的利他主义更为流行。

但不管人们在有关心理上的利己主义和动机多元论的问题上具有怎样的普遍信念，我们都会反对以“遵从常识”这一方式来结束争论。常识在物理学或生物学中都没有这样的地位，我们也无法找

[1] 并非只有哲学家提出用举证责任论证来反对利己主义。比如说，霍夫曼（Hoffman, 1981b）就选择对他的数据做有利于证明利他主义存在的解释，尽管他承认从利己主义的观点出发，这些数据也能得到解释。

到理由说明为何在解决带有哲学或心理学特性的问题时，常识就能
发挥这样的效用。[1] 事实上，或许在这些领域中，人们的直觉尤其
容易出错。人们心中都有关于自身动机和他人动机的观念。如果某
种自我欺骗——不管是涉及自身动机还是他人动机的自我欺骗——
在进化上具有优势，那么进化就会将这些错误归入我们称作“常识”
的那一组“显而易见的”命题中。受进化论视角影响的哲学不应只看 288
到常识的表面价值。[2] 心理学正好也记录了许多人们对自身动机无法
形成准确信念的情境（比如说，请参阅 Nisbett and Wilson, 1977; Ross
and Nisbett, 1991）——我们在上一章中也谈过这一点。当面对的是关
于利己主义与利他主义之争的问题时，我们如果仅从表面上理解那些
由内省获得的常识性判断，似乎就过于天真了。

在离开这个话题之前，我们还想就举证责任论证一般地位的问题提一些看法。举证责任是一个法律上和程序上的概念，设计这一概念为的是保护这一方或那一方（比如被告）的权利。在处理那些以弄清真相为目标的论辩时，它根本就派不上用场。**在法庭中，举证责任由控方承担；而在科学和哲学中，它却落在每个人身上。**当证据不具备决定性时，我们就应承认当前状况的确如此，而不应以某种无效的方式来打破僵局。

可证伪性

利己主义有时会因其不可证伪性而遭受批评。当人们举出某种看似能驳倒利己主义的行为作为反例时，利己主义者都能假定某种指向自我的新偏好是该行为的终极动机。我们在前一章考察巴特森

[1] 如果对于内省来说心智是透明的，那么当心理学中直觉的权威性与生物学、物理学中直觉的权威性被放在一起时，就会呈现出不对称性。这便是休谟（Hume, 1751）《论自爱》（“Of Self-Love”）一文所蕴含的理念——动机多元论表面上的显著性（seeming obviousness）是其真理性的一种标志。

[2] 索伯（Sober, 1994a）用定量模型探讨了这个一般性观点。

的实验时已经见识到了这种韧性。每当有一个利己主义版本被驳倒时，便又有一个新的版本冒出来。利己主义手上那份列有自我指向动机的清单似乎无穷无尽。

利己主义假说的这种韧性看起来很像是它的长处。稍经修改、阐释便能适用于新观测结果的假说真有那么糟吗？对上述意见的标准回应是：科学假说应是可检验的，而可检验的假说必然是可错的。从逻辑上说，一个可检验的假说不可能与所有可设想的观测结
289 果一致，它必定至少要排除一个可设想的观测结果。这个关于如何为假说确立科学性标准的流行观点源自哲学家卡尔·波普尔那部影响深远的著述（Karl Popper, 1959）。为此，我们首先想简单解释一下为什么我们认为没有显而易见的理由能说明利己主义**确实是**不可证伪的。随后将指出可证伪性论证在这场利己主义与利他主义的争论中，根本发挥不了任何作用。[1]

我们不妨回想一下第七章提到过的一个观点，并以此为讨论的开端——我们指的是关于下面这件事的假说：一个人的终极动机本身并不能对行为做出预测。为了让关于终极动机的假说能够预测行为，我们还需要添加另一些假设——关于那个人信念和工具欲望的假设，以及关于以上要素如何与行动相关联的假设。这是许多科学假说的一个共同特征，哲学家们往往称之为“迪昂命题”（Duhem's thesis）——这是以法国科学哲学家、科学史家迪昂的名字命名的。迪昂认为，**物理学**理论只有在补充某些辅助假设时才会变得可以检验。迪昂命题让我们有理由在处理“观测结果永远无法驳倒利己主义假说”这样的主张时更加小心谨慎。如果只有当另一些假设加入时假说才能蕴含某些观测结果，那我们怎么知道人们以后不会开发出能够得到确证的**新**理论呢？那些新的背景理论或许就可提供某些能迫使利己主义假说做出可错预测的辅助假设。

---

[1] 我们在这里就不列举对波普尔可证伪性标准的公认批评了。索伯对这些常见怀疑进行了综述（Sober, 1993b, pp.47-54）。

即使对“利己主义在原则上不可证伪”的主张持保留态度，我们依然得面对该理论难以得到检验的事实。这是因为利己主义并没有指出人们到底具有哪些终极动机，它只是说人们的终极动机是指向自我的。从某种意义上说，利己主义明确了一个**研究纲领**（research program）的原则；它告诉你应当试着开发哪类解释，但没有告诉你哪些具体解释会被证明是对的。这正是利己主义韧性的主要来源，当该具体类型中有一个解释被推翻时，你总能试着建构另一个解释。

用于表达研究纲领核心假设的命题往往具有这种特征。比如回想一下那个宣称自然选择在大多数种群的大多数表现型性状的进化过程中，都会发挥显著作用的假说。这是将适应主义表述为有关自然之主张的一种合理方式；它不同于我们在导论中提到的那种 290
纯粹方法论版本的适应主义——它仅仅认为建构、检验适应器假说对进化论研究来说是非常有用的方法（Sober, 1993b; Orzack and Sober, 1994）。请注意，比起认为长颈鹿之所以脖子长是因为这能帮助它们够到较高树冠的主张，这个有关自然的主张，要抽象得多、概括得多。即使这种有关长颈鹿脖子的适应性解释被证明是错误的，我们也能建构另一个解释来替代它。此外，即使人们发现有些性状不能用适应性来解释，“自然选择在进化过程中是否一直发挥着重要作用”这样的一般性问题也还有待解答。我们不想在这里讨论如何详细检验适应主义的问题。然而，我们希望强调适应主义之争与利己主义－利他主义之争的一个相似之处。当适应主义被构造为有关自然的主张时（而不是被看作一种告诉我们应当如何探索自然的纯粹方法论上的主张时），适应主义会成为一个（相对）**一元的**教条；而它的主要竞争对手——进化上的**多元论**——则会将自然选择看作在自然种群中引起表现型性状变化的几个重要因素之一（Gould and Lewontin, 1979）。

总之，在可检验性问题上，多元论会继承一元论所面临的困难。如果每当旧的适应主义解释失败人们就总能发明出新的适应主义解释，那么每当旧的多元论解释被推翻，人们也总能发明出新的多元论解释。其原因在于，多元论使用了与一元论相同的解释变量，并在此基础上添加了某些新变量。适应主义把焦点放在自然选择上，进化上的多元论则还要讨论选择、遗传约束、漂变等其他因素。心理上的利己主义仅假定了指向自我的终极动机，心理上的多元论不但假定了指向自我的终极动机，还假定了利他主义的终极动机。不管一元论教条的韧性有多强，多元论教条的韧性都比它更强。

这不是在否定“一元论教条有时无法成功为自己辩护”的看法。有时适应主义者只是给出了一些自圆其说的故事（just-so stories），利己主义者在解释哪怕最感人至深的自我牺牲行为时也会毫不犹豫地假定心理上的奖励。这件事可能会使人非常气恼。但适应主义和利己主义需要受到适当约束这件事，并不能说明这两种假说是错
291 的。此外，如果一元论教条需要受到约束，那么与之对应的多元论教条亦是如此。简而言之，如果心理上的利己主义是不可检验的，那么嵌套着利他主义假说的多元论也一样。我们并没有说利己主义**确实是**不可检验的；我们只不过是想说：关于可检验性的论证并不能成为拒绝心理上的利己主义并接受动机多元论的理由。[1]

简明性

每当利他主义假说的捍卫者将某个行为看作利他主义的证据时，利己主义的拥护者就会通过证明该行为在他们所偏爱的理论

[1] 这样说或许有助于我们澄清克雷布斯的主张（Krebs, 1975, pp.1134-1135）。他认为如果将利他主义定义为“不受对奖励的期待驱使的帮助行为……那么我们永远无法证明利他主义存在……因为这就要求我们证明一个虚无假说（null hypothesis）（它要求对奖励之期待的缺乏）”。我们想说的第一个要点是：根据理解，利他主义假说并未承诺有纯粹受利他主义动机驱使的行动存在（Batson, 1991, p.51）；正如第七章中所说，该假说与那种认为利他主义终极动机始终与利己主义终极动机一同产生行为的多元论十分一致。事实上，利己主义才应被看作“虚无假说”，因为该假说认为利他主义的终极动机不存在。要捍卫多元论就必须推翻这个虚无假说。

框架内也能得到解释来进行回应。如果利己主义者成功做到了这一点，那么他们得出的结论通常会认为利己主义才是更可取的假说。但他们凭什么得出这样的结论呢？如果两种理论都能解释我们观测到的现象，那么凭什么宣称利己主义为真而利他主义为假呢？为什么不说这些观测结果无法让我们看出这两个理论之间的区别呢？

之前我们考察过的一个论证认为多元论比利己主义更可取。其理由在于：利己主义与常识相悖，因此负有举证责任。现在我们要分析另一个回应——它将引出完全相反的结论。该回应的主张是：如果利己主义和多元论都能解释观测结果，那么我们就应当接受利己主义、反对多元论，因为利己主义更为简明。纯粹的利己主义假说似乎比设定了利己主义和利他主义两种终极动机的理论更加简单（Batson, 1991）。[1] 奥卡姆的剃刀——即简明原则——似乎提供了一种能够打破僵局的办法。这并不是说较为简单的假说更容易理解或检验，也不是说它们更符合审美标准，而是说，从“它们看上去更像是正确的”这一意义上看，较为简单的理论更为可取。

对于这种用简明性论证来为心理上的利己主义辩护的方式，我们将提出两条反对意见。第一，我们并不认为动机理论的简单性仅仅由它所设终极动机的数量决定；第二，即使利己主义真是更简明的理论，我们也还要考虑是否有其他因素会使胜利的天平倾向于另一方。接下来我们将依次考察这两个要点。

首先来考虑第一条反对意见。现在有两个动机理论。第一个是 292
一元论的，它认为人们具有对 *X* 的终极欲望，并且他们仅仅因为相信得到 *Y* 有助于他们获得 *X* 而具有对 *Y* 的欲望。该理论假定了一个终极欲望和一个工具欲望。第二个理论是多元论的，它认为人们对 *X* 的欲望和对 *Y* 的欲望都是终极性的。正如前面所说，如果我们

---

[1] 在《论自爱》一文中，休谟（Hume, 1751）认为利己主义假说的吸引力源自“对**简单性**的喜爱——这已经在哲学中诱发了许多错误的推理”。随后，休谟主张多元论其实是一种更简单的理论，他用来捍卫该论点的论证形式类似于我们在本章前几节中讨论过的巴特勒论证。

通过计算终极动机的总数来测量简明性，那么一元理论确实更为简明。但为什么要把注意力全部放在这个理论特征上呢？为什么要排除其他可能性呢？比如说，如果我们计算的是**所有**欲望，而不单是**终极**欲望的总数，那么这两个理论就会打成平手。

我们还能用第三种方案来测算理论的简明程度，这种测算程序会引发更惊人的结论——它会认为多元理论比一元理论更简单。当一元理论宣称人们之所以渴求 *Y* 是**因为他们相信这有助于他们获得** ***X*** 时，他们实际上为人们指派了一个**因果信念**（causal belief）。相比之下，认为人们将 X 和 Y 都看作目的本身的多元理论，并不需要设定任何这样的信念。如果仅仅通过计算这类信念的总数来测量简明性，那么我们得到的结论就会是：动机多元论比利己主义更简明。[1] 既然无法在“如何进行计算”的问题上做出有原则的决定（principled decision），那就只能得到这样的结论：我们没理由认为心理上的利己主义比动机多元论更简明。

本书第 196 页 [2] 那幅由鲁布·戈德伯格（Rube Goldberg）所作的漫画很好地展现了我们在这里想要说明的要点。戈德伯格描绘了一个能在你每喝完一勺汤后都自动用餐巾帮你擦脸的装置。当你将汤勺放到唇边时，你就会拉动一根能将一片饼干弹向一只鹦鹉的绳索；当这只鹦鹉想去抓住饼干时，一盘沙子就会滑到小桶中，进而触发打火机，使其点燃一支小火箭；小火箭发射时会切断一根绳索——这根绳索原本抑制了装有餐巾的钟摆的运动。当钟摆被松开时，它会像秋千一样划过你的下半张脸，以此方式用餐巾擦拭你的嘴唇。这个装置因其无厘头的复杂性而显得十分滑稽。自动胡须擦拭器听上去像是一个“省力的装置”，但只要想想制造、维护这台

[1] 在第二章中，我们认为单单假定个体选择的模型，比既假定个体选择又假定群体选择的模型更简明。而现在我们则是在否定心理上的利己主义比动机多元论更简明。虽然我们在尝试确认这两个问题时都提到了简明性，但为这两个论证提供根据的逻辑是不同的。

[2] 译者注：指原书页码，即本书页边码。

机器所需的劳力，你就不会这样觉得了。显然还有许多更直截了当的方法能使人们在吃饭时保持面部干净。接下来让我们对上述想法做一番更为详尽的探讨。

假设你是一个工程师，你的工作是制造一个不但会喝汤，而且 293
还能在喝汤时保持胡须干净的有机体。你所能采用的一种策略是多元论的——让有机体具有两个欲望：喝汤的欲望和保洁的欲望。另一种策略是只赋予有机体一个欲望，并通过该欲望诱发上述两种行为。你可以为该有机体植入喝汤的欲望，并为其配备一个能在它每次喝汤时都为它擦拭胡须的装置。那么相比之下，这二者之中哪个才是更简单的方案呢？如果只计算欲望的数量，那么你就会得出“一元论方案更简单”的结论；即使该设计中包含了一个鲁布·戈德伯格装置，你的评定结果也不会受到影响。但这种评价方式显然太过狭隘了，我们理应顾及一元论方案中包含鲁布·戈德伯格装置的事实。心理机制的简单性并不单纯由其中所含终极欲望的数量决定。在下一章中，我们还会再回到这一观点上来。

在阅读前一章中所描述的心理学实验时，这个有关简单性的论点或许会浮现在你的脑海中。利己主义者会试着以不同方式去解释巴特森不同实验的结果：他们提出了反感－激发假说、共情－具体惩罚假说、共情快乐假说等等。这些各式各样的假说假定了许多具体信念：人们在躲避身处困境之人时会感到愧疚，他们拒绝知道有关身处困境之人现状的消息时会感到难受，诸如此类。与之相比，利他主义假说并未提出这类主张，它会用同一种相当简单的说法来解释为什么高共情度被试与低共情度被试在各种实验中的表现都会有所不同。从某种意义上说，利他主义假说使用了一种比利己主义假说更**统一**的方式来处理这些调查结果。那么，我们应当因为心理上的利己主义假定了更少的终极欲望而接纳它，还是应当因为利他主义假说更具统一性、假定了更少的信念而承认它呢？或许我们的确希望理论具有简明性，但至少在现在这种情况下，简明性原则很难得到落实。

现在来考虑我们反对用简明性论证来支持利己主义、反对动机多元论的第二条反对意见。如果真能证明利己主义比动机多元论更
294 简明，那么在其他条件相同的情况下，我们理应认同利己主义。但我们还得确定其他条件是否**真的**相同。是否还存在其他一些可能让多元论更受青睐的因素呢？为理解我们为何对此表示怀疑，请思考一个与之类似的进化论问题。假设有些古生物学家正试着推断最近发现的一种恐龙究竟有哪些内部器官。我们可以从化石中推测恐龙骨骼的形态，但软组织不会在化石上留下任何痕迹——这些科学家要如何确定其内脏系统的样貌呢？

其中一个科学家——我们就叫他比尔吧（因为他的奥卡姆主义倾向）[1]——认为假定该有机体有一个心脏、一个肺、一个肾是最合理的做法。比尔赞同恐龙需要所有这些器官来执行某些功能，但他坚持认为只应假定绝对必要的最小数量——任何假定更大数量的做法都是无意义的。比尔并不认为我们应在“到底每种器官都**只有**一个还是有些器官可能**多于**一个”的问题上持不可知论的态度。相反，他声称简明性原则会要求我们假定该数量**恰好**为一，而不会**更多**。

比尔的同事表示不服，他们觉得这不是奥卡姆剃刀的正确使用方式。他们提出了两点怀疑比尔论证的理由。第一个理由是，通过观察可知，与我们同时代的许多有机体都有成对的器官——并不是每样器官都只有一个。如果新发现的那种恐龙在谱系上与这些当代有机体关系密切，那么我们或许就能断定它们在哪些方面具有相似性。[2] 他们反对比尔诉诸简明性的第二个理由缘于重复性在生物学中所具有的优势。或许器官经常成对出现的原因在于这样安排能为有机体提供某种保障；如果个体的某对器官少了一个，那么有时它也能靠另一个凑合。如果重复性在选择过程中受到青睐，那么我们

[1] 译者注：奥卡姆被称作“奥卡姆的威廉”（William of Ockham），而“比尔”又是对“威廉”的昵称，所以作者会给具有奥卡姆主义倾向之人取名为比尔。

[2] 这种推论的效力或许要诉诸进化分支上的简明原则（the principle of cladistics parsimony）。关于这个问题，请参阅索伯的作品（Sober, 1988b）。

或许更愿意假设新发现的那种恐龙有两个肺而非只有一个。

在这里追问比尔的简明性论证究竟为何无法令人信服，并没有太大意义。重点在于，令比尔的同事感到不满的是，比尔将解决方案诉诸一个主张用抽象数字解决全部问题的原则。比尔的同事明确提出了一些进化论上的理由；根据这些理由，在当前的案例中，假定较少实体的假说并不总是比假定较多实体的假说更合理。[1] 简明性与合理性并不总是结伴而行。

这就是为什么我们在关于“用简明性论证支持利己主义”的问 295
题上感到犹豫。之前那个论证能帮助古生物学家为“恐龙有两个肺而非一个肺”的说法提供合理性，但我们并不认为同样的论证方式也能为动机多元论做出辩护。我们承认这两个问题之间存在某些差异。比如说，古生物学家能通过**观察**发现与恐龙关系密切的现存物种有两个肺；正是因为有这条证据存在，我们才会做出“这种恐龙也有两个肺”的推测。相比之下，我们不能直接通过观察得知动机多元论在与人类关系密切的物种那里是否为真；在观察人类行为时，隐而不现的东西同样不会出现在观察非人灵长类动物的过程当中。然而，这两个问题有个更具一般性的共通点。我们应通过考察动机理论在进化论视野下是否显得合理来完成对它的检验。即使已知利己主义假定的终极动机数量比多元论更少，我们也还要继续追问：这是否足以让我们相信纯粹利己主义的动机机制得到了进化？这是下一章所要关注的重点。

创造公平竞争环境

前一章已指出，仅凭观测到的行为，我们并不能推知心理上的

[1] 我们也能用类似的进化论观点来澄清劳埃德·摩根（Lloyd Morgan）的“教义”——他认为当“低级”心理机制不足以解释行为时，我们就应假定“高级”心理机制来完成这项工作。索伯对此进行了讨论（Sober, 1998a）。

利己主义比动机多元论更可取。在本章中，我们回顾了一系列哲学论证，最终发现它们同样不支持心理上的利己主义。如果站在客观的角度进行评判，那么结论只能是：不管在过去还是现在，利己主义都配不上它作为知识等级中占优势的理论所具有的实力地位。倘若如此，“利己主义如何获得了今天的显赫地位”就是个颇为有趣的思想史问题了。[1] 显然，即使不存在真正能够支持它的论证，利己主义假说也能兴起。如果这两章的论证能够达到为这两个理论创造公平竞争环境的效果，那我们也就取得了很有意义的进步。然而，“证据不足”始终是个难以令人满意的判决，不管当前有多少证据指向这一结论。因此，我们有理由试着更进一步。除了实验社会心理学和哲学，我们必须让进化论也介入利己主义－利他主义之争。或许它能够帮助我们打破目前的僵局。[2]

---

[1] 麦克弗森（Macpherson, 1962）认为，在资本主义兴起时，“占有性个人主义”（possessive individualism）也因此在西欧成为占主导地位的人性观。

[2] 从这两章中获得不同教训的读者或许会以不同方式诠释下一章的意义。我们认为它的作用是打破僵局，但对于那些认为自己已经能为心理上的利他主义之存在提供成功论证的读者来说，他们或许还是想要知道为什么这种动机系统能得以进化。而那些认为心理上的利己主义为真的读者，可以认为第十章向他们抛出了一个谜题：如果心理上的利他主义在进化上具有我们所说的那种合理性，那凭什么认为利己主义得到了进化呢？

第十章　心理上的利他主义之进化

在这一章中，我们将把先前分开讨论的一些问题整合到一起。 296
之前已强调过将心理上的利己主义和利他主义，与进化上的利己主义和利他主义区分开来的重要性，而现在，我们要试着说明进化论思想会对心理动机问题造成怎样的影响。

我们在第六章、第七章中描述了三个动机理论。心理上的**享乐主义**认为趋乐避苦是人们唯一的终极关怀。享乐主义将人们看作动机上的唯我论者——它觉得人们最终只关心自己的意识状态——除此之外再无其他。心理上的**利己主义**——我们介绍的第二个理论——比享乐主义更开明一些。享乐主义者都是利己主义者，但并非所有利己主义者都是享乐主义者。尽管利己主义者最终关心的可能是趋乐避苦这件事，但他们的终极欲望也可能指向其心智外的世界。比如说，利己主义者可能会将他们自己的生存看作目的本身，也可能会对积累财富或攀登珠穆朗玛峰之类的事产生“不可还原的”欲望。根据利己主义假说，所有终极欲望都**指向自我**；当人们关心他人的处境时，他们只是受到了纯粹工具性理由的影响。我们考察的第三个理论——动机**多元论**——认为人们的终极欲望既包含
利己主义动机，又包含利他主义动机。人们或许会将趋乐避苦视为 297
目的本身，或许会将自己的生存看作终极目标，但他们有时也会不可还原地关心他人的福祉。

我们在讨论利己主义和利他主义时指出，这些理论都能以不同的方式被具体化。它们都描述了人们动机的**类型**，却都没有明确指

出与之相关的具体动机有哪些。利己主义宣称我们的终极欲望是指向自我的，但它却没有说过我们究竟想为自己争得什么。多元论认为我们的某些终极欲望是指向他人的，但它却没有回答“我们要关心谁”“我们希望他们得到什么”之类的问题。因为这些理论具有以上不严密性，所以它们很难得到检验——用于反对某种理论某一版本的证据可能不会对该理论的其他版本造成任何麻烦。

在接下来的讨论中，我们将把享乐主义看作利他主义假说必须面对的竞争对手。其理由在于，利己主义的拥护者们在为该理论辩护时不可避免地会以趋乐避苦为终极欲望。比如说，如果他们坚持认为人们仅受**外部**奖励（比如金钱）驱策，那么其反对者就能很轻易地描绘出某些无法在该框架内得到解释的行为。为避免这类失败，利己主义者在解释时会将问题诉诸**内部**奖励。当然，利己主义者可以打从一开始就提及那些内部奖励——这样至少能解释那些无法用外部奖励说明的行为。我们让利他主义与享乐主义竞争，实际上是在要求利他主义假说回应一种它最难以反驳的利己主义版本。[1]

尽管享乐主义只是利己主义的一个特殊类型，但相信我们用以反对享乐主义的论证会产生更具一般性的后果。我们将坚持认为，任何版本的利己主义都**不**适用于像人类自己这样的有机体。利己主义无论如何都会带有享乐主义在进化问题上所表现出来的那种不可信度。

进化论框架假设了什么

第八章有关利己主义－利他主义之争心理学证据的讨论，最终得出了“**证据不足**”的结论。我们在第九章中探究的哲学论证也无

---

[1] 享乐主义蕴含利己主义，反之则不然；因此任何能够推翻利己主义的命题都能推翻享乐主义。从这个逻辑的观点看，似乎与利己主义相比，享乐主义更易而非更难被推翻。不过我们的观点说的是：享乐主义的利己主义比非享乐主义的利己主义更难被推翻。

法推翻这项判决。我们所考察的行为既能由利他主义动机产生，又可以是纯粹利己主义动机的结果。虽然这些与行为相关的数据无法使人辨认出究竟哪个动机假说为真，但我们将试着向大家证明，进化论观念能更好地帮助我们解决以上问题。我们的策略是将关注的焦点从行为的效果转移到进化的原因上： 298

进化→动机→行为

即使两种动机机制都会诱发某类行为，其中一种机制得到进化的概率也可能比另一种更高。

上面描述的那种从进化到动机，再到行为的因果链，或许会让人觉得**所有**行为都能**完全**用进化论来进行解释。但我们并没有这样想。进化论思想或许能回答与行为相关的某些问题，却无法回答另一些问题。我们只要求进化论为有关人类行为的**某些**事实提供**部分**解释。

不管赞成还是反对用进化论进路为人类行为提供解释的讨论，我们通常都会把注意力放在过于概括且过于模糊的问题上。对于“进化论是否能解释人们为何会像如今这般思想、行动”的问题，我们不应简单地给出非此即彼的答案；毋宁说，我们应拒绝回答这类不恰当的提问。我们想要讨论的是心智和行为的哪些特征呢？进化或许与某些特征相关，却与另一些特征无关。比如说，请想想“饮食”这个指涉范围很广的范畴。“进化能否解释人们为何吃现在这些食物”的提问方式，根本就是错误的。我们想要解释的命题究竟是哪一个呢？世界上有许多关于人类饮食的事实，这些事实需要得到不同类型的解释。

如果你想问的是“为何意大利人比法国人更常吃意大利面”，那么生物进化论在很大程度上并不能回答这类问题。我们只能从文化历史中得到对于这类饮食结构的解释。认为是文化而非生物进化为此提供解释的说法与“脑容量较大是文化出现的前提，而生物进化正是较大脑容量产生的原因”这一事实相容。较大的脑容量或许能帮助我们解释为何人类具有高度发达的文化形态，但它无法解释为何意大利人比法国人更常吃意大利面。

299 但如果我们转而讨论另一个与饮食相关的事实，那么生物学解释就会显得更加切题：为何人类会偏爱脂肪和糖分含量较高的食物呢？这种偏好在富足社会中引发了大量健康问题。为何我们会如此喜爱那些通常对自己而言毫无益处的东西呢？一个较为合理的答案是：在味觉上对脂肪和糖分的偏好，是在资源稀缺的条件下进化出来的。当生存环境中缺乏可靠、定期的营养供给时，最合理的做法就是在可获取食物时尽可能多地摄入卡路里。我们的祖先没有卡路里的概念，但他们进化出了能保证有机体在具备相关条件时摄取卡路里的味蕾。[1]

在说人们摄取高糖、高脂食物的倾向能通过生物进化获得解释时，我们并不是在说所有人对此都有同等程度的喜好，也不是在说这件事不受人们所处文化的影响。人类现在的饮食习惯——那些人与人之间、文化与文化之间各不相同的饮食习惯——是我们的生理遗传、所处的物理环境、所体验的文化形态之间复杂相互作用的结果。

适才描述的那两个简单案例——糖分和脂肪的案例与意大利面的案例——说明我们何以能用生物进化解释与人类饮食相关的某些事实，用人类文化解释与之相关的另一些事实。我们无须选用纯粹生物学或纯粹文化上的解释来说明由人类行为构成的所有事实；不同事实所需的解释，类型也有所不同。本书第一部分在讨论选择单位时，认为多元论比一元论更可取；同样，我们在这里觉得，作为

[1] 美国人平均有 40% 的卡路里来自脂肪，而在当代狩猎者－采集者社会中，这个数字是 20%。野味和农场养殖动物的肉类在脂肪含量上的差异也同样惊人。此外，农业社会前的人类骨骼中没有龋齿存在的迹象。这是能表明我们摄入的脂肪与糖分比祖先更多的有力证据。一种较为合理的解释是：这种饮食上的变化源自，食物获取可能性上的变化与人们长期具有的味觉偏好之间的相互作用（Nesse and Williams, 1994, pp.147-151）。

一种涉及生物进化和文化进化解释力的观点，多元论比一元论更合理。

还有个一般性问题值得注意。我们不应假设生物进化论只能解释那些人类之间普遍存在的行为，文化的作用是为所有个体差异提供说明。或许从某种程度上说，人类这个物种的性状之所以出现变异，是因为生物进化使人类行为变得富有可塑性。一个相当琐碎但便于说明问题的事实是：生活在温热气候中的人所吃的食物往往比生活在寒冷气候中的人所吃的食物更为辛辣。或许以下说法就完全足以解释上述变异模式了：食物在温热的气候中更容易变质，而香辛料能起到防腐的作用。直到这里，该解释都是正确的，但它无法 300
处理“人们为何希望食物不变质”的问题。我们当然应该用进化论来为该欲望提供说明。

进化生物学家也许会提议用这样的假说来解释食物辛辣度在不同社会中的变化：人类倾向于以调整香辛料用量的方式使他们的适应度最大化。为使上述猜想成立，我们不必主张人类会有意识地思考哪种行为能使其适应度最大化；不如说，人类只要求心智进化成会选择这种行为模式的样子。此处的重点并不是要赞同这种进化论假说，而是要指明一个与之相关的事实。我们得注意不要将**进化论**解释混同于**遗传学**解释。认为生物进化论有助于解释行为多样性的论点，无须要求饮食清淡之人在基因上与食用辛辣食物之人不同。事实上，这与认为行为会纯粹因环境上的理由而改变的进化论假说相符。进化论解释与先天－后天之争中彻底的环境主义（environmentalism）立场相一致（Dunbar, 1982; Tooby and Cosmides, 1992; Sober, 1993b; D. M. Buss, 1994, 1995）。[1]

---

[1] 以自然选择为手段的进化过程要求可遗传的性状变异被选择。然而，这并不意味着按常规发展的选择过程所带来的表现型变异必然具有相关的遗传基础。事实上，选择过程往往会破坏遗传变异；关于这一点，请参阅第三章中关于可遗传性的讨论。就像在其他地方一样，我们在此处也不应将自然选择的过程和它的产物混为一谈。

这个简单的案例能帮助我们阐明另一个观点。毋庸置疑，除了希望免受病痛困扰的欲望之外，还有其他因素会影响到香辛料在食物中的用量。生活在相同气候中的人也会在饮食特征上呈现这种差异——刚刚提到的进化论假说无法对此做出解释。进化论进路的批评者或许会就此断定生物进化论对这种现象的解释是错误的；然而，这类批评是不恰当的。进化论假说并没有说保持健康的目标是影响人们在食物中使用多少香辛料的**唯一**要素，它只是说这是其中**一个**要素。在这里，我们同样要避免在以生物进化论为**唯一**解释原则的一元论框架内考察进化论假说的错误。

在有关意大利面和咖喱的案例中，人们很容易记得上述要点，但在思考那些充斥着情感的性格特征时，他们往往会忽略这些事
301 项。本章所要讨论的主要案例**确实**充斥着情感——我们必须通过特殊的努力才能以正确的方式理解相关问题。现在回到心理上的利己主义和利他主义的问题上来，让我们看看进化何以能与这场争论相关。我们并不觉得只要通过进化论上的考察就能确定**每个**帮助行为的动机。不过，我们的确认为对**某几类**帮助行为做进化论上的探究是很有意义的。本章所要考察的主要案例是亲代抚育（parental care）。尽管在许多物种当中都会出现有机体养育自己幼崽的现象，但人类父母对其子女提供的帮助尤为巨大，其持续时间也特别长久。当亲代抚育行为在一个世系中得到进化时，我们理应能用自然选择来解释为什么会发生上述转变。假设人类父母照料子女的原因在于他们具有某些欲望，那么我们认为进化论上的考察同样能帮助发现究竟是哪些欲望扮演了这种动机上的角色。

但这并不意味着人类在这一方面完全相似。只需对自己所处文化内部的情况稍作观察，我们就能看到其中蕴含的多样性。有些父母会冷落、虐待自己的孩子，而在照料自己子女的父母当中，有些人对子女的关爱比其他人更多。此外，跨文化变异也十分引人注目。自古以来，杀婴都是普遍存在的行为，它会以许多不同的形式出现。戴利和威尔逊（Daly and Wilson, 1988）利用我们在第五章中

所说的人类学数据库——人类关系区域档案——创建了一个由 60 个分属不同语系和地理区域的社会所构成的随机样本。其中 39 个社会都有关于杀婴的记载，这当中又有 35 个社会记录了杀婴的详细情况，产生了共计 112 个描述条目。在这些条目中有 21 个条目说孩子是畸形或不健康的，有 56 个条目说父母很难有经济能力将婴儿抚养长大（比如说，因为母亲去世或没有能够养家的男性），还有 20 个条目中所记录的婴孩是通奸的产物或母亲与前夫的孩子，或母亲与来自不同部落的男人所生之子。

这些案例组成了 112 个条目中的 97 个，我们很容易就能建构出一些进化论假说来解释其中的现象。然而，其他一些杀婴模式向进化论观点提出了更为严峻的挑战。有时，普遍的杀婴行为是宗教仪式的附属品，就像古迦太基（Soren, Khaden, and Slim, 1990）和雅典 302
（Golden, 1981）社会那样。普遍的虐杀女婴行为在许多时代、地点都出现过；这种行为在社会精英阶层尤为流行，而且往往发生在资源丰富的年代（Dickemann, 1979; Hrdy, 1981）。或许我们也能用自然选择来解释这些人类**间**和**跨**文化的变异模式，但在这件事上，我们不采取任何立场。我们的主张是：人类和其他许多物种**之间**的行为差异都能获得进化论解释——该解释也许能让我们对人们的欲望类型有所了解。我们猜想，人类父母通常**希望**其子女过上好生活——希望他们活着而非死掉，希望他们身体健康而非病痛缠身，等等。[1] 我们所要处理的问题是：该欲望只是为利己主义终极欲望服务的工具性欲望，还是包含了对子女福祉的终极利他主义关怀的多元动机系统的一部分呢？我们所要论证的是：有进化上的理由认为动机多

[1] 物种内变异最明显的表现模式之一便是性别间的差异。从平均水平看，人类母亲往往比父亲更多地照顾子女。此外，由母亲抚养子女是人类长期进化历史的延续，而由父亲抚养子女则多半是新近的发明——这是从人类与其近缘物种所共享的祖先具有的性状中可能推断出来的。不过，我们提出的论点是：男性和女性通常都会将“希望自己子女过得好”看作目的本身。这一点与男性和女性在其他动机上存在差异的可能性，以及他们对后代的利他主义关爱与其他欲望在强烈程度上存在差异的可能性一致。

元论是导致人类这个物种当中出现亲代抚育现象的直接机制。

当我们说父母会将其子女的幸福看作终极目标时，并不否认他们还具有**其他**一些欲望——这些欲望也能影响其对待子女的态度。比如说，父母有时会通过杀死一个孩子来拯救另一个孩子。但该行为无法证明这些父母不关心他们杀死的那个孩子，这至多只能说明他们对获救孩子的关爱比对死去孩子的关爱**更多**。[1] 同样，富足环境下出现杀婴行为并不证明父母不关心自己的子女，人们最多只能得出“他们**更**关心另一些事物”的结论。戴利和威尔逊（Daly and Wilson, 1988）报告了一系列母亲表示**后悔**的杀婴案例，我们可以从这种后悔中看到较强欲望压过较弱欲望的现象。

为说明有关亲代抚育的论点何以不会与“基因决定论”扯上关系，让我们将该论点与先前关于脂肪、糖分味道的说法联系起来。生物进化让人类在味觉上喜欢脂肪和糖分这件事，并不意味着人类不可能改变自己的饮食习惯。这与世界上所有人某天会改变口味，大量减少脂肪、糖分摄入量的可能性相容。进化赋予人们的特殊饮
303 食**偏好**，完全不会影响到饮食**行为**可能受环境改变的程度。对脂肪和糖分的味觉偏好，可能会与由文化孕育的那些对健康的渴望冲突，而我们没有先天的理由认为该味觉总比该欲望更具强制力。

同样的论点也适用于亲代抚育现象。我们的主张是：进化以某些方式影响了那组通常能让父母**希望**其子女过上好生活的欲望。然而，这个与人类动机相关的论点，并没有排除人们也许会获得能导致作为净结果的**行为**发生改变的其他**动机**的可能性。其中显然就包括让人虐待、冷落、杀死自己孩子的情形。由自然选择产生的一个欲望或许会与由文化诱发的另一个欲望冲突，而我们没有任何先天的方式来决定其中哪个欲望更强。

---

[1] 在戴利和威尔逊的调研中，有 11 个社会记录了由于生产间隔过短而导致的杀婴行为，其中被杀死的总是新生儿，而非较年长的同胞。戴利和威尔逊认为该抉择的动机基础是通常会随着婴儿发育而逐渐加深的母性依恋（Daly and Wilson, 1988, p.75）。

因此，虽然我们主张进化会让父母**希望**他们的子女过上好生活，但这并不意味着所有父母都会以同样的方式**行动**。此外，我们的进化论假说与有些父母根本不希望其子女过上好生活的事实相容（如果这是个事实的话）。如果确有这样的父母存在，那么或许就得借助“发育噪声”（developmental noise）的概念来解释其成因。当选择力量青睐于某个表现型时，它就会偏爱那些能让有机体展现出那个表现型的发育过程。然而，这些发育过程并非不会出错。虽然它们能让有机体在远古时期的某些环境中展现出被选择的表现型，但不能保证**所有**有机体在**所有**可设想的环境中都展现出这类表现型。在正常环境中发育的胎儿会长出对生拇指（opposable thumbs），然而，如果他们的母亲服用了会导致先天缺陷的药物，结果就会有所差别。但“并非所有人都长有对生拇指”的事实，不会证伪“自然选择使对生拇指得到进化”的假说。

即便不考虑发育上的偶然因素，假设父母全都希望自己的子女过上好生活，那也无法排除不同父母在该欲望的强度上存在差异的可能性。有证据表明，个体间存在合作度和共情度上的变异，其中至少有些变异是由基因差异导致的（Rushton et al., 1986; Zahn-Waxler
et al., 1992; Segal, 1993, 1997; Davis, Luce, and Kraus, 1994）。倘若如 304
此，人们对自己子女的关爱很可能也会呈现出同样的模式。我们并不想讨论这种变异模式是否存在，或者应如何解释。我们会将焦点放在大多数父母所共有的性状上，而不会试着去解释个体差异。

选择将亲代抚育作为主要案例的原因在于，我们很难否认自然选择在塑造其特征时发挥了一定作用。然而，我们所要构造的那些与动机基础相关的论证，还能对指向自己后代以外个体的帮助行为进行说明。我们能用同样的方式研究作为这两种帮助行为之基础的心理动机。[1] 确实，帮助自己孩子的行为和帮助自己后代以外个

[1] 本书第一部分认为指向自己后代以外个体的帮助行为，需要借助群体选择的力量才能得到进化。在第六章中我们指出，当有机体具有双亲时，亲代抚育（转下页）

体的行为，很可能不是截然分离的性状——它们并不像体重和瞳色那样，是在进化上彼此独立的性状。母子纽带的质量似乎是预测孩子在之后的生活中表现出共情和亲社会行为的重要指标（Main, Kaplan, and Cassidy, 1985; Grusec, 1991）。[1] 这就说明当选择力量青睐那些关爱自己孩子的父母时，它也就因此青睐那些会向他人提供帮助的孩子。如果亲代抚育行为（至少在某种程度上）是由利他主义动机激发的，那么指向非亲属的帮助行为也同样如此。

预测直接机制

在第六章中，我们描述了一种需要避开氧气的海洋细菌。从原则上说，该有机体可以通过直接或间接的策略来解决上述问题。直接策略是装备一个氧气探测器，间接策略则是探测某些与含氧量相关的环境变量。许多海洋细菌都采取了利用磁小体游向地磁场的间接策略，这些有机体会向下游动，前往含氧量通常较低的深水区（Blakemore and Frankel, 1981）。除了直接和间接的一元论策略，还有第三类可能用于解决该问题的多元论策略——此时，该有机体具有两种（或更多）控制其游动方向的探测器。

305 现在请思考一下人类亲代抚育现象中与之类似的问题。父母要具有怎样的欲望才能产生抚育行为呢？为解决这个设计上的问题，相对直接的方案是让父母成为心理上的利他主义者——让他们关心

（接上页）可能同样需要群体选择的力量才能得到进化。而在这种情况下，该行为包括对配偶，而非对自己后代的利他主义赠予行为。不过在探究作为帮助行为之基础的直接心理机制时，我们并没有预设这两个与进化过程相关的观点成立。

[1] 翁林纳等对那些在第二次世界大战中从纳粹手中拯救犹太人的基督徒，与未实施拯救行为的基督徒进行了比较——这些人在其他数个维度上都具有相似性。他们发现施救者比未施救者更有可能与自己父母关系亲密（S. P. Oliner and P. M. Oliner, 1988, p.184, pp. 297-298）。罗森汉（Rosenhan, 1970）在比较 20 世纪 60 年代长期参与美国民权运动的个体与那些只进行了短期参与的个体时，也发现了类似的模式。

自己孩子的幸福，并将其看作目的本身。较为间接的解决方案则是让父母成为心理上的享乐主义者——让他们只关心趋乐避苦这件事，并让他们在自己孩子过得好时感到开心，在自己孩子过得不好时感到难过。当然，还有一种多元论解决方案——让他们兼具利他主义**和**享乐主义两种终极动机，二者都会驱使他们照料自己的子女。

在讨论海洋细菌时，我们能通过观察其行为并检查其内部解剖结构来确定它用以避开氧气的直接机制。但在讨论人类心理动机时，我们观察到的行为和当前可用的解剖学信息都派不上太大用场。不过，我们能在研究海洋细菌的过程中得到一些原则，这些原则能帮助预测究竟得进化出哪种内部机制，才能让有机体产生某个行为。假设有一种海洋细菌正处于获取避开氧气能力的进化过程当中，哪些因素会影响该有机体的进化结果，它又会进化出氧气探测器还是磁小体作为设计问题的解决方案呢?

总体来说，有三个要点与该问题相关（Sober, 1994b）。第一，我们要考虑种群当中不同性状出现的情况。从原则上说，或许氧气探测器在进化上是最占优势的，但如果它们事实上并没有出现，那么自然选择就无法让该性状出现的频次增加。要让氧气探测器得以进化，它们首先必须是**可用的**。

如果氧气探测器和磁小体都是可用的，那么接下来就要考虑它们当中哪一个能让有机体更**可靠地**避开氧气的问题了。如果二者所要完成的任务都是让有机体避开含氧量较高的区域，那么乍看之下，氧气探测器似乎能比磁小体更好地达成目标。但事情未必如此。不管氧气浓度与海水深度之间关联的精确度如何，准确的磁小
体或许都能比不准确的氧气探测器更成功地侦测氧气。不过，在一 306
种特殊的情形下，直接策略能比间接策略更可靠地完成任务。请参考图 10.1，它描述了“细菌适应度与海水含氧量相关”的事实，以及“含氧量与有机体所处海拔高度相关”的事实：

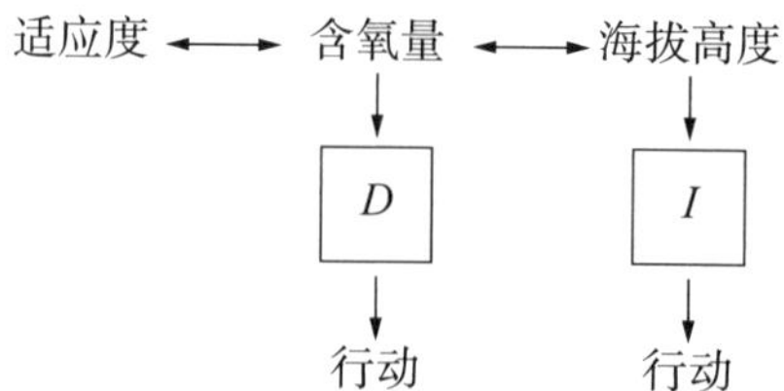

图 10.1 海洋细菌用来避开氧气的直接策略和间接策略

假设有机体所处的海拔高度——它位于水面或水底——只会因为海拔高度与含氧量相关而影响它的适应度。[1] *D* 指的是氧气浓度探测器，*I* 指的则是侦测海拔高度的装置。*D* 是较为直接地与适应度关联的方式，*I* 则是较为间接的关联方式。图 10.1 中双向箭头代表相关性，单向箭头则代表因果性。含氧量和海拔高度是探测器的输入项，行为则是这些装置的输出项。下面是有关直接策略和间接策略可靠性的一个重要事实：

> （D/I）当 *D* 侦测氧气的能力至少与 *I* 探测海拔的能力一样好，且氧气和海拔之间不存在完美关联时，*D* 能比 *I* 更可靠地指示哪些行为的适应度更高。

在后文中，我们将称之为 **D/I 不对称性**原则。虽然准确的磁小体比不准确的氧气探测器更可靠，但是当二者同样准确时，氧气探测器就能比磁小体更好地为有机体服务。[2]

D/I 不对称性是一个用于对比两个控制装置可靠性的原则。此

---

[1] 此事未必如此。比如，如果池塘底部的捕食者比顶部更多，那么有机体所处的海拔高度就会以别的方式影响其适应度——其中的理由并不是海拔高度与氧气浓度之间的关联。

[2] 在一条从 *X* 到 *Y* 再到 *Z* 的因果链中，如果 *Y* 阻隔了从 *Z* 到 *X* 的信息（即，使它们的条件相互独立），那么 *Y* 所提供的有关 *X* 的信息量必定至少与 *Z* 所提供的关于 *X* 的信息量一样大——如果我们用 R. A. 费舍尔的“**互信息**”（mutual information）概念来理解信息的话。索伯（Sober, 1993a）进一步探讨了这个问题。

外，我们还得阐述另一个与直接机制相关的原则。毕竟，海洋细菌可能只有氧气探测器或磁小体，**也可能二者皆有**。在一种颇具一般 307
性的情形中，拥有两个装置比拥有一个装置更可靠：

> （TBO）当 *D* 和 *I* 两个装置都与含氧量正相关（尽管不完美地相关），且两个装置以合理的程度相互独立运作时，它们的共同作用能比 *D* 或 *I* 单独作用更可靠地指示哪些行为的适应度更高。

上面这个“二优于一”（Two Are Better Than One，简称 TBO）原则为何要以“两个探测装置相互独立运作”为限制条件呢？假设装备氧气探测器的有机体能很好地完成“找到氧气浓度较低之处”的工作，且装备磁小体的有机体也能同样好地完成这项任务。即便如此，当这两个装置被共置于同一有机体中时，它们也可能会表现不佳——两个装置相互干扰时就可能出现这样的结果。这也就是 TBO 原则要求两个装置以合理的程度相互独立运作的理由。我们一旦理解了这个附带条件便能如此说明与之相关的事实：在讨论关于可靠性的问题时，两个证据源好过一个证据源。[1]

D/I 不对称性和 TBO 都是与可靠性问题相关的原则。所以说，可靠性是第二个用于预测要进化出哪种直接机制才能控制某一行为的要点。第一个要点是可用性。现在我们将思考第三个要点。假设磁小体和氧气探测器都在某个种群内反复出现，而且它们指示氧气存在的可靠度一样高。即便如此，这两个机制除了能告诉有机体该朝哪边游动之外，还可能造成其他会影响到有机体适应度的后果。比如说，也许磁小体形成、维护所需的卡路里比氧气探测器更少。

[1] TBO 原则并不要求氧气浓度阻隔海拔和适应度之间的关联，而这一点在 D/I 不对称性原则中却是必要条件。这两个原则都能以分析路径资源的方式来给出直截了当的表征和辩护。

又或许这种细菌已经在为完成其他任务而使用磁小体了。如果真是这样，那么将该装置用于航海这一额外目的的做法，很可能比为达成该目的而添加另一种设备的做法更有效率。有机体的适应器就像人们制造出来供自己使用的机器一样，都需要能量来构造、维护。
308 在预测哪些直接机制会得到进化时，我们还必须将**能效性**纳入考量。

就像磁小体是促使细菌远离氧气的直接机制那样，心智是导致人类在不同情境下产生不同行为的直接机制。当然，心智和磁小体在许多方面都存在差异。但是，在预测哪些动机会作为产生行为的装置得以进化时，我们应考察同一些要点。如果人类亲代抚育现象是进化的产物，那么让父母照料其子女的动机亦然。我们无法通过直接观察来探知这些动机。有关可用性、可靠性和能效性的思考，要怎样才能帮助我们预测哪些动机机制最有可能得到进化呢？

多元论的两种形式

动机多元论是一种认为人们既有利己主义终极欲望又有利他主义终极欲望的观点，有两种方式可以让有机体符合这种理论描述。一种可能性是，有机体的某些行动仅仅由利他主义终极动机引起，另一些行动则是完全由利己主义终极动机引起的。另一种使有机体符合多元论描述的可能性是，它的某些行动是由利他主义和利己主义两种终极动机共同诱发的。如果有机体仅仅因为具有利他主义终极动机而抚养自己的子女，却完全因为关心自己的生存而避开毒蛇，那么根据这些描述，它们属于第一类多元论者。另外，如果有机体照料其子女的原因在于“不可还原地”关心自己子女的福祉，**并且**享受帮助子女时产生的快乐，那么它们就属于第二类多元论者。

尽管这两类多元论在“与利己主义不相容”这一点上不存在分歧，但它们所带来的进化论问题是不一样的。享乐主义认为趋乐避苦的欲望是唯一能够调节所有行为的终极动机。就第一类多元论而言，我们要问的是：有机体是否可能进化出某些不由快乐和痛苦决

定，却仅受利他主义终极动机规制的行为？而就第二类多元论来
说，我们要问的则是：有机体是否可能进化出某些受两种终极动机 309
而非一种终极动机调节的行为类型？第一类多元论限制了享乐主义终极欲望的**适用范围**（scope），并将利他主义终极欲望替换为统摄某类行为的唯一控制装置；第二类多元论则在普遍存在的享乐主义欲望的基础上**补充**了利他主义终极动机。

认知能力的连续统一体

为将与可用性、可靠性和能效性相关的想法运用到心理上的利己主义和利他主义的问题上，让我们先来看一个有些科幻的案例。这个案例并没有描述任何真实的有机体，但它能帮助我们更清晰地理解眼前这个有关行为控制机制的问题。假设有一种具备无限知觉能力和计算能力的生物，它能准确侦测到当前环境中任何值得注意的状态，并根据这些信息推算出未来的样貌。这样的生物不会是人类，它是拉普拉斯（Laplace）以前为阐明其决定论教条的含义而假想出来的“恶魔”。现在，让我们以拉普拉斯的恶魔为对象，提出一个达尔文式的问题：对这种生物来说，怎样一套终极欲望才能最大化其适应度呢？

答案是：拉普拉斯的恶魔一定会将适应度的最大化作为它唯一的终极欲望，把注意力放在进化最基本的问题上就是最好的策略。这是个虚构的案例，但在思考“人类和其他生命为何**未能**进化出对拉普拉斯的恶魔来说如此合用的设计方案”这样的问题时，我们就能看到它与真实存在的有机体之间的关联。上述问题的答案是：人类和其他有机体的认知能力都是有限的。人们并不总能侦测到当前环境中与自己未来生存、繁衍的成功率相关的特征。而且，即使得到了有关当前环境的重要信息，人们也往往无法利用那些数据预测出哪些行动会在未来为自己带来最好的结果。职业国际象棋选手也只能算几步棋而已；比起国际象棋游戏，生命的游戏可要复杂多

310 了。对拉普拉斯的恶魔来说最有效的直接机制对人类和其他任何现存生物来说都不是可行的设计方案。

在图 10.2 所描述的认知能力连续统一体中，拉普拉斯的恶魔占据了其中的一端。而在另一端，我们能设想一种没有丝毫认知能力的生物，比如完全受第八章中提到的效果律调节的有机体。它能体验到厌恶感和愉悦感，并有初步的能力去回避与前者相伴的行为，重复与后者相伴的行为。

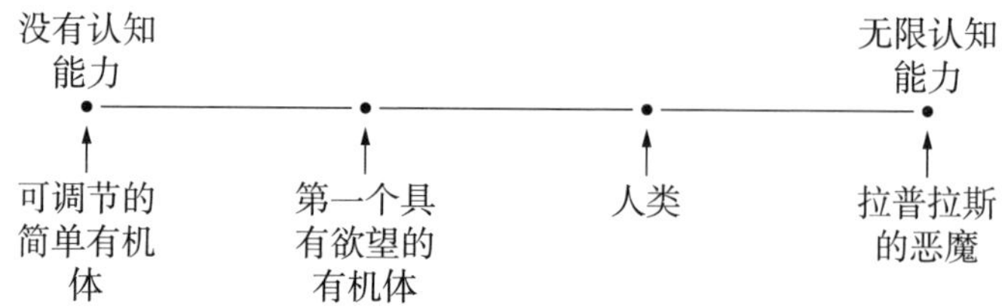

图 10.2 认知能力连续统一体

因为这种可调节的简单有机体没有构造思想的能力，所以它也不会具有我们所说的欲望。欲望和信念一样，是与概念相关的能力（第六章）。如果有机体希望免受疼痛困扰，那么它首先必须要有能力构造出内容为“**那样将会带来痛苦**”的心智表征。完全没有能力对周遭事物进行概念化的有机体或许会表现出带有趋向性的行为，但我们不能说它形成了某些欲望。正因为如此，我们也不能说这样的有机体是享乐主义者。

然而，我们可以从这个案例出发提出一个重要的进化论问题。为便于论证，让我们假定认知能力正在那些已经能够体验快乐和痛苦的有机体中逐渐得到进化。如果信念和欲望在这种有机体中问世，那么早期那些能够形成欲望的有机体所具有的欲望很可能与快乐和痛苦相关。而当这些有机体开始构造终极欲望和工具欲望时，我们有理由相信趋乐避苦的欲望已经被它们看作目的本身了。[1] 我

[1] 在关于“我们如何才能确定有机体是否具有信念和欲望”“有机体是否能够体验到快乐和痛苦”的问题上，我们会碰到一些实质性的困难。我们在进行论（转下页）

们现在要问的是：对这些有机体及其后代而言，扩展终极欲望清单 311
是否会让它们在进化过程中更占优势？尽管第一个具有欲望的有机体是享乐主义者，但它是否会在某些情形下通过让某些行为受纯粹利他主义动机调节来避免享乐主义的独裁，并因此建立选择上的优势呢？

为回答这一问题，让我们先想想疼痛何以能成为调节行为的有效装置。进化为何要努力让如此多的有机体对这种感觉做出反应？答案在于：疼痛所具有的两个特征让它足以胜任这项控制工作：

1. **认知上的使用权：**有机体能在它们疼痛时侦测到这种感觉，也能预测现实世界中有哪些情形会引发疼痛。

2. **与适应度的关联：**疼痛在很大程度上与降低适应度的状况相关。

我们可以从这两点中看出，为什么认知能力有限的有机体——那些无法探知、预测与适应度关系密切的状况中**其他**属性的有机体——只要让疼痛且仅仅让疼痛调节其行为，就能够过上不错的生活。然而，如果生物拥有更多的认知资源，那么它的一些行为就会受其处境中除快乐和痛苦之外的某些属性调节。如果疼痛因为满足了条件1、2才进化出它在动机上扮演的角色，那么有机体所处状况中满足这两个条件的其他属性也能起到同样的作用。

有趣的是，1、2这两个要求还可能会相互冲突。有时，比起那些易于侦测的属性，难以侦测的属性与适应度的关系更为紧密。如果水果**通常**在呈红色时是有营养的、在呈绿色时是不健康的，那么

（接上页）证时并没有假设这些困难都能被轻而易举地攻克，也不要求感觉在进化过程中必然先于认知。不过，如果我们的任务是对享乐主义进行评估，那么假设早期具有认知能力的生物是享乐主义者，并询问是否有东西会让它们的后代在进化上偏离这种祖传方式的做法是相当有效的。

区分红色和绿色的能力**通常**就能很好地为有机体服务。但如果有机体能够不出错地探测出水果中**始终**与营养性和不健康性相关的化学成分，那么它就拥有了一种更可靠的方法。可是如果有机体发现观察颜色比侦测化学成分更容易些，那么事情又会变成怎样呢？表面
312 特性比深层特性更易探知，但表面特性往往也较为肤浅。因为 1、2 这两个要求可能发生冲突，所以探测装置的进化或许是对二者进行权衡的结果。即使装置 D_1 侦测到的环境参数 E_1，与装置 D_2 侦测到环境参数 E_2 相比不太可靠，D_1 也仍有可能是比 D_2 更好的行为支配装置；当 E_1 与适应度的关联比 E_2 与适应度的关联更紧密时就可能出现这样的结果。[1]

肉体的疼痛在 1、2 这两个要求上都能获得极高的评分。从进化的观点看，我们丝毫不会惊讶于“疼痛对我们来说至关重要”的事实。但这并不意味着避免疼痛是我们**唯一**的终极目的。

第一类多元论：分别为两类行为指派不同的终极动机

在这一节中，我们所要探究的问题是，这两种动机机制当中的哪一种能更可靠地让父母照料自己的子女：

> （HED）当且仅当你相信某个行动能使快乐最大化、痛苦最小化时，实施这个行动。

> （ALT）当且仅当你相信某个行动能在最大程度上增进自己子女的福祉时，实施这个行动。

---

[1] 因此，“人类无法不出错地计算出哪个行为能使适应度最大化”的事实，并不能决定性地证明希望适应度最大化的欲望不具备选择优势。不如说由此可知，进化在我们祖先那里做出了更好的权衡。

在以这种方式对享乐主义和利他主义进行描述时，我们实际上借用了“欲望会提供**指示**”（instructions）的观念，欲望会根据你所持有的信念告诉你接下来该做些什么。这是一种对欲望在行为调节过程中所扮演的功能性角色进行表征的有效方式。有机体的欲望库构成了一个以信念为输入项、以行为为输出项的装置。遵循 ALT 的个体会具有利他主义终极动机。如果它们在认为自己的子女需要帮助时遵循这一规则，而在避开毒蛇时仅仅出于纯粹利己主义的理由，那么它们就是第一类利他主义者。它们用纯粹利他主义动机调节一些行为，用纯粹利己主义动机调节另一些行为。

假设该有机体发现自己的子女需要帮助，它相信自己可能采取好几种行动。其中一种行动能在最大程度上增进该有机体子女的福祉，让我们将这个最佳行动记作 A^*。我们要问的是：享乐主义的父 313
母和利他主义的父母相比，哪一方更有可能选择这一行动呢？ HED 有机体只有在它相信 A^* 能使其快乐最大化、痛苦最小化时才会选择采取行动 A^*；而 ALT 有机体则只有在它相信 A^* 能在最大程度上增进其子女的福祉时才会选择采取行动 A^*。上面哪种决策过程更有可能让有机体选择行动 A^* 呢？

答案取决于该有机体心智的特性。如果 ALT 有机体关于其子女福祉的信念是全然错误的，那么该有机体就不太可能采取 A^*。或许 HED 有机体的表现会出色得多。比如说，假设 ALT 有机体相信号啕大哭对孩子有好处，小声啜泣对他们有坏处；HED 有机体则相信过去哺育自己子女的行为都是令人愉悦的，因而想要重复那种快乐体验。在这样的情形下，HED 的子女会比 ALT 的子女过得更好。这个假想案例的结构如图 10.3 所示。此时，没有任何先验的理由能说明为何在产生适应性行为这件事上，HED 必然比不过（或超过）ALT。

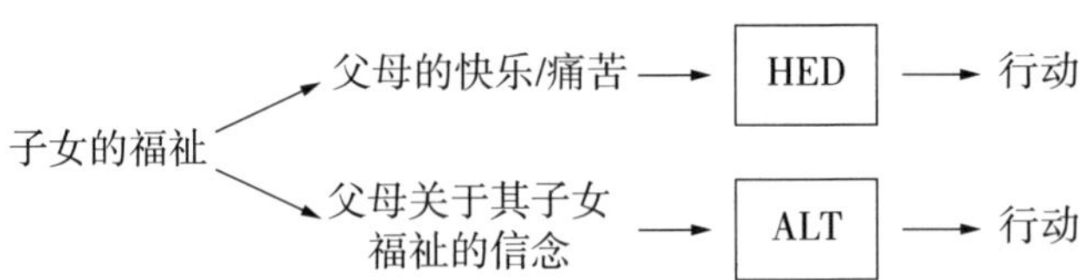

图 10.3　HED 与 ALT 父母的一个假想案例结构图

从好几个方面看，这个假想的案例都不太现实。首先，我们觉得人类父母能相当准确地判断出哪些事物对自己的子女有利或有害。其次，那些患过乳腺炎的母亲能够证明哺育并不总是带来快乐。不过或许下面这一点才是将 HED 和 ALT 进行对比的最为重大的缺陷：根据它的描述，快乐和痛苦的出现独立于母亲偶然持有的那些关于其子女福祉的信念。或许乍看之下，某些快乐或痛苦的感受的确独立于个体偶然持有的信念。当你用锤子砸自己的拇指时会
314 感到疼痛——这与你偶然持有的信念无关。[1] 相反，当你从邻居那儿得知自己的孩子掉进结冰湖面的窟窿里时，你只有在形成**信念**后才会被激发反感情绪。在将 HED 用于人类时，我们必须要假设有个一头连着现实世界情境，另一头连着快乐感和痛苦感的认知状态存在：

> 子女现在过得不好→父母相信自己的子女现在过得不好→父母因为自己的子女过得不好而感到痛苦

享乐主义者所说的快乐和痛苦常常**以信念为中介**的事实对于享乐主义行为控制装置的适应性特征来说具有重要意义，下面我们将就此事进行说明。

假设享乐主义的有机体相信在某些情形下，提供亲代抚育是使其达成“最大化快乐、最小化痛苦”这一终极目标的途径。可是如

[1] 当然，我们不会否认这样一件事：由于认知状态的不同，你的疼痛感或许会被放大或缩小。

果该有机体在提供亲代抚育后，发现这项行动不能带给它最大的快乐、最小的痛苦，那么情况又当如何呢？如果有机体能从经验中吸取教训，那么它以后可能就不太想照料自己的子女了。工具欲望在面对这类负面证据时往往会减小、消失。这会使享乐主义动机变成相当差劲的控制装置。为避免这类缺陷，享乐主义不但必须保证有机体通过**计算**来决定是否帮助其子女，并**相信**照料子女在某些时候是最佳的行动方案，还必须保证这些信念事实上为**真**。与其他任何对该有机体适应度来说不太重要的可能行动相比，亲代抚育行为必须使该有机体获得更大的快乐、更小的痛苦。

我们在上一章结尾处讨论过的那幅鲁布·戈德伯格的漫画能很好地说明上述要点可能给享乐主义带来的麻烦。这幅画（第196页[1]）展现了有机体用一个终极欲望而非两个不同的终极欲望来调节两个行为的情形。如果有机体不但想要喝汤，还想让胡子保持干净，那么只要每个行动分别由不同的终极欲望诱发，这件事就能轻
松得到解决。或者，这两个行动可能都是一个终极欲望加上一个工 315
具欲望的产物——倘若如此，有机体会是什么样子的呢？其中一种可能性是塑造出仅以用餐巾擦胡子为终极欲望的有机体。如果该有机体相信达成这项目标的唯一（或最佳）途径就是喝汤，那么它就会因而形成喝汤的工具欲望。只有当该有机体一直相信喝汤会引发让餐巾擦拭胡子的效果时，上述工具欲望才可能持续生效。除非该有机体受到不可移易的错觉影响，认为事情一定如此，否则它还必须要求“喝汤会引发擦拭胡子的行为”这件事为**真**。鲁布·戈德伯格发明的装置实现了这种必要的关联。

根据享乐主义的假设，进化产生了这样一些有机体（包括人类自己）——心理上的痛觉与各种各样的信念相关。在亲代抚育的案例中，享乐主义者会宣称：当有机体相信自己的子女过得好时，往往会感到快乐；当有机体相信自己的子女过得不好时，往往会感到

[1] 译者注：指原书页码，即本书页边码。

痛苦。此处要求与这两个信念相伴的不仅仅是**一些**快乐和**一些**痛苦。有机体看到自己子女过得好时所产生的快乐量，必须胜过自己吃巧克力冰激凌、被轻揉太阳穴、享受耳畔轻语时感受到的快乐量。[1] 这可能就得用到很多复杂的设计了。鲁布·戈德伯格的精巧装置告诉我们，成就这类因果关系并非易事。为了在终极欲望层面实现简单性，我们就得在工具欲望层面增加复杂性。当评估享乐主义的适应度时，我们必须得将这种复杂性考虑在内。

如果享乐主义的适应度取决于有机体的快乐、痛苦，与它关于自己子女幸福的信念之间相关的程度，那么这个相关度得有多大呢？我们很难用实验方法来研究这一问题，也不能轻易相信看似可靠的内省报告。不过，我们可以通过考察一个较为直白的案例来为该问题提供某些间接提示。在这个案例中，疼痛的作用在于指示出某些能够影响有机体适应度的事物。我们身体受伤时体验到的疼痛就属于这一类。那么疼痛在指示肉体所受伤害时具有多大的可靠度呢？

316 有两种现象与该问题相关。第一种是没有疼痛感的身体损伤。在战斗中受伤的士兵和那些因骨裂、骨折、断指而被送进医院急诊室的病人常常会报告说，他们在受伤的瞬间以及在那之后的一段时间内并不会感到疼痛。另一种是与之相反的情形，即未伴随身体损伤出现的痛觉。现有记录中存在着许多痛觉持续时间比最初引发它的身体损伤的持续时间长得多的案例。而在许多下背部慢性疼痛的案例中，我们压根就找不到任何损伤的迹象（Melzack and Wall, 1983, pp.15-23; Fields, 1987）。

尽管疼痛无法完美指示出身体损伤，但它在调节行为时依然扮演着至关重要的角色——当我们观察被称作**先天性无痛症**（congenital absence of pain）的综合征时就能看出这一点。那些生来

[1] 如果父母在相信自己子女过得不好时会感到痛苦，那么怎样才能阻止 HED 有机体为避免听到坏消息而贯彻“鸵鸟策略”呢？如果享乐主义要确保亲代抚育出现，那么这就是它必须解决的另一个设计问题。

就无法体验疼痛感的人很难保护好自己的身体。他们会因为对臂部和腿部进行过度弯曲而造成关节损伤，也会因为让自己的双手在高温表面上停留过长时间而被严重烫伤。患有这种病症的个体通常只能活到三十岁（Melzack and Wall, 1983）。尽管对拉普拉斯的恶魔来说，痛觉是可有可无的，但对人类而言，失去痛觉似乎就难以继续生活了。

在讨论有关身体损伤的问题时，我们似乎一眼就能看出其中所蕴含的结论：疼痛是一种极其有用的——尽管**并不完全可靠的**——身体损伤指示器。从这个角度看，我们觉得享乐主义者假定的那种心理上的痛苦，不太可能**完美地**与有机体认为自己子女现在过得不好的信念相关联。ALT 的一个优点在于：其可靠性并不依附于这类关联。

尽管疼痛作为身体损伤的指示器并不完全可靠，但我们也不应惊讶于这样一个事实：在进化的塑造下，人类有时会对该感觉做出直接反应。当火焰灼伤你的手指时，你会立即将手指从火中抽出。在此过程中，你并没有进行慎思。其中的因果链结构大致如下：

灼伤手指→疼痛→从火中抽出手指

因为人类是具有认知能力的行动者，所以由火焰产生的疼痛还 317
会引发信念；然而，如果用这个信念来决定抽回手指的行为，那么相应的效率就太低了：

灼伤手指→疼痛→相信手指受到了损伤→从火中抽出手指

我们可以在这里用上 D/I 不对称性原则。如果要在“对疼痛做出反应”和“对由疼痛引发的信念做出反应”之间选出较为可靠的策略，那么显然应该选择“对疼痛做出反应”这个直接策略。[1]

---

[1] 在理解为何人类会在手指被灼伤的情况下对疼痛做出反应时，我们必须（转下页）

在这里我们必须注意到疼痛在诱使有机体爱护自己身体时所扮演的角色，与 HED 认为疼痛在敦促父母照料自己子女时所扮演角色之间的区别。当有机体的身体受损时，它会在未形成相关信念的情况下感到疼痛。然而，当有机体的子女过得不好时，父母往往是因为**相信**自己的子女过得不好才“感到痛苦”的。[1] 在有关身体损伤的问题上，有机体为保护自己身体而应采取的最佳方案是对疼痛做出反应，而非仅仅对由疼痛产生的信念做出反应。同样，从信念塑造在享乐主义机制实现亲代抚育的过程中所扮演的角色看，ALT 显然比 HED 更可靠。请看图 10.4，它效仿了本章开头那个描绘海洋细菌用于避开氧气的直接策略和间接策略的图。ALT 父母将行为关联于有关自己子女福祉的**信念**。HED 父母则将行为关联于他们的**感受**。请注意，在这张图中，“感觉很好”和“感觉糟糕”都是以信念为中介的状态。假设 ALT 父母因相信其子女需要帮助而产生亲代抚育行为的过程，至少与 HED 父母因其子女身处困境而感到难受，并由此产生亲代抚育行为的过程一样可靠，那么 ALT 就比 HED 更可靠，因为父母的快乐感和痛苦感并非完美地关联于与其子女福祉相关的信念。这就是我们先前讨论过的 D/I 不对称性。之前我们指
318 出，氧气探测器是比具有同等准确度的磁小体更可靠的控制装置；基于同样的理由，我们可以推知 ALT 优于 HED。

（接上页）考虑到这样一个事实：人类从认知能力较低的祖先那里继承了许多行为控制装置。我们希望由此指出的问题是：这些祖先的构造比那种让有机体只对由疼痛产生的信念而非疼痛本身做出反应的假想机制更可靠。事实上，在这样的语境下，我们可以认为人类是多元论者——人类对疼痛的感觉以及关于身体状态的信念都会做出反应。

[1] 通常，但并非始终如此。或许父母在听到婴儿啼哭时就会在不形成信念的情况下感到难受；可能这种声音本身就会令人不安，就像粉笔在黑板上摩擦时发出的尖锐声响本身就会令人发颤。我们的观点并不是“所有感受都以信念为中介”，而是“许多感受都以信念为中介”；享乐主义十分依赖于利用以信念为中介的感受来对行为进行解释的做法。

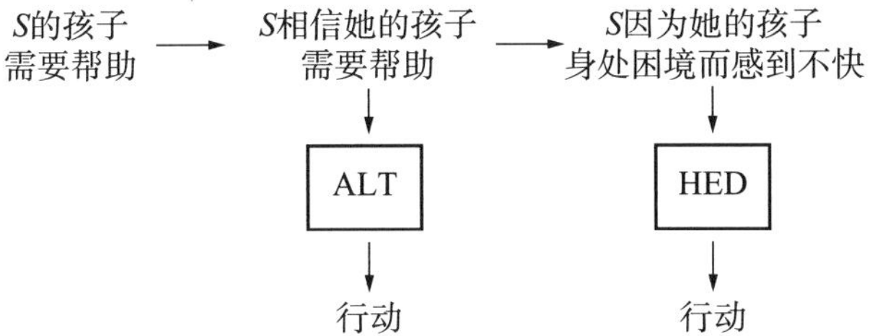

图 10.4　ALT 与 HED 父母行动的不同关联内容

在上述分析中，我们所描述的享乐主义者希望减轻的是**当前**痛苦；不过当我们把享乐主义者看作为避免**未来**痛苦而行动的个体时，该论证也不会受到影响。利他主义者同样会因为相信其子女需要帮助而做出行动。而要让指向未来的享乐主义者提供帮助，他们认为自己子女需要帮助的信念还得再触发一个**信念**，即“实施帮助行为将带来快乐，不实施帮助行为将带来痛苦”。此时，享乐主义依然利用了相对间接的策略，而利他主义则要更为直接一些。

我们在这一节中所拥护的假说也是有先例可循的。从达尔文《人类的由来》一书中截取的这段话至少在某种程度上蕴含了这种观点：

> 在谈到一些能使动物联合起来，并以许多方式相互帮助的推动力量时，我们或许会推断说：在大多数情况下，它们要么受满足感或愉悦感驱使，就像它们在做出其他本能行动时所体验到的那样；要么受不悦感驱使，就像其他本能行动被阻止时那样……然而，在许多情形下，本能很可能纯粹只是遗传力量的产物，它并不需要快乐或痛苦作为刺激……因此，认为人们所有行动都必定由他们对快乐或痛苦的体验推动的常识性假说很可能是错误的。（Darwin, 1871, pp.79-80）

达尔文通过观察告诉我们：当有机体因为提供亲代抚育而在适应度上获得优势时，以享乐主义的计算方式来调节该行为反而可能对它们不利。可惜的是，达尔文并没有指出我们应以怎样的直接机制来 319

替代享乐主义；即便如他所言，行为是“纯粹遗传力量”的产物，我们也还不知道其中起作用的直接机制是什么。根据我们的看法，为达成让父母关爱自己子女的目的，心理上的利他主义是比心理上的享乐主义更可靠的手段。

第二类多元论：两类终极欲望影响同一类行为

前一节并未得出“人类父母会因纯粹利他主义的理由而提供亲代养育”的结论。不如说，我们的意见是：纯粹的利他主义动机能比纯粹的享乐主义动机更可靠地诱发亲代抚育行为。现在我们准备提出第二个用于反对享乐主义的论证。这一次，我们将把用于调节亲代抚育行为的享乐主义机制和用以确保父母帮助自己子女的那种享乐主义与利他主义相混合的终极动机放到一起进行比较：

> （PLUR）当且仅当你相信一个行动能使其快乐最大化、痛苦最小化**或**能在最大程度上增进自己子女的福祉时，实施这个行动。

这个新问题具有十分重要的意义——即便 HED 因某些理由而优于 ALT，我们也无法断定 HED 是否比第二类多元论更好。

我们可以用一个非常简单的论证来说明在实现亲代抚育这件事上 PLUR 比 HED 更可靠。与先前一样，假设父母看到自己的子女身处困境，同时，假设采取行动 *A** 比采取其他任何可用于改善其处境的行动都要有效。对于纯粹享乐主义的父母来说，当且仅当他们相信 *A** 能使其快乐最大化、痛苦最小化时才会采取该行动。与之相比，多元论的有机体会在更多情况下采取 *A**。如果他们认为 *A** 能使其快乐最大化、痛苦最小化，那么就会执行 *A**；此外，如果他们不相信这一点，而相信 *A** 能在最大程度上增进其子女的福祉，那么还是会执行 *A**。当然，这些父母还可能认为行动 *A** 具有**两种**属性——使其快乐最大化**以及**在最大程度上改善其子女的处境。

在这种情况下，多元论的父母拥有两个实施帮助行为的理由。 320

PLUR 在人们认为自己子女身处困境的信念与他们提供帮助的行动之间架设了两条通路。如果它们至少能在一定程度上相互独立地运作，并且都具备单独提升帮助行为出现概率的能力，那么把它们放在一起就会使这项概率获得更大程度的提升。除非 PLUR 设定的这两条路径无可救药地互相干扰，否则 PLUR 一定比 HED 更可靠。PLUR 较为优秀的原因在于，它是一个**多连通控制设备**（multiply connected control device）。根据 TBO 原则中所陈述的理由，多元论是比一元论更可靠的动机策略。

多连通控制设备常常会得到进化。请思考一下所谓“或战或逃”（fight-or-flight）的反应。当有机体相信自己身处险境时，该信念就会触发一系列生理反应。肾上腺素会增加，心跳也会加快。它还会引发一些心理上的后果，从而让有机体探索可能的行动方案。所有这些要素结合在一起产生了最后的行为。另一个案例是恒温动物（暖血动物）用以调节体温的机制。当有机体感到寒冷它就会开始颤抖，毛发就会立起，血管就会收缩。这些不同的方式会共同帮助有机体回到最佳体温。我们还能从生物学和工程学中找到更多案例，比如在工程学中，聪明的设计者会为机器（比如航天飞机）提供备用系统。错误的出现在所难免，但精心设计的冗余装置能将毁灭性错误发生的概率降至最低。

多连通控制设备的抽象图式包含一个通过数条途径（P_1，P_2，…，P_n）与效果（E）相连的感应器（S），如图 10.5 所示：

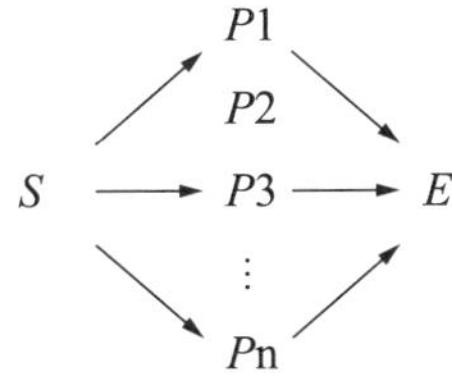

图 10.5　多连通控制设备的抽象图式

321 如果因果关联是易于出错的，那么每个 P_i 都能提高 E 出现的概率，但它们都没有绝对的把握保证 E 出现。如果在 S 被触发时最大化 E 出现的概率能让有机体的适应度获得提升，那么多连通性就能带来选择上的优势。

可用性和能效性

在前面两节中，我们论证了这样一件事：作为实现亲代抚育的装置，第一类和第二类多元论都比享乐主义更加可靠。如果有机体因为纯粹利他主义的理由提供亲代抚育，并因为纯粹利己主义的理由避开毒蛇，那么它就能比那些纯粹受享乐主义动机驱策的有机体更可靠地实现亲代抚育。同样，因为利他主义和享乐主义两种终极动机的推动而提供亲代抚育的有机体，比那些只具有纯粹享乐主义动机的父母更具选择优势。在这场三人竞跑中，享乐主义位居末席。但仅凭这一点并不足以证明人类是动机多元论者。我们从厌氧海洋细菌的案例中汲取到的一个教训是：在预测有机体会进化出哪些直接机制来控制某类行为时，我们还得考虑除可靠性之外的一些问题——将可用性和能效性纳入考量。那么在这些维度上，享乐主义与多元论的对比结果又将如何呢？

先来看看可用性问题。在涉及海洋细菌的案例中，我们发现当前许多物种都没有氧气探测器，这是因为它们祖先身上并未出现过类似的设备。它们之所以只有磁小体而没有氧气探测器，是因为磁小体是它们唯一的选择。相比之下，我们认为不太可能通过宣称多元论以前并不存在，来推翻用动机多元论解释亲代抚育行为的假说。我们有理由相信多元论**的确是**可用的，它对基本配置的需求和享乐主义一样。享乐主义者必须构造有关自己子女处境好坏的信念。它必须形成趋乐避苦的终极欲望。此外，该有机体还必须创设
322 希望其子女过上好生活的工具欲望。如果这就是促使享乐主义有机体实施亲代抚育行为的全部条件，那么多元论有机体又要具备哪些

条件才能产生同样的行为呢？多元论父母也必须形成有关自己子女处境好坏的信念。此外，多元论者还必须构造希望子女过上好生活的终极欲望。我们认为，只要有机体已经具备了**相信**子女现在过得好或不好的能力，那么它不需要进行什么“伟大创新”就能构造出上述**终极欲望**。如果作为信念对象的命题同样可以被用作欲望的对象（第六章），那么那些能够形成关乎子女处境好坏之信念的有机体也就可能成为多元论者。享乐主义要求有机体形成希望子女过上好生活的**工具**欲望；多元论只不过是要求有机体将同样的欲望当作目的本身。因此我们的结论是：如果享乐主义能在我们的祖先身上出现，那么多元论多半也能做到这一点。

能效性则是个难以评估的指标。对于当前考察的直接机制可能具有的副作用，以及这些假说中设想的装置需要花费多少能源来进行建造、维护的问题，我们几乎一无所知。然而，我们还是希望做出如下猜想。尽管只装备磁小体的细菌在能效上优于既装备磁小体又装备独立的氧气探测器的细菌，但我们很难看出动机多元论对能耗的要求是否会比享乐主义更高。这种不相似性出现的原因在于，多元论并不要求有机体建造、维护任何新**设备**。这两个假说都要求有机体具备用信念和欲望进行表征的机制，都要求有机体具备体验快乐和痛苦的能力，也都要求有机体具备终极欲望和工具欲望。多元论只是要求那个用于表征有机体终极欲望的装置创建一个额外**表征**，即希望子女过上好生活的欲望。因为享乐主义有机体已然在信念和**工具**欲望中对该命题内容进行了表征，所以很难想象只是把业已存在于有机体当中的命题移入“终极欲望箱”中，就会产生巨大的能耗。我们对“拥有较多**信念**之人会比愚昧无知之人消耗更多卡路里”的说法表示怀疑，当问题涉及**终极欲望**时也是一样。请思考下面这个颇具启发性的类比：当你买下一台电脑后，在文件中写下一个句子和在文件中写下两个句子所需成本的差异几乎可以忽略不计。要求付出高昂代价的多半是**设备**本身，而不是由那些设备建构 323
出来的**表征**。倘若如此，享乐主义的能效并不比多元论更高。

此外，我们还得考察享乐主义与多元论之间的另一个区别。多元论有机体有时可能会陷入终极欲望相互**冲突**的窘境。当该有机体和它的子女都感到饥饿，而食物储量又不足以使双方的欲望都得以满足时，它要怎样才能做出决断呢？为此，多元论者需要一个裁决机制。显然，一元动机结构无须附带这样的条件；如果享乐主义者唯一的欲望就是使其快乐最大化、痛苦最小化，那么压根就不会出现“如何在这一欲望和其他终极欲望之间进行权衡”的问题。这是否意味着享乐主义比多元论更高效呢？

我们并不这样想。享乐主义只不过**看上去像是**比较经济的机制罢了。享乐主义有机体终究还得在不同类型的快乐和痛苦之间进行抉择。在前面所说的情形中，如果有机体把食物给了孩子，那么它将继续感到饥饿，但它会因自己子女的福祉得到提升而产生令人愉悦的信念。相反，如果有机体自己吃光了食物，那么它将在气味和感官上获得愉悦，但依然会想到自己子女还在忍饥挨饿的事实。事情的真相是：享乐主义和多元论都要求有机体拥有某种对比机制，没有理由认为享乐主义需求的装置比多元论需求的装置能耗更低。

我们可以从这些进化论思考中得出如下结论：动机多元论更有可能是人类亲代抚育现象背后的直接机制。多元论在可用性上与享乐主义旗鼓相当，但它在可靠性上更胜一筹；而在就能耗性进行对比时，享乐主义也不占上风。当然，我们知道在我们用于支持心理上的利他主义的论证中有不少猜测的成分，因此并不认为该论证本身足以为这种动机假说的真理性提供决定性的证明。我们希望有更多的研究者能对动机多元论其他一些可检验的后果进行辨认。人们也许能从不同的源头出发找到这些后果，实验心理学家、进化论者、神经科学家或许都能为此提供线索。

324 尽管我们所提出论证的只是一个预备方案，但相信它为动机多元论和作为该直接机制一部分的利他主义终极动机提供了相当不错的初步证据。享乐主义的拥护者们必须说明享乐主义为何应当得到进化。“享乐主义能够解释显著行为”的事实并没有太大用处，因为多元论也能做到这件事。享乐主义的支持者们必须说明为何他们的一元论假说在我们提到的那几个方面——可用性、可靠性、能效性——上都占据优势。利己主义根本就不应被看作一种享有“无罪推定”地位的理论。

结论

这一章介绍了几个用以反对心理上的享乐主义的进化论论证。我们觉得，对于像人类这样的生物来说，享乐主义是一种**极不协调的**直接机制；从进化的角度看，动机多元论具有更高的合理性。

人类信念所能涉及命题数不胜数。从这方面看，人类可谓地球上最复杂的有机体了。如果人类在形成欲望和信念时所用的都是同一些概念资源（第六章），那么人类形成的欲望也就能与成千上万的命题相关。既然如此，具备这些认知能力的生物为何要让快乐和痛苦对自己的所有欲望进行终极审判呢？或许从设计的观点看，用快乐和痛苦来调节那些认知能力极其有限的有机体的试错学习过程，是非常合理的。但我们当然也能想象聪明的有机体以不同的方式在适应度上建立优势的情形——此时它们所关心的对象完全超越了“感到快乐”和“不要感到痛苦”这两件事。

享乐主义最古怪的地方在于，它将有机体的行为与**感觉**相关联；但有机体要在进化上获得成功，其行为就必须与**现实世界**相关联——与那些在自己身上、自己后代身上、自己所处的社会群体中发生的事情相关联。对于那种能够就自己以及关系亲密之人的福祉形成可靠信念的有机体来说，最显而易见的进化策略就是让它时刻关注可能获得的奖励。其终极欲望中应包含对某些事物的关注，这些事物比它自己的意识状态重要得多——它们更容易使其在进化上获得成功。

人类在这件事上已经做出了表率。就像我们的祖先一样，我们 325
也会觉得有一些感受是令人生厌的，另一些感受则是令人愉悦的。

这不单单是一种与**感受**相关的特征，这些感受还会进一步对**欲望**的内容造成强有力的影响。人们**希望**体验快乐、避免痛苦。然而，人类以两种方式对这类享乐主义欲望进行了补充。我们希望自己能够获得的事物完全超出了“快乐的意识状态”这一范畴。此外，我们相信人类还具有与他人福祉相关的终极欲望。

我们怀疑享乐主义在心理学中长盛不衰的部分原因在于：在生物学中，它貌似是个有口皆碑的理论。快乐和痛苦是有机体接触世界时产生的最基本的生物学反应，建立在这一基础上的人类心理似乎能将人类稳稳地放置于自然当中，从而确保人类与其他生命之间的连续性。该描述的正确之处在于，人类的确有能力体验肉体上的快乐和痛苦；尽管这个物种进化出了异乎寻常的认知复杂性，但是这些感受依然会在人们身上表现出动机上的显著性。然而，将快乐和痛苦看作激励因素是一回事，将它们视为能驱策行动的**唯一**事物则完全是另一回事。

从进化论视角中浮现出来的关于心理上的利己主义和利他主义问题的重要洞见之一是，我们必须把有机体**欲望**所具有的特征和有机体形成**信念**的能力放到一起考察。有机体理应具有哪些欲望取决于它能建构哪几类信念。据我们所知，忽视进化论问题的心理学研究并没有出现以有机体的信念为基础来预测其欲望结构的思想。

同样，进化论上的思考让我们想要强调以信念为中介的快乐、痛苦，与没有此类中介的快乐、痛苦之间的区别。这两者都是享乐主义谈论的对象；锤子砸到手指时会产生痛苦，得知与自己子女处境相关的坏消息时也会产生痛苦。在享乐主义者看来，我们应以相同的方式来理解这两种痛苦。要说明人们为什么不希望自己的手指被锤子砸到，只要说他们希望避免疼痛就行了。在解释帮助行为
326 时，享乐主义者也采取了相同的说法——他们只要说人们希望最大化快乐、最小化痛苦就够了。然而从进化的观点看，这根本就是两种截然不同的情况。肉体上的疼痛之所以能在动机问题上扮演特殊角色，在某种程度上是因为它与身体损伤的联系是相对直接的，而

身体损伤显然又与适应度有关。但当我们谈到以信念为中介的快乐、痛苦时，这些感受和有关适应度的状况之间就不存在那么直接的联系了。让享乐主义看起来像是诱使有机体爱护自己身体的直接机制的想法，同样能让利他主义看起来像是导致有机体关爱自己子女的直接机制。[1]

本章用于讨论利他主义欲望的主要案例是希望自己子女过上好生活的欲望。然而，从远古人类生活的社会环境看，“关心他人”这件事很可能涵盖更大的范围。选择力量能促进亲代抚育的进化，也同样能让受益人并非自己子女的合作行为得以进化。如果群体选择通常能使多种合作行为得到进化，而产生这些行为的直接机制又都是有机体的信念和欲望，那么我们应期待有机体具有哪类欲望呢？该问题实际上是对亲代抚育问题的一般化。动机多元论是用以解决亲代抚育问题的合理设计方案，同样，多元论也是解决群体成员互助问题的合理设计方案。我们当然也能构想享乐主义的设计方案，但不管这些方案所控制的帮助行为是指向自己子女的还是指向他人的，它们身上都会带有相同的缺点。

亲代抚育是一种会让大多数人感到愉悦的行为，认为它在一定程度上受利他主义动机推动的主张也会温暖许多人的心灵。然而，当选择力量让人们更在意亲近之人的福祉时，它也会让人们对外人更加漠不关心、充满恶意。群体内选择是一种竞争过程，群体间选择亦然——它会推进群体内的善行和群体间的恶行。第八章提到过人们倾向于对那些看上去与自己相似的人产生更多共情（Stotland, 1969; Krebs, 1975）。如果共情会让人们对那些与自己相似的人产生利他主义动机，那么“缺乏共情”说的就是人们不太会对那些看上 327
去与自己两样的人产生利他主义动机。我们不应忽视选择理论的这

[1] 事实上，我们并不认为纯粹的享乐主义真是人们用以保护自己身体的行为控制机制。我们觉得人们不但想要避免痛苦，而且还具有希望避免身体受损的终极欲望。我们之前提到过，疼痛并不能完全可靠地指示出身体损伤，因此在享乐主义的基础上补充非享乐主义的利己主义才是更好的选择。

种对称逻辑。

我们并不认为本章当中的讨论描述了人类心理上的利他主义所涵盖的全部范畴——它只是在规划一个合理的起点。进化让我们成为动机多元论者，而非利己主义者或享乐主义者。然而，这项进化上的遗产也为人类之间的大量变异和个体一生中各种欲望的灵活性留下了空间。在人类的指令系统当中，利己主义动机和自私行为并不比利他主义动机和帮助行为更不可动摇。二者都是过去人类赠予现在人类的遗产中所蕴含的要素。而对于这个遗产，我们既可以选
328 择欣然接受，也可以选择放弃继承或使其改头换面。

结论：多元论

本书开头描绘了三个在科学内外都广泛存在的思想传统——个体 329
层面的功能主义、群体层面的功能主义，以及反功能主义。这些传统之间的差异如此之大，以至于它们看上去像是在描述不同的世界。来自这三个传统的相当一部分成员甚至都不相互交谈。在这样一个基础层面上，欠缺沟通和共识正是当时最大的失败。

在这三大传统中，群体层面的功能主义是处境最为艰难的一个。它曾是生物学和社会科学中盛极一时的观点，现在却被看作历史古董店里的一个有趣摆设。抛弃群体层面功能主义的社会科学家主要是因为概念上和方法论上的考虑才做出了这一决定。将群体视作服从自身行为规律的有机整体似乎是一种神秘主义的观点；一旦整体论中的神秘主义受到净化，我们就很难看出该理论要如何才能做出可以得到实证检验的独特预测。正是这类一般性意见导致整体论在社会科学中的终结。同时，个体主义的吸引力逐渐增大，也不是因为某个在逻辑上要求个体主义为真的经验理论得到了证实（Wright, Levine, and Sober, 1992）。因此，我们更应该称之为“**方法论上的个体主义**”的这个利己主义版本并未建立在任何特殊科学
理论的基础上。相比之下，进化生物学家对群体层面功能主义的反 330
驳则是有其理论基础的——我们可以根据某种看似已经得到充分证明的理论推知，这一传统不仅是有问题的，而且是几乎不可能为真的。自此，进化生物学变成了个体主义的理论核心（Sober, 1981）。尽管进化上和心理上的自私概念具有根本性的差异，但是

在这两个领域中构建的各种个体主义框架似乎已经凝成了一座不可动摇的大厦。

我们已经指出，进化生物学家在20世纪60年代对群体选择——因此也是对群体层面功能主义——的完全拒斥是一种错误，它未能经受住时间的考验。我们也已经说明，进化上的利他主义和心理上的利他主义必须得到区分。虽然这两个话题都与进化相关，但是它们会调用一些不同的原则；这是因为前者所关心的是行为的进化，而后者所涉及的则是引发那些行为的直接机制的进化。在这两种情形下，我们都会发现个体主义大厦完全不像想象中那样牢固。当用常规科学标准进行评判时，那些用以反对进化上的利他主义的论据就已经被粉碎了。群体选择是一种重要的进化力量，它的许多产物都在大自然中留下了痕迹。用于反对心理上的利他主义的论据还没有彻底被粉碎，但凭借对大厦中这些裂痕的识别，我们已有充分的理由告诫人们离开这个危险区域。现在回想起来，那些用以反对心理上的利他主义的证据自始至终都没那么强，其效力全都仰仗于这样一种知识上的尊卑等级：它要求利他主义**证明**自己的合理性，却只要求利己主义**设想**可能的解释。进化论为这两个理论创造了公平竞争的环境。我们认为，从进化合理性的视角看，心理上的利己主义反倒略逊一筹。

如果我们成功拆毁了个体主义这座大厦，那要用什么来替代它原先的位置呢？围绕群体选择展开的争论总会因为将看待同一过程
331 的不同方式与不同的过程本身混为一谈而无法收场。如果我们的目标是预测进化的结果，那么计算基因或个体表现型性状平均适应度的做法无可厚非。但这样的程序并不适用于识别选择单位的问题。我们一旦认清这一点就能发现进化至少包含三种不同的选择过程：对同一个体内基因的选择、对同一群体内个体的选择，以及对同一集合种群（metapopulation）内群体的选择。有一些性状的进化受其中一种过程推动，另一些性状的进化则受另一种过程推动；有一些性状是同时出现的数个选择过程相互作用的共同结果，还有一些性

状得到进化的原因与自然选择毫不相干。

所以说，我们提出了两种与进化生物学相关的多元论。第一种是视角多元论。在没有将不同的表征模式混同于有关自然的不同实质性主张的情况下，用不同方式来表征同一过程的做法并没有错。此外，我们还提出了一种与进化的实际原因相关的多元论。这第二种意义上的多元论说的是存在着多个能引发进化变异的原因，这些原因能够也确实在以不同的组合出现。

我们认为多层选择理论提供了一种统一框架，在这个框架内，所有关于个体层面功能主义、群体层面功能主义、反功能主义的正当主张都能得到支持。它提供了一种能在生物学等级体系的所有层面对功能性组织进行评估，并确定哪些单元（如果存在的话）在某个特殊情形下积聚起来的适应器。它为非功能主义解释留下了足够的空间——毕竟除了自然选择，还有许多别的进化力量存在。在谈到人类（或许还有其他一些物种）时，它除了考虑到基因的重要性之外还会强调文化的重要性，并说明有些行为如何才能得到进化——我们只有进入支撑着这些行为的文化系统所构成的语境，才能理解这个问题。在本书中，这三大传统彻底交织在了一起。

但多层选择理论并不支持那种认为高层单元始终能与单个有机体进行类比的宏大主张。群体层面的功能主义者在阐述他们的直觉时必须比以前更小心、更有批判性。不过，群体和其他高层单元有时确实会像有机体那样行动，这与个体表现得像功能性组织时的理 332
由完全相同。高层适应器并非随处可见，但其普遍程度几乎肯定比常识告诉我们的要高。此外，多层选择理论鼓励我们四处探寻群体层面的适应器，尤其是去那些以前从未觉得它们存在的地方。例如，就亲选择理论来说，它起到的是强效聚光灯的作用，它让我们把注意力全都集中到基因相关度上。在灯光中心矗立的是同卵双胞胎——它们应该会对彼此表现出完全的利他性。随着基因相关度的递减，灯光也会渐渐暗淡；直到最后，毫不相干的个体完全没入黑暗之中。那么当作为群体成员的个体之间不存在基因上的利益关系